大数据分析与应用实践指南
——数据处理、数据分析和应用场景案例

主 编 姜 丽 张 玮
副主编 余敦辉 宋建华 陈志雄

北京理工大学出版社
BEIJING INSTITUTE OF TECHNOLOGY PRESS

版权专有　侵权必究

图书在版编目（CIP）数据

大数据分析与应用实践指南：数据处理、数据分析和应用场景案例 / 姜丽, 张玮主编. -- 北京：北京理工大学出版社, 2025. 2.

ISBN 978-7-5763-5152-1

Ⅰ. TP274

中国国家版本馆 CIP 数据核字第 2025E0U245 号

责任编辑：王玲玲　　**文案编辑**：王玲玲
责任校对：刘亚男　　**责任印制**：李志强

出版发行	/ 北京理工大学出版社有限责任公司
社　　址	/ 北京市丰台区四合庄路 6 号
邮　　编	/ 100070
电　　话	/ (010) 68914026（教材售后服务热线）
	(010) 63726648（课件资源服务热线）
网　　址	/ http://www.bitpress.com.cn

版 印 次	/ 2025 年 2 月第 1 版第 1 次印刷
印　　刷	/ 涿州市新华印刷有限公司
开　　本	/ 787 mm×1092 mm　1/16
印　　张	/ 14.75
字　　数	/ 344 千字
定　　价	/ 89.00 元

图书出现印装质量问题，请拨打售后服务热线，负责调换

前　言

随着信息时代的到来,大数据已成为推动社会进步的引擎之一,在这个浩瀚的数字海洋中,我们需要有效地捕捉、存储、处理和分析数据,从中发现有价值的信息,为决策提供支持,推动科技创新。本书是大数据导论和大数据分析与应用这两门课程的实验综合,从数据的采集到最后经过处理后的数据可视化结果,给予读者完整的数据处理过程的实践指导,旨在为读者提供一个深入了解大数据分析的机会,通过实际操作加深对其基本原理和应用场景的理解,通过实际案例和项目引导读者掌握大规模数据集的处理方法。读者不仅能从理论上加深对大数据预处理、数据存储、数据分析挖掘、数据可视化的理解,还能够亲身体验现代化大数据工具和技术的运用,如:利用数据预处理工具 Kettle、数据立方体技术 Cube 进行数据分析的过程。通过本书的学习,读者将不仅仅是数据科学领域的学习者,更是数据驱动决策的实际践行者,能更好地应对未来信息化社会的挑战,为解决实际问题提供创新性的解决方案。因此,希望本书能引导读者了解大数据和大数据技术的神奇与力量,激发读者探索大数据分析的无限可能性,迎接数字化时代带来的种种机遇和挑战。

本书的实验包含了大数据分析和应用的全过程,从数据的预处理到数据的存储,再到数据最后分析结果的可视化,整个实验按数据处理、数据分析和应用场景案例,一共分为三大部分。

第一部分:数据处理部分

利用 Kettle 工具进行数据抽取、数据清洗、数据集成、数据变换,向读者介绍数据处理采集的方法与技巧。通过这些实验操作,读者将能够熟练运用 Kettle 工具,确保数据的准确性和完整性,并提高数据挖掘和分析的效率。

第二部分:数据分析部分

介绍通过 Cube 工具创建立方体,以及通过维度建模、在线分析处理、数据挖掘构建商务智能分析系统。大数据分析的核心在于挖掘数据中的规律和关联,这些离不开强大的分析算法和模型支持,本部分内容将通过一系列的分析和挖掘工具及一系列的实验帮助读者学习如何进行大数据分析和挖掘。

第三部分:实验案例与应用场景

为了更好地理解和掌握大数据分析的实际应用,本书还提供了丰富的实验案例和应用场景。读者通过具体的案例实际操作和应用场景的数据分析与挖掘,掌握解决实际问题的方法,提高在大数据领域的实际应用能力。

总而言之，通过本书的学习，读者将能够更深入地理解大数据分析的理论，更有效地掌握大数据分析技术和应用方法。我们希望本书能成为广大读者在大数据领域学习和研究的得力助手，为他们在信息时代的浪潮中驾驭大数据提供有力的支持。

本书的实验案例和实验数据由中科曙光公司提供，实验平台由湖北大学大数据产教融合基地与中科曙光公司联合提供，本书的编写和出版得到了杨维明教授的指导和帮助，在此表示特别的感谢！

目　录

第1章　概述 ... 1

1.1　预备知识 ... 2
1.2　实验环境及软件 ... 2
1.3　实验环境安装 ... 2
1.3.1　Java 的安装 ... 2
1.3.2　Java 环境变量配置 ... 2
1.3.3　Kettle 的下载安装与 Spoon 启动 ... 6

第2章　数据预处理 ... 8

2.1　数据抽取 ... 8
2.1.1　实验一：复杂表头 Excel 数据源处理 ... 8
2.1.2　实验二：合并多个 Excel 文件 ... 13
2.1.3　实验三：数据库文件的导入和导出 ... 17
2.2　数据清洗 ... 28
2.2.1　实验一：字符串操作 ... 28
2.2.2　实验二：字段拆分、合并和值映射 ... 34
2.2.3　实验三：数据校验 ... 41
2.2.4　实验四：去除重复数据 ... 48
2.2.5　实验五：作业监控操作——发送邮件 ... 55
2.3　数据集成 ... 59
实验：数据仓库的建立 ... 59

第3章　数据分析 ... 78

3.1　数据可视化分析 ... 78
3.1.1　实验一：数据可视化 ... 78
3.1.2　实验二：使用 Schema Workbench 创建 Cube（立方体）... 98

3.1.3　实验三：在线分析 ·· 116
3.2　数据挖掘 ··· 126
　　实验：数据挖掘算法初识 ·· 126

第 4 章　大数据分析的应用 ·· 137

4.1　教育行业的应用 ·· 137
　　实验：学生兴趣爱好分析 ·· 137
4.2　电子商务应用 ·· 148
　　实验：中医证型关联性分析 ·· 148
4.3　客户关系管理应用 ·· 161
　　实验：航空客运信息挖掘 ·· 161

第 5 章　数据工坊项目实践 ·· 175

5.1　广电大数据实战 ·· 175
　　5.1.1　实验一：广电大数据处理 ·· 175
　　5.1.2　实验二：广电大数据可视化分析 ·· 185
5.2　新零售智能销售数据实战 ·· 197
　　5.2.1　实验一：无人售货机销售数据处理 ·· 197
　　5.2.2　实验二：无人售货机销售数据可视化分析 ·· 209

第 1 章 概 述

【学习目标】

- 理解大数据处理与分析流程；
- 了解大数据相关知识与概念；
- 了解实验环境与开发工具；
- 掌握实验环境的搭建。

　　大数据分析与应用是近年来企业信息化的热点，能为企业决策提供有力支持，拥有广阔的应用前景。本实验教材首先指导学生动手实操数据处理的核心技术，包括数据仓库、维度建模、在线分析处理等，然后进一步引导学生利用大数据技术处理商务智能在零售业、客户关系管理、电信、教育以及电子商务等方面的应用。采用大量实验一步步带领学生了解大数据应用分析的基本构成以及如何构建应用分析系统。

　　本实验教材主要分为三个部分：

　　第一部分：数据处理部分，涉及的内容主要包括数据抽取、数据清洗和数据集成。在本书中，将利用 9 个实验带领学习者实际操作数据的导入/导出、数据字符串和字段处理，直至建立数据仓库，一步步学会如何利用 Kettle 工具进行数据抽取、数据清洗、数据集成和数据变换。

　　第二部分：数据分析部分，涉及的内容主要包括数据可视化、数据在线分析和数据挖掘算法的初识。本书将利用 4 个实验介绍如何使用 Cube 工具创建立方体，通过维度建模、在线分析处理和数据挖掘来构建商务智能分析系统。

　　第三部分：大数据分析应用案例，涉及的内容主要包括大数据分析在教育行业、电子商务和客户关系管理应用三个案例实操。这一部分既可以安排实验课时在课上完成，也可以由学生利用课余时间自主完成。

　　此外，本实验教材在最后还提供了两个大数据工坊实战案例，涉及的内容包括广电大数据可视化项目实战和新零售智能销售数据可视化实战。这一部分是提供给对大数据分析与应用有兴趣深入学习和挑战的读者，既可以安排实验课时在课上完成，也可以作为竞赛训练案例。

1.1 预备知识

本书需要结合大数据导论和大数据分析与应用两门课程一起学习，同时还需要具备一些前置知识。
- 了解大数据数据预处理流程
- 了解大数据分析和挖掘的基本概念
- 了解数据仓库的基本概念
- 了解数据立方体 Cube 的基本概念
- 了解 Linux 部分常用命令操作
- 了解数据库的基本概念
- 了解 MySQL 数据的基本操作命令

1.2 实验环境及软件

- 操作系统环境：Windows 10（专业版）
  Linux Ubuntu 16.04
- 开发工具：JDK 1.8
  MySQL 5.7.33
- 预处理工具：Data-integration 8.0

1.3 实验环境安装

1.3.1 Java 的安装

登录 Java 的官网后，进入下载页面：http://www.oracle.com/technetwork/java/javase/downloads/index.html，选择 Java 10，下载 jdk-10_windows-x64_bin.exe 完毕后，双击该文件，单击 "Next" 按钮，直到安装完毕。

*注意：
①本书的安装路径为 C:\Program Files\Java\jdk-10；
②由于 Java 官网实时更新，可能版本会发生改变，但是由于和其他工具的兼容问题，本书中的环境必须使用 Java 10。

1.3.2 Java 环境变量配置

1. 右击操作系统桌面上的"计算机"图标，在弹出的菜单中单击"属性"命令进入系统配置界面，如图 1.1 所示。

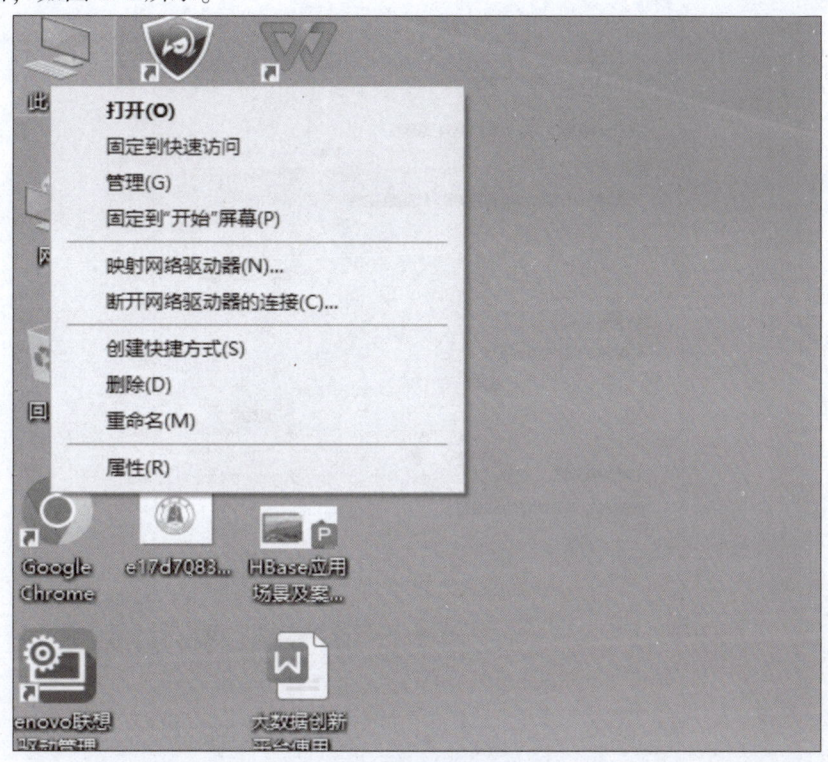

图 1.1　计算机属性界面

2. 单击"高级系统设置"按钮，如图 1.2 所示，进入环境变量配置页面。

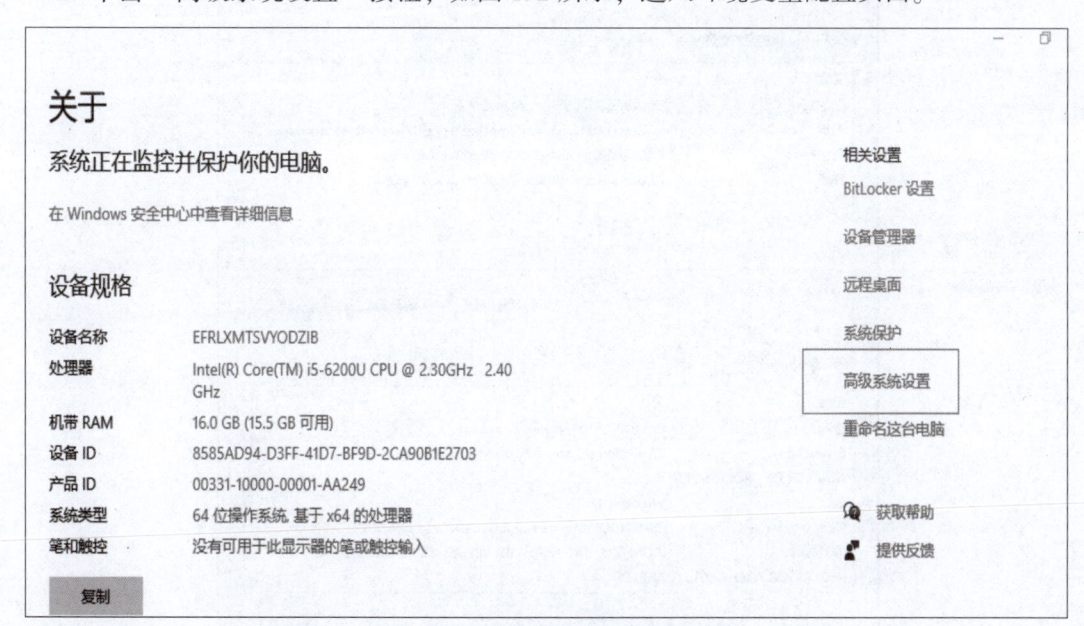

图 1.2　系统配置界面

3. 单击"环境变量(N)…"按钮，进入系统环境变量配置，如图 1.3 所示。
4. 单击"系统变量(S)"栏目下的"新建(W)…"按钮，准备配置 Java 环境变量，如

图 1.4 所示。

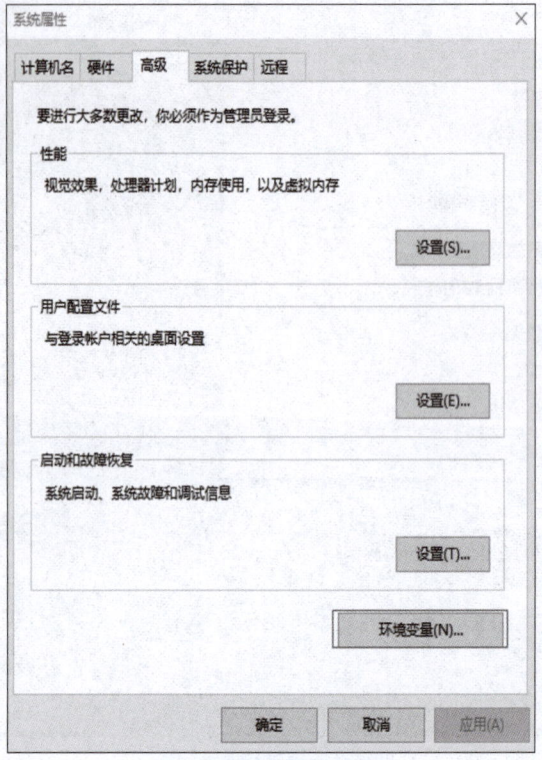

图 1.3 系统属性界面

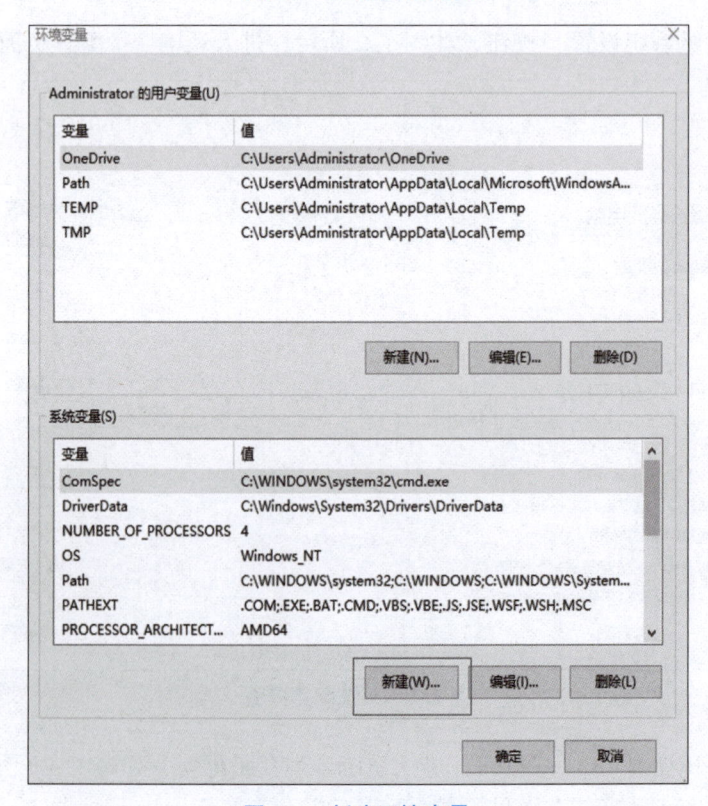

图 1.4 新建环境变量

5. 以新建的方式配置 JAVA_HOME 环境变量。

在"变量名(N):"栏填入 JAVA_HOME, 在 "变量值(V):"栏填入 C:\Program Files\Java\jdk-10。填写完毕后,单击"确定"按钮,如图 1.5 所示,完成新建环境变量 JAVA_HOME 的配置。

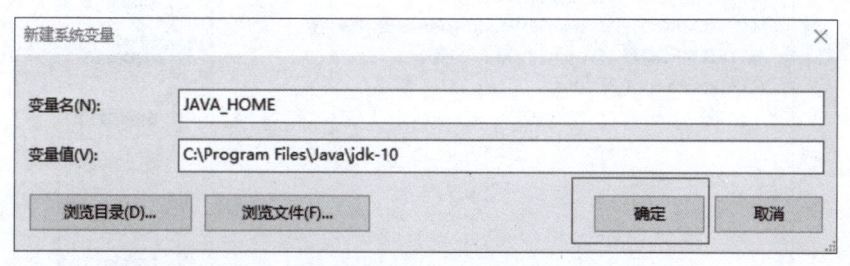

图 1.5 添加 JAVA_HOME 环境变量

6. 参考 JAVA_HOME 环境变量的配置操作完成 CLASSPATH 环境变量的配置。

CLASSPATH 的环境变量的值为:;%JAVA_HOME%\lib\dt.jar;%JAVA_HOME%\lib\tools.jar,填写完毕后,单击"确定"按钮,如图 1.6 所示,完成新建环境变量 CLASSPATH 的配置。

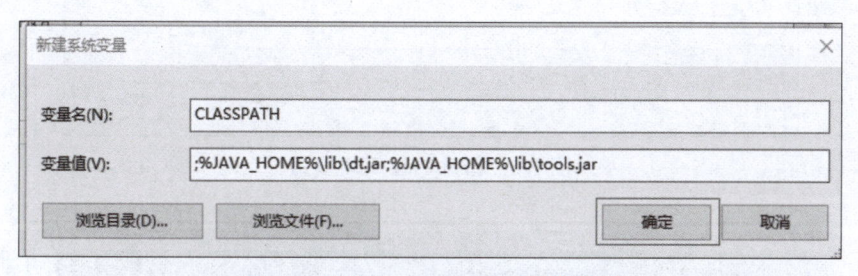

图 1.6 添加 CLASSPATH 环境变量

7. 在"系统变量(S)"栏目中,单击 Path 环境变量,接着单击"编辑(I)…"按钮,以追加的方式开始配置 Path 环境变量,如图 1.7 所示。

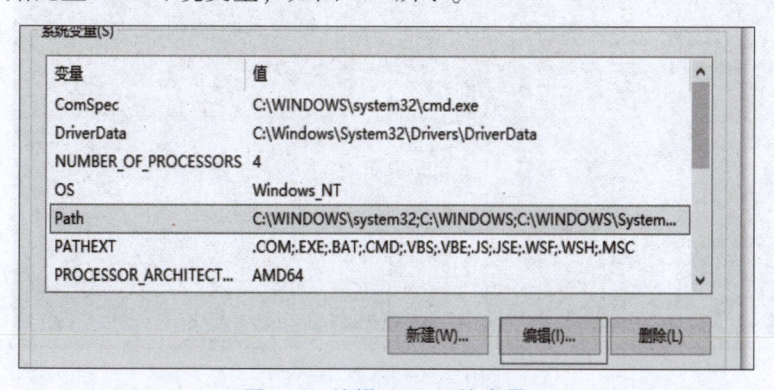

图 1.7 编辑 Path 环境变量

8. 在"编辑环境变量"弹框中,单击"新建(N)"按钮,如图 1.8 所示,完成 Path 环境变量的新建。

9. 在命令窗口中输入 java-version 和 javac 命令,输出如图 1.9 所示,则 Java 的环境变量配置正确,即 Java 环境配置成功。

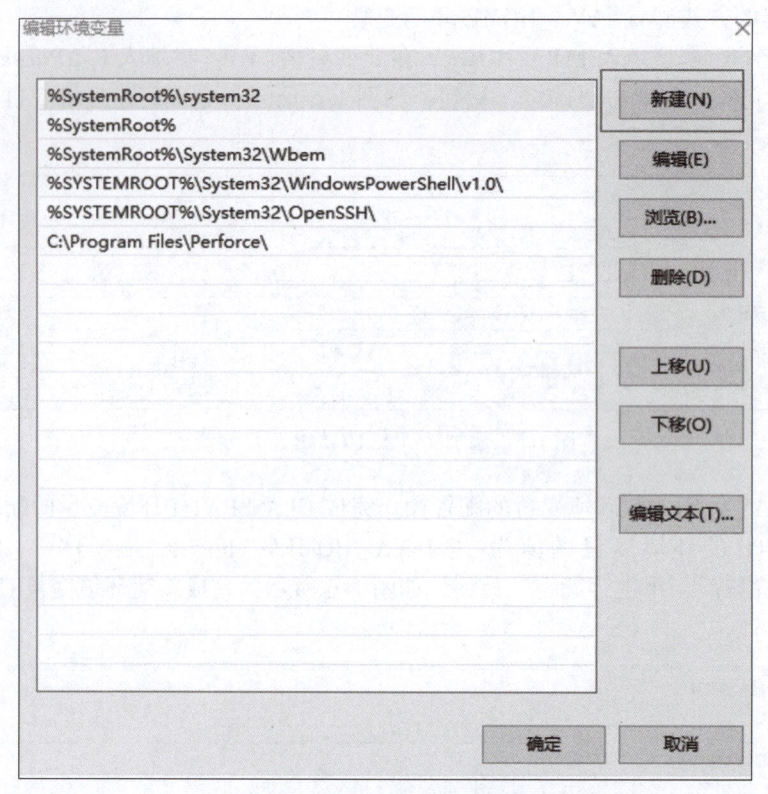

图 1.8　新建 Path 环境变量

图 1.9　Java 环境验证

1.3.3　Kettle 的下载安装与 Spoon 启动

➢ Kettle 作为一个独立的压缩包发布，可以从 https://sourceforge.net/projects/pentaho/

files/选择最新的版本下载安装。下载完毕后，解压下载的文件，双击 spoon.bat 即可使用。

➢ 为了方便使用，可以为 spoon.bat 创建一个 Windows 桌面快捷方式。创建快捷方式后，右击新创建的快捷文件，在弹出的菜单中单击"属性"命令，打开的属性对话框里显示了快捷方式标签，在这个标签下单击"更改图标"按钮，可以为这个快捷方式选中一个容易识别的图标，一般选择 Kettle 目录下的 spoon.ico 文件。修改后的 spoon.bat 的图标如图 1.10 所示。

图 1.10　更改 Spoon 图标

实践是检验真理的唯一标准！

小检测

1. Kettle 是一个_____程序。
2. 转换是 ETL 解决方案中最重要的部分，它负责处理_____、_____、_____各阶段对数据的操作。
3. 转换的步骤通过_____来连接。
4. 安装 Kettle 前，必须安装_____软件。
5. 验证 Java 环境是否安装正确，使用_____、_____命令来进行验证。

第 2 章　数据预处理

【学习目标】

- 熟练掌握"Excel 输入"组件的使用；
- 熟练掌握 Table Input 输入和 Table Output 输出等组件的使用；
- 学会使用 MySQL Workbench 工具；
- 熟练掌握"过滤记录""字符串替换""字符串操作"组件的使用；
- 学会使用 Kettle 工具；
- 熟练掌握"拆分字段""字段选择""值映射""JavaScript 代码"组件的使用；
- 熟练掌握"data validator"组件的使用；
- 熟练掌握日志、邮件监控作业；
- 学会使用 Insight DI 工具构建数据仓库。

数据预处理是大数据分析与应用流程中必不可少的关键一步，一般包含数据清理、数据集成、数据变换和数据规约等基本功能。一方面，保证挖掘数据的正确性和有效性；另一方面，通过对数据格式和内容的调整，使数据更符合挖掘的需要，总体目标是给后续的数据挖掘工作提供可靠的和高质量的数据、减少数据集规模、提高数据抽象程度、提高数据挖掘效率。

2.1　数据抽取

2.1.1　实验一：复杂表头 Excel 数据源处理

【实验目的】

利用 Insight 的"Excel 输入"等组件，完成复杂表头的 Excel 数据源处理。

第2章 数据预处理

【实验原理】

通过"Excel 输入"选择最终输出的字段到下一个步骤"追加流"（实验中必须保证每个数据源经过字段选择后，输出的字段都是一致的）。

【实验环境】

1. Linux Ubuntu 16.04。
2. JDK 1.8。
3. MySQL 5.7.33。
4. 预处理工具：Data-integration 8.0。

【实验步骤】

1. 创建转换：单击 按钮，在下拉菜单中选择"Transformation"，创建一个转换文件，如图 2.1 所示。单击 按钮，重命名该转换文件，保存在某个指定的路径中。

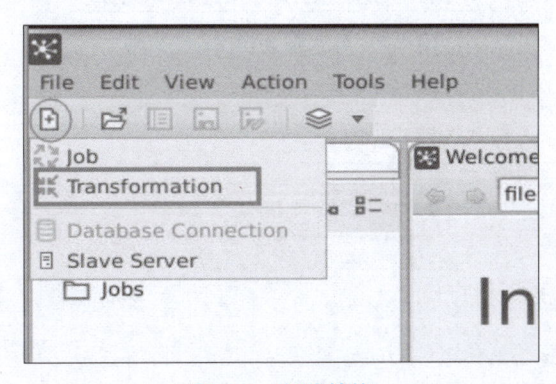

图 2.1 创建转换

下载数据源：

wget
http://10.90.3.2/HUP/ETL/01/-r-c-np-nH--cut-dirs3--restrict-file-names=nocontrol-A.xlsx-P/home/ubuntu/Desktop

2. 在新建的转换文件上开始可视化编程，选择好组件，按图 2.2 所示连接组件。主要组件为 excel input、excel output。组件支持自定义命名。

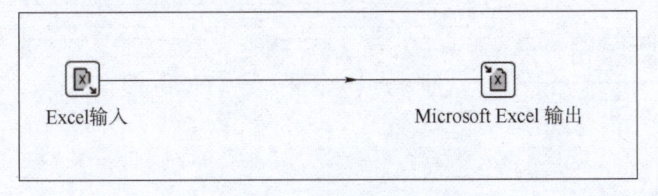

图 2.2 转换流程

3. 各组件的配置。

(1) "Excel 输入"的配置，如图 2.3 所示，选择文件"课程信息表.xlsx"。

＊注意：Excel 文件路径必须在 desktop 的 input 文件夹。

＊注意：工作表的开始行要手动设置为 1，如图 2.4 所示。

＊注意：修改"开课时间"为 String 类型，如图 2.5 所示。

图 2.3　导入预处理 Excel 文件

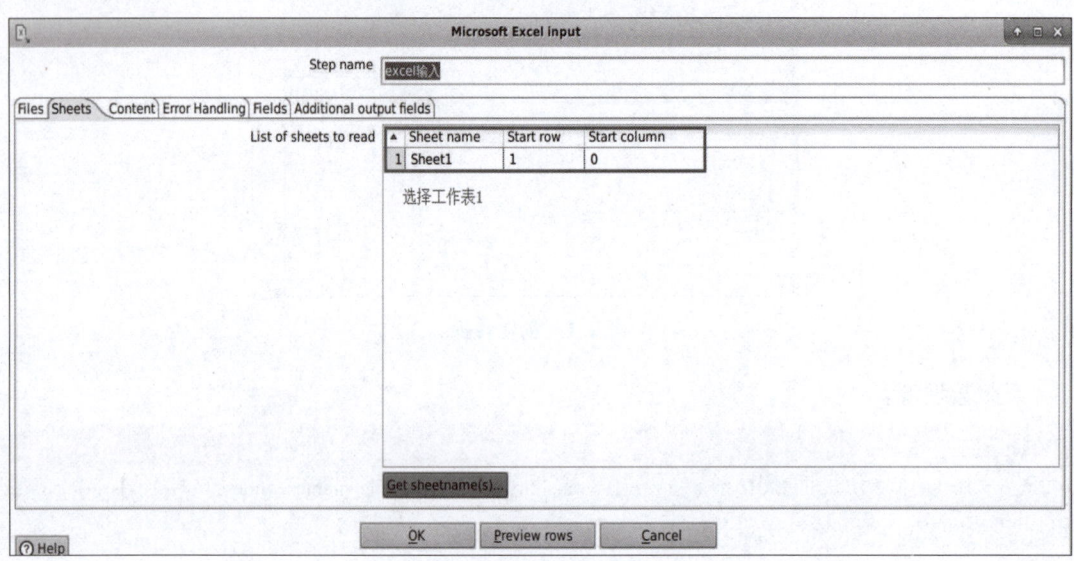

图 2.4　添加工作表

图 2.5　获取字段

(2)"Microsoft Excel 输出"的配置。定义输出文件目录,输出文件名为"outputfile",定义文件类型为"xlsx",如图 2.6 所示,并获取表字段,如图 2.7 所示。

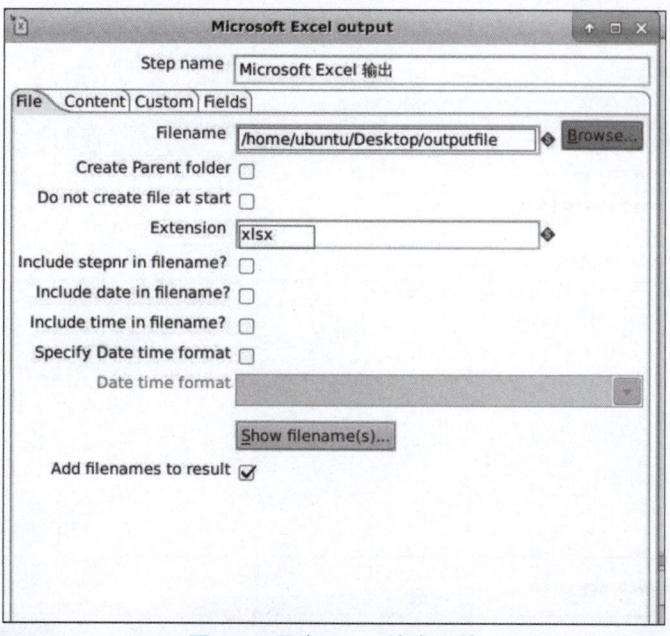

图 2.6　导出 Excel 输出文件

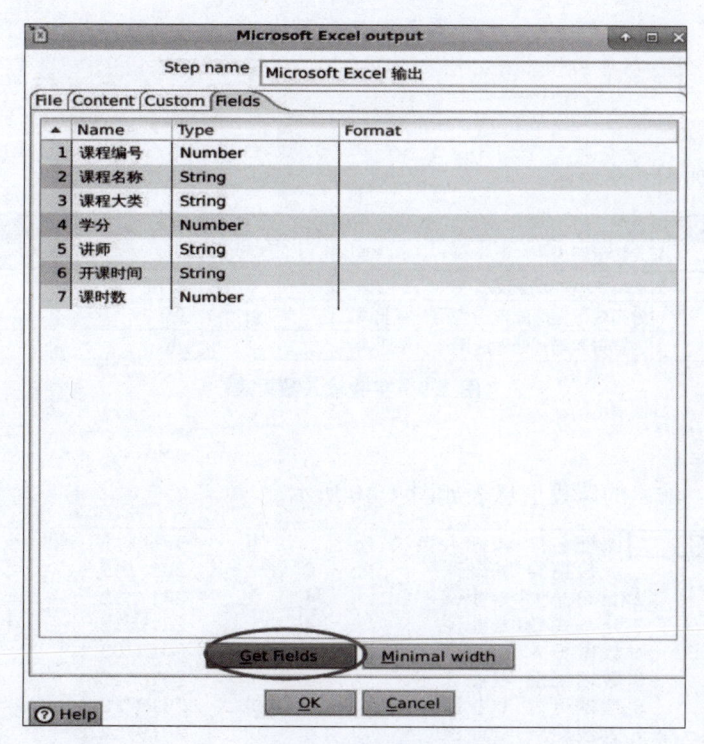

图 2.7　获取字段

(3)运行程序。运行环境选择"Local",即本地运行,单击"Run"按钮运行程序,如图 2.8 所示。

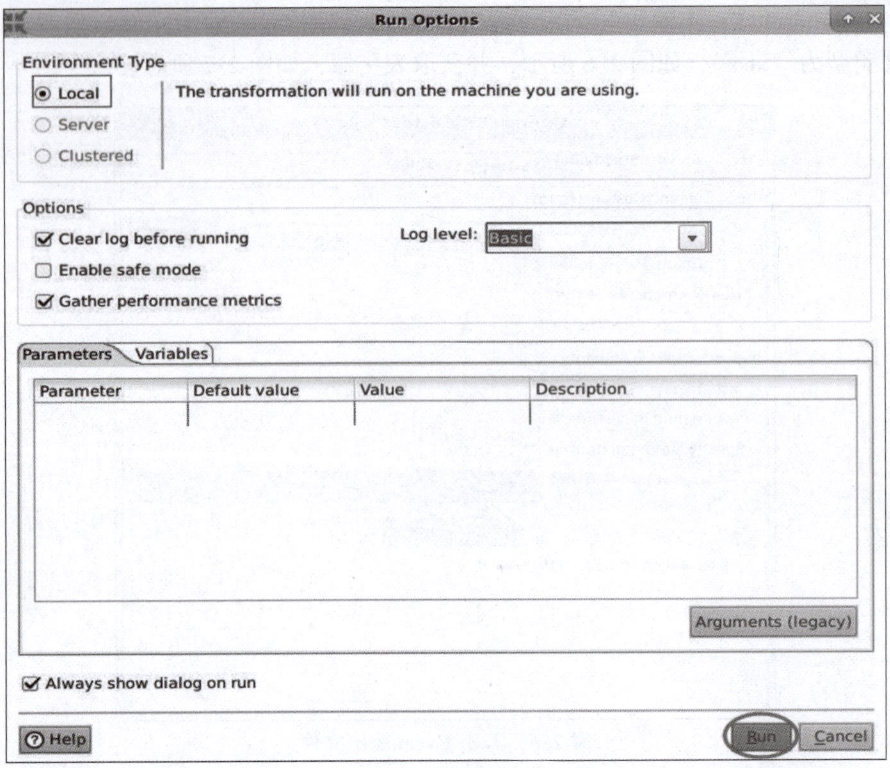

图2.8　运行转换

【实验结果】
1. 输入数据。
课程信息表如图2.9所示。

编号	课程名称	课程大类	学分	开课时间	课时数
1	大数据导论	基础课	2	2017/12/2	32
2	Hadoop大数据技术	专业课	4	2017/12/14	64
3	分布式数据库原理与应用	专业课	4	2017/12/14	64
4	数据导入与预处理应用	专业课	4	2019/3/6	64

图2.9　实验输入数据表

2. 输出数据。
经过处理后，输出的课程信息表如图2.10所示。

编号	课程名称	课程大类	学分	讲师	开课时间	课时数
1	大数据导	基础课	2		2017/12/0	32
2	Hadoop大	专业课	4		2017/12/1	64
3	分布式数	专业课	4		2017/12/1	64
4	数据导入	专业课	4		2019/03/0	64
5	数据挖掘	专业课	4	黄楠	2019/12/0	64
6	数据可视	专业课	4	孟剑	2019/12/0	64
7	大数据应	专业课	4	莫毅	2019/12/0	64
8	大数据分	专业课	4	莫毅	2019/12/0	64
9	机器学习			4	黄楠	2018/12/0	64
10	商务智能方法与应用		4	孟剑	2017/12/1	64
12	C语言			4	黄楠	2018/12/0	32

图2.10　实验输出数据表

2.1.2　实验二：合并多个 Excel 文件

【实验目的】

利用 Kettle 的"Excel 输入"等组件合并多个 Excel 文件。

【实验原理】

通过使用正则表达式配置"Excel 输入"组件中的通配符，实现多个 Excel 文件合并。

【实验环境】

1. Linux Ubuntu 16.04。
2. JDK 1.8。
3. MySQL 5.7.33。
4. 预处理工具：Data-integration 8.0。

【实验步骤】

1. 创建转换：单击 按钮，在下拉菜单中选择"Transformation"创建一个转换文件，如图 2.11 所示。单击 按钮，重命名该转换文件，保存在某个指定的路径中。

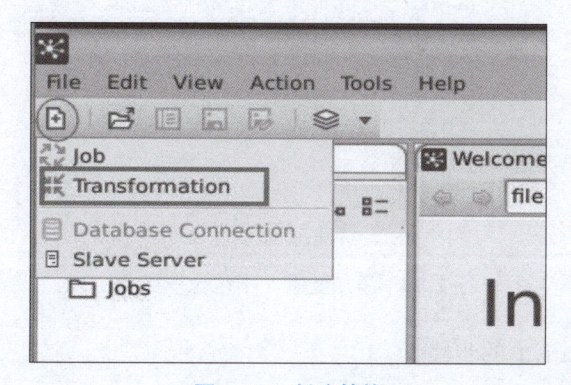

图 2.11　创建转换

下载数据源：

```
wget
http://10.90.3.2/HUP/ETL/02/-r-c-np-nH--cut-dirs3--restrict-file-names=nocontrol-A.xlsx-P/home/ubuntu/Desktop
```

2. 在新建的转换文件上开始可视化编程，选择好组件，按图 2.12 所示连接组件。主要组件为 excel input、excel writer。组件支持自定义命名，本实验自定义命名为"Excel 输入""Microsoft Excel 输出"。

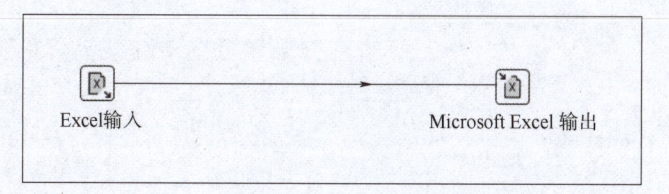

图 2.12　转换流程

3. 各组件的配置。

（1）在画布上选择"属性"，设置转换属性，配置命名参数 input_dir 为输入文件夹的路径。

＊注意：通过 get 获取的文件路径必须在 desktop 的 input 文件夹下，如图 2.13 所示。

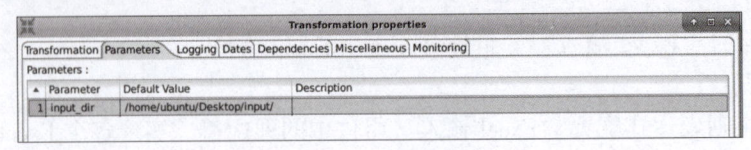

图 2.13　配置变量

（2）"Excel 输入"的配置，如图 2.14 所示。如果该文件夹下包含子目录，则"Include subfolders"配置为"Y"。

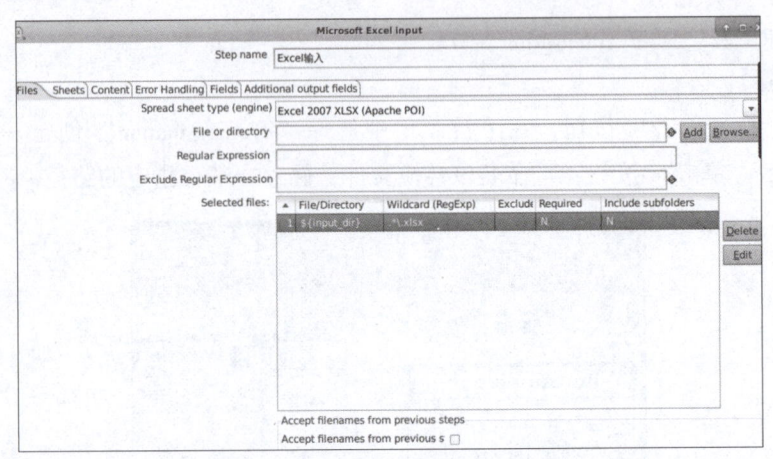

图 2.14　添加变量（不包含子目录）

其余操作同实验 2.1.1 的步骤 3（1）。

（3）"Microsoft Excel Writer"的配置。

在"File & Sheet"栏中定义输出文件目录，输出文件名为"outputfile"，定义文件类型为"xlsx"，如图 2.15 所示；并获取输出文件字段，如图 2.16 所示。

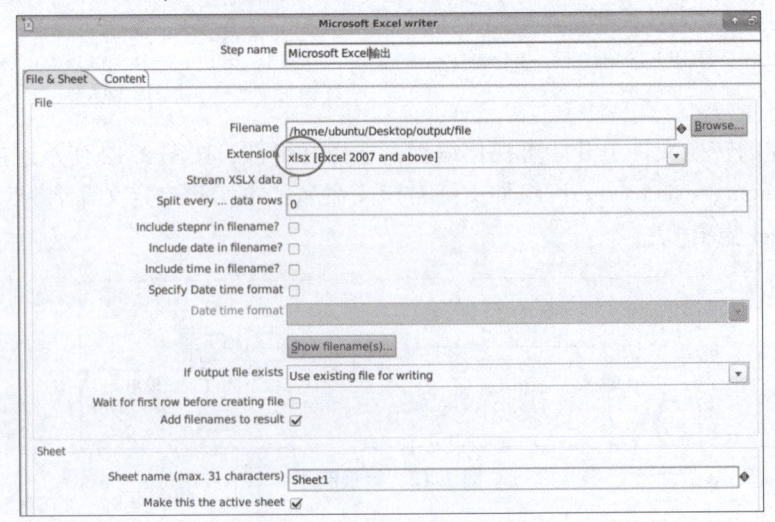

图 2.15　导出 Excel 输出文件

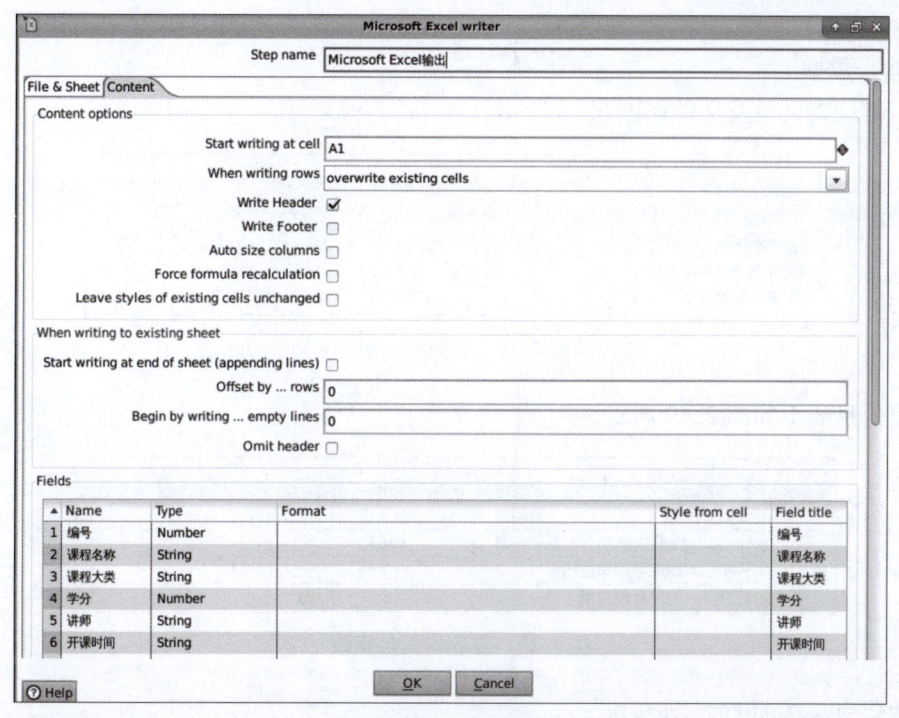

图 2.16　获取字段

4. 运行程序。单击"Run"按钮运行该程序，如图 2.17 所示。

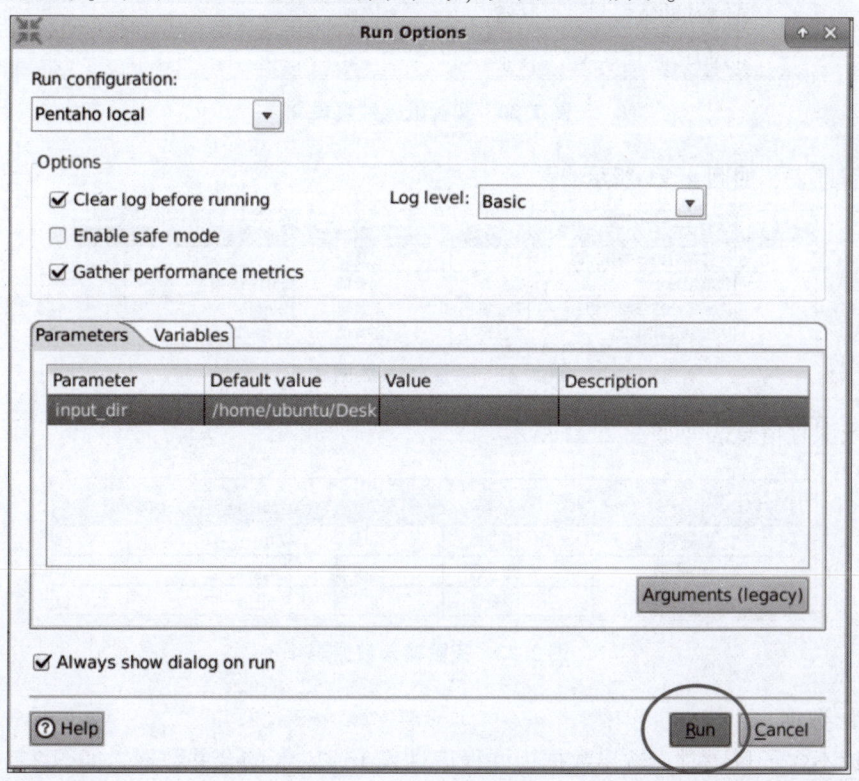

图 2.17　运行转换

【实验结果】

1. 输入数据。

课程信息表目录及文件如图 2.18 所示。

图 2.18　实验输入数据

课程信息表 1 如图 2.19 所示。

图 2.19　实验输入数据表 1

课程信息表 2 如图 2.20 所示。

图 2.20　实验输入数据表 2

课程信息表 3 如图 2.21 所示。

图 2.21　实验输入数据表 3

子目录课程信息表 4 如图 2.22 所示。

图 2.22　实验输入数据表 4

2. 输出数据。

当选择不含子目录时，输出数据为课程信息表 1、2、3 的合并数据，如图 2.23 所示。
当选择含子目录时，输出数据为课程信息表 1、2、3、4 的合并数据，如图 2.24 所示。

编号	课程名称	课程大类	学分	讲师	开课时间	课时数	编号_1	课程名称_1	课程大类_1
1	1.0	大数据导论	基础课	2.0	梁权	2017/12/02 00:00:00.000	32.0	<null>	<null>	<null>
2	2.0	Hadoop大数据技术	专业课	4.0	梁权	2018-9-12	64.0	<null>	<null>	<null>
3	3.0	分布式数据库原理与应用	专业课	4.0	莫毅	2018-03-11	64.0	<null>	<null>	<null>
4	4.0	数据导入与预处理应用	专业课	4.0	梁权	2019/03/06 00:00:00.000	64.0	<null>	<null>	<null>
5	5.0	数据挖掘技术与应用	专业课	4.0	黄楠	2019/12/02 00:00:00.000	64.0	<null>	<null>	<null>
6	6.0	数据可视化技术	专业课	4.0	孟剑	2019/12/02 00:00:00.000	64.0	<null>	<null>	<null>
7	7.0	大数据应用开发语言	专业课	4.0	莫毅	2019/12/02 00:00:00.000	64.0	<null>	<null>	<null>
8	8.0	大数据分析与内存计算	专业课	4.0	莫毅	2019/12/02 00:00:00.000	64.0	<null>	<null>	<null>
9	8.0	大数据分析与内存计算	专业课	4.0	莫毅	2019/12/02 00:00:00.000	64.0	<null>	<null>	<null>
10	9.0	机器学习	专业课	4.0	黄楠	2018/12/02 00:00:00.000	64.0	<null>	<null>	<null>
11	10.0	商务智能方法与应用	专业课	4.0	孟剑	<null>	64.0	<null>	<null>	<null>
12	11.0	VIP创新实践课程	实践课	2.0	黄楠	2018-03-11	48.0	<null>	<null>	<null>

图 2.23 实验输出数据（不含子目录）

编号	课程名称	课程大类	学分	讲师	开课时间	课时数	编号_1	课程名称_1	课程大类_1
1	12.0	数据库	专业课	4.0	莫毅	2019/12/02 00:00:00.000	64.0	<null>	<null>	<null>
2	13.0	java语言	专业课	4.0	黄楠	2018/12/02 00:00:00.000	64.0	<null>	<null>	<null>
3	14.0	大学物理	基础课	4.0	孟剑	<null>	64.0	<null>	<null>	<null>
4	1.0	大数据导论	基础课	2.0	梁权	2017/12/02 00:00:00.000	32.0	<null>	<null>	<null>
5	2.0	Hadoop大数据技术	专业课	4.0	梁权	2018-9-12	64.0	<null>	<null>	<null>
6	3.0	分布式数据库原理与应用	专业课	4.0	莫毅	2018-03-11	64.0	<null>	<null>	<null>
7	4.0	数据导入与预处理应用	专业课	4.0	梁权	2019/03/06 00:00:00.000	64.0	<null>	<null>	<null>
8	5.0	数据挖掘技术与应用	专业课	4.0	黄楠	2019/12/02 00:00:00.000	64.0	<null>	<null>	<null>
9	6.0	数据可视化技术	专业课	4.0	孟剑	2019/12/02 00:00:00.000	64.0	<null>	<null>	<null>
10	7.0	大数据应用开发语言	专业课	4.0	莫毅	2019/12/02 00:00:00.000	64.0	<null>	<null>	<null>
11	8.0	大数据分析与内存计算	专业课	4.0	莫毅	2019/12/02 00:00:00.000	64.0	<null>	<null>	<null>
12	8.0	大数据分析与内存计算	专业课	4.0	莫毅	2019/12/02 00:00:00.000	64.0	<null>	<null>	<null>
13	9.0	机器学习	专业课	4.0	黄楠	2018/12/02 00:00:00.000	64.0	<null>	<null>	<null>
14	10.0	商务智能方法与应用	专业课	4.0	孟剑	<null>	64.0	<null>	<null>	<null>
15	11.0	VIP创新实践课程	实践课	2.0	黄楠	2018-03-11	48.0	<null>	<null>	<null>

图 2.24 实验输出数据（含子目录）

2.1.3 实验三：数据库文件的导入和导出

【实验目的】

利用 Insight 的 Table Input 输入和 Table Output 输出等组件，完成数据库文件的导入和导出处理。

【实验原理】

通过 MySQL Workbench 工具建立数据库，使用 Table Input 输入组件将数据库文件输出到 Table Output 中，并通过 MySQL Workbench 查看并正确地输出数据。

【实验环境】

1. Linux Ubuntu 16.04。
2. JDK 1.8。
3. MySQL 5.7.33。
4. 预处理工具：Data-integration 8.0。

【实验步骤】

1. 创建转换：单击 按钮，在下拉菜单中选择"Transformation"创建一个转换文件，如图 2.25 所示。单击 按钮，重命名该转换文件，保存在某个指定的路径中。

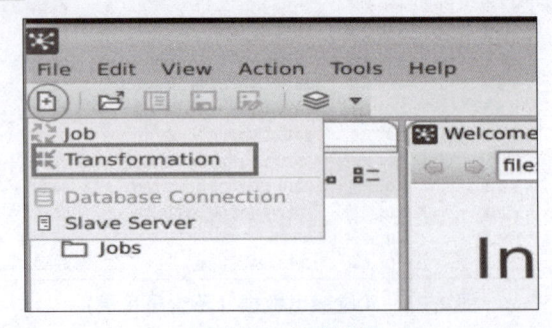

图 2.25　创建转换

2. 在新建的转换文件上开始可视化编程，选择好组件，按图 2.26 所示连接组件。主要组件为 table input、table output。组件支持自定义命名。

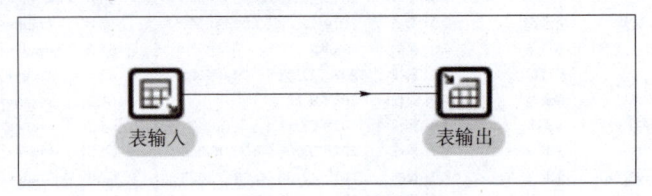

图 2.26　转换流程

3. 输入数据库的创建配置。打开 MySQL Workbench（可以在 MySQL 官网免费下载），输入密码：123456。

① 新建数据库。

单击"数据库新建"图标 ，开始新建数据库，如图 2.27 所示。

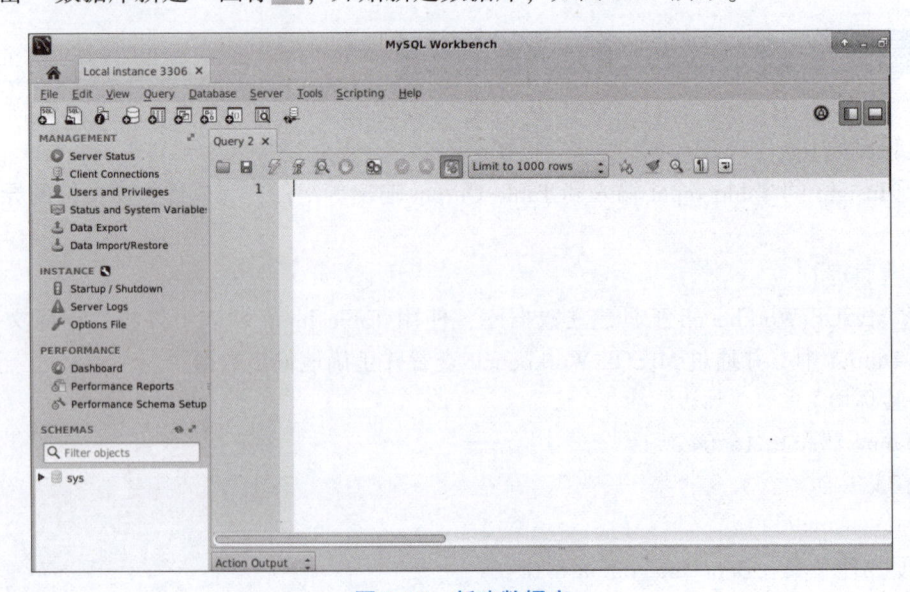

图 2.27　新建数据库

将新数据库命名为 test，并单击"Apply"按钮，如图 2.28 所示，生成新的数据库。

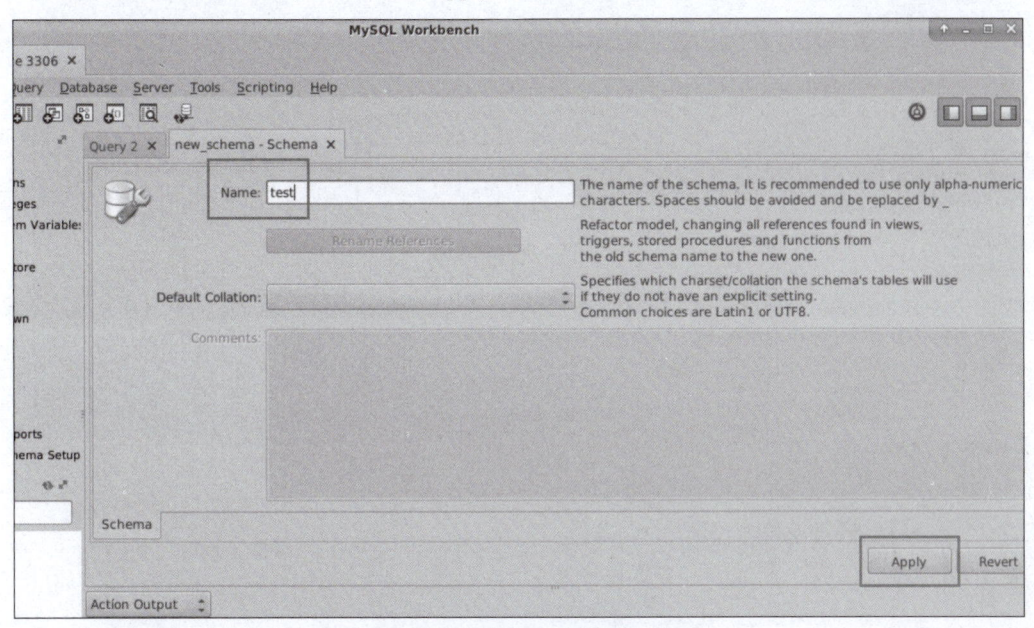

图 2.28　生成新的数据库 test

*注意：数据内容可以由学生自行定义。

② 单击 test 左边的三角箭头，在"Tables"菜单上右击，选择"Create Table"创建表，如图 2.29 所示。

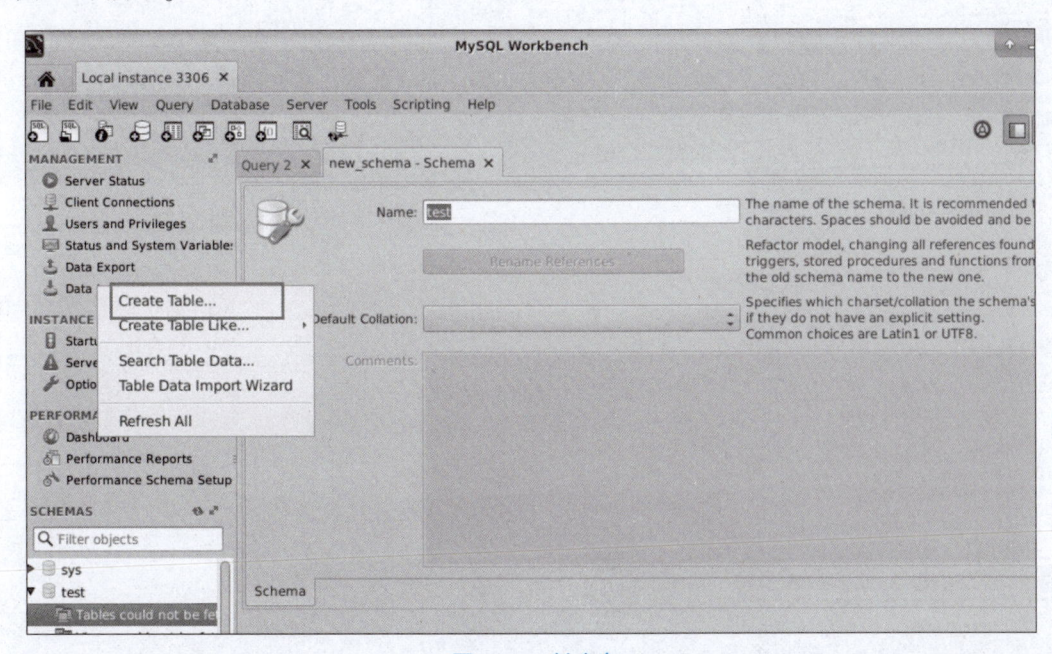

图 2.29　创建表

③ 依次建立 id、name、age 三个字段，并对三个字段数据类型进行定义，最后单击"Apply"按钮，如图 2.30 所示，创建字段。

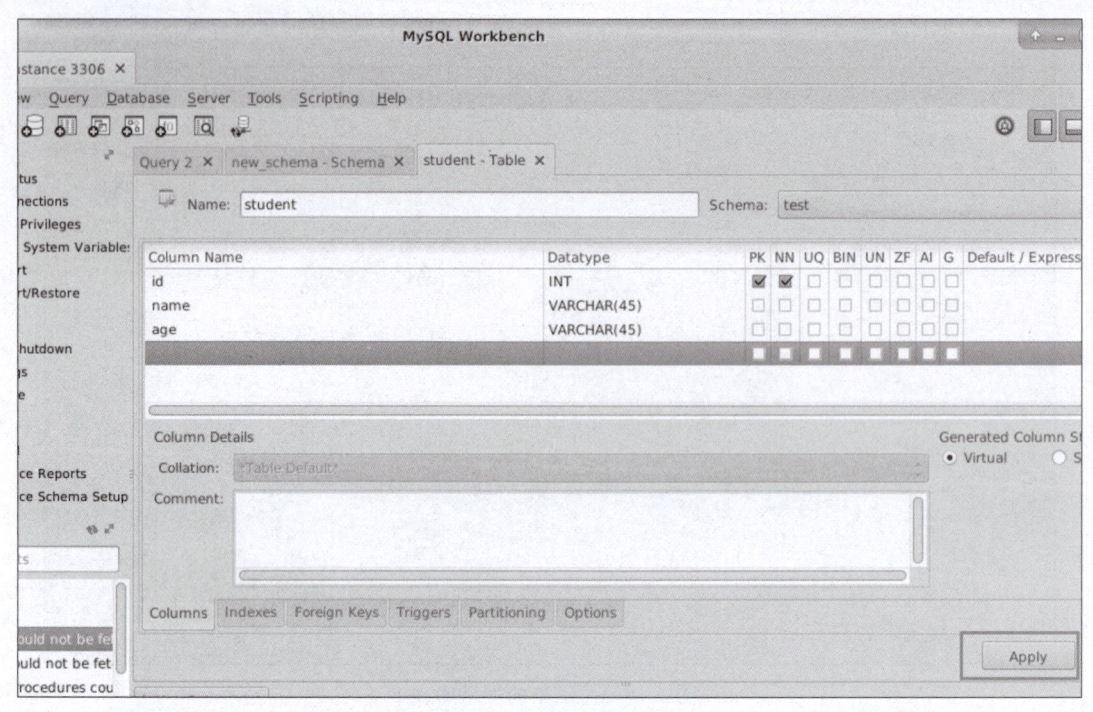

图 2.30　创建字段

④ 查看新创建的 student 表中的数据，如图 2.31 所示。

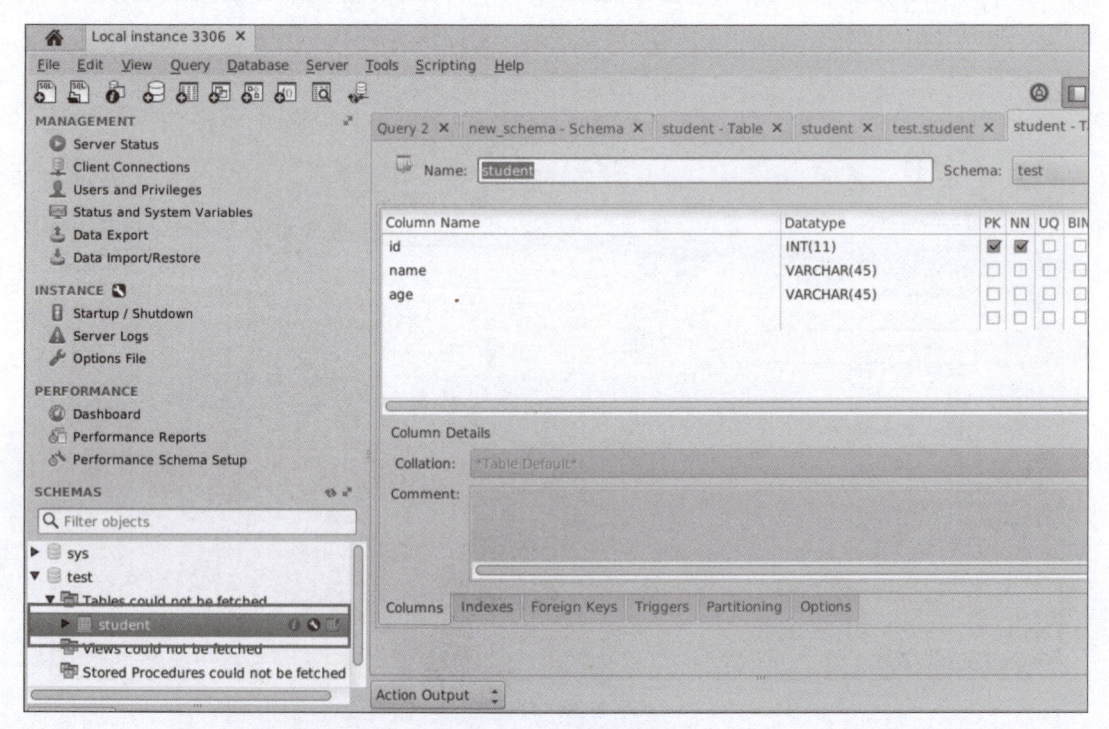

图 2.31　查看表字段

⑤ 依次填写各数据并单击"Apply"按钮，如图 2.32 所示，生成数据。

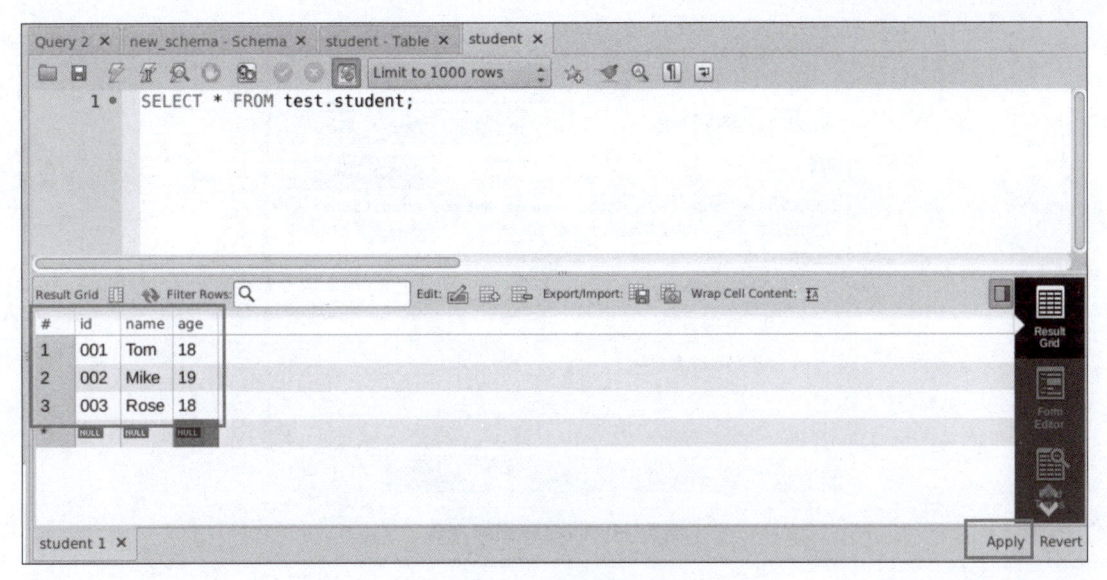

图 2.32　新建表数据

4. 输出数据库的创建配置。参照步骤 3②、3③创建一个输出数据表，并定义字段及数据类型，不需要填写具体数据，如图 2.33 所示。

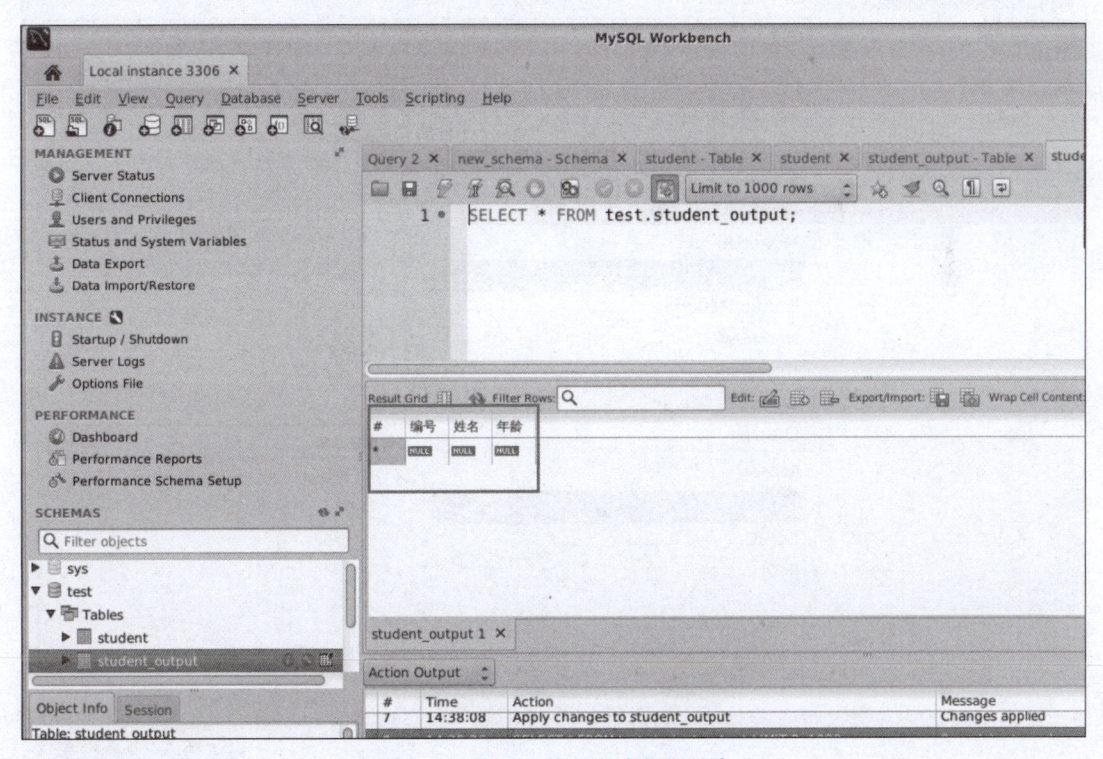

图 2.33　新建一个不包含数据的表

（1）Table Input 配置步骤：

① 新建一个数据库连接。单击"新建"按钮连接新创建的 test 数据库，如图 2.34 所示。

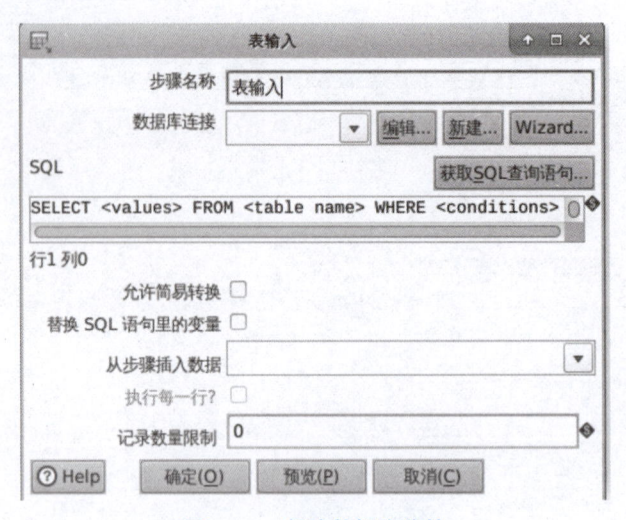

图 2.34　新建数据库连接

单击"测试"按钮，如图 2.35 所示，检测是否连接成功。

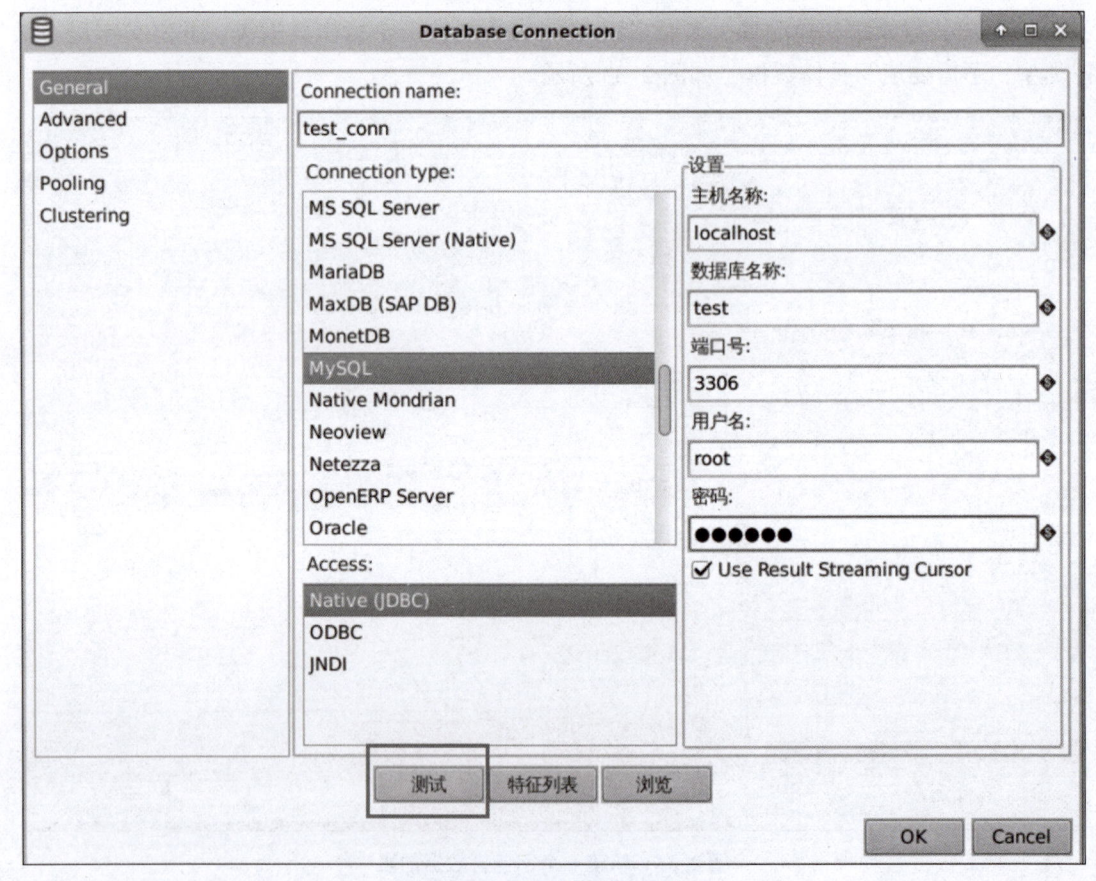

图 2.35　配置数据库连接

数据连接成功，单击"确定"按钮退出数据库配置，如图 2.36 所示。
② 获取 SQL 查询语句，如图 2.37 所示。

图 2.36 测试数据库连接

图 2.37 查询数据库

选择输入数据表，查询新建的表里面是否有三个字段，如图 2.38 所示。

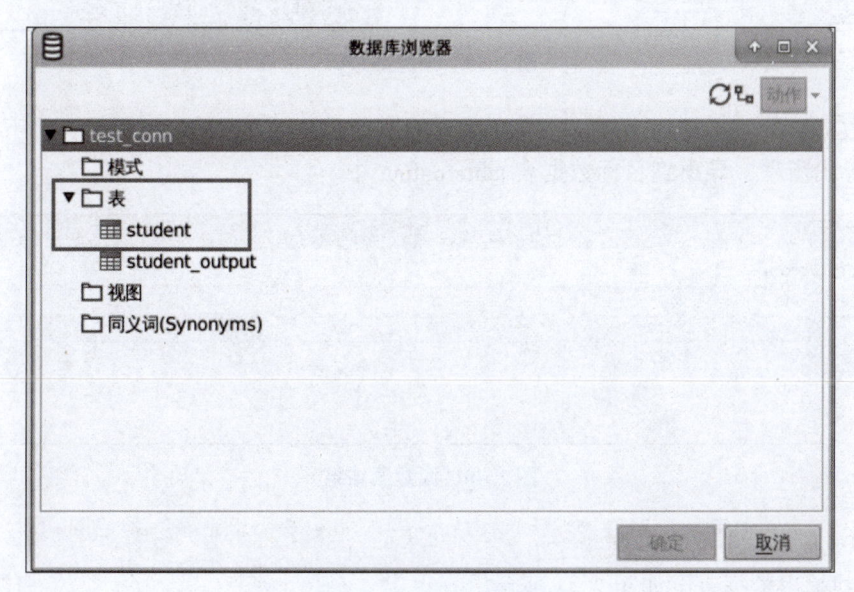

图 2.38 选择输入数据表

③ 单击"预览"按钮，查询数据，如图 2.39 所示。

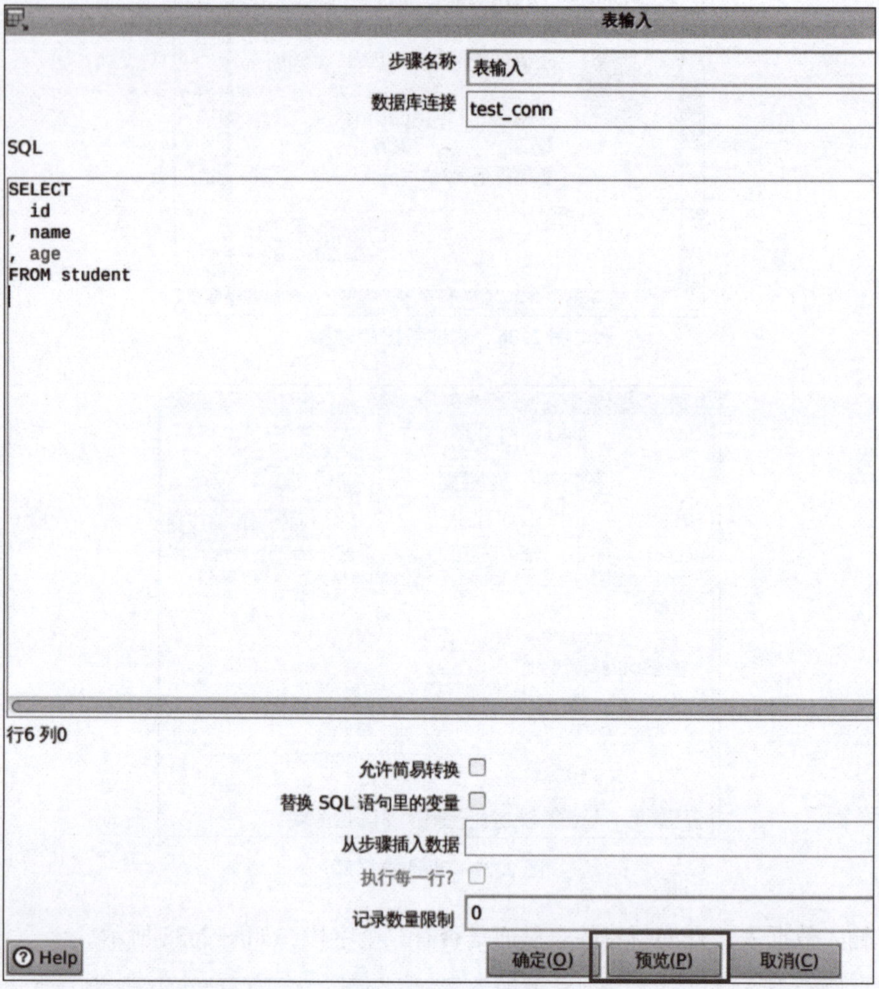

图 2.39　预览源数据

预览数据结果，正是"student"表中输入的三行数据，如图 2.40 所示。接下来需要把数据通过导出步骤，导出到目标数据表 table output 中。

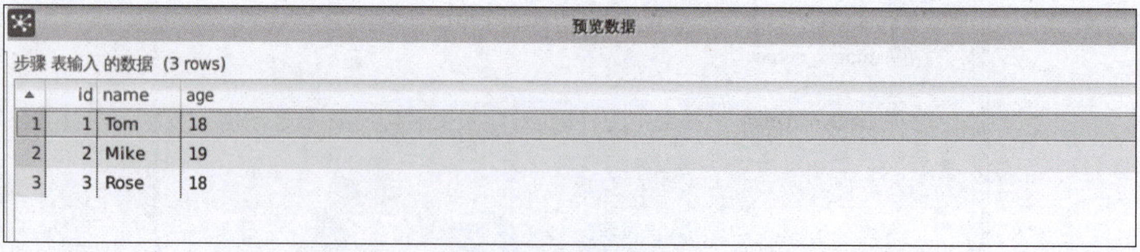

图 2.40　源数据结果

（2）Table output 配置步骤：
① 查找输出数据表，如图 2.41 所示。
选择"student_output"表，如图 2.42 所示。

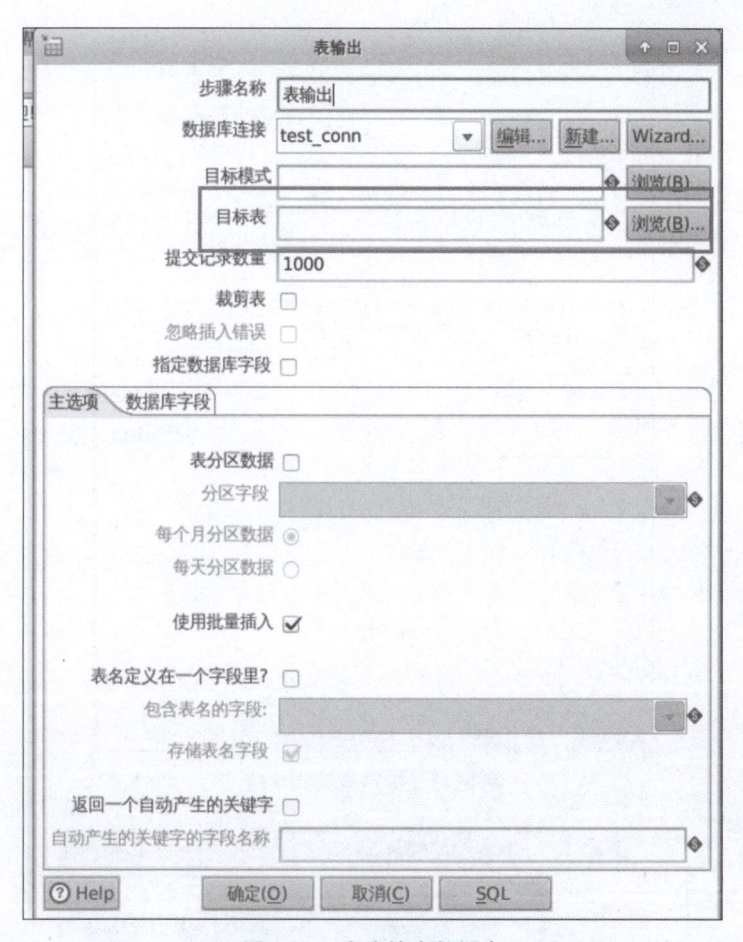

图 2.41　查找输出数据表

图 2.42　选择输出数据表

　　② 选择源数据字段（流字段）和目标数据字段（表字段），分别如图 2.43 和图 2.44 所示。

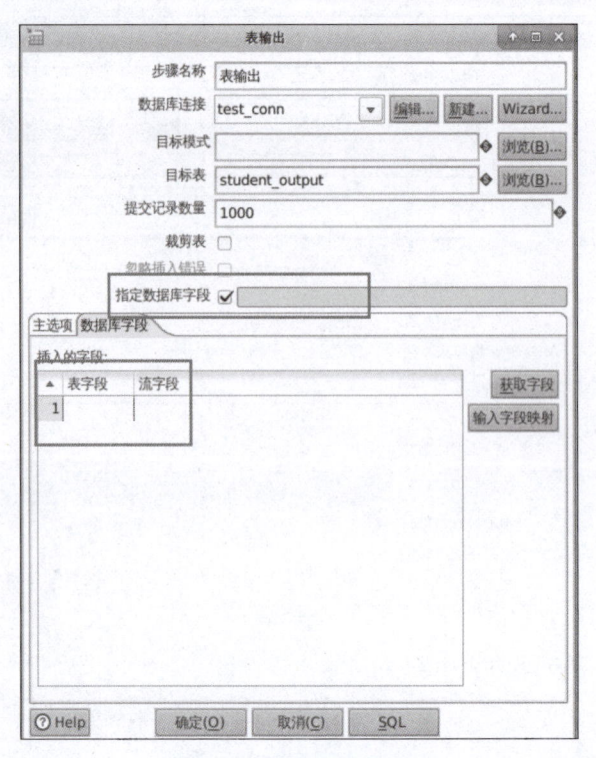

图 2.43　指定数据库字段

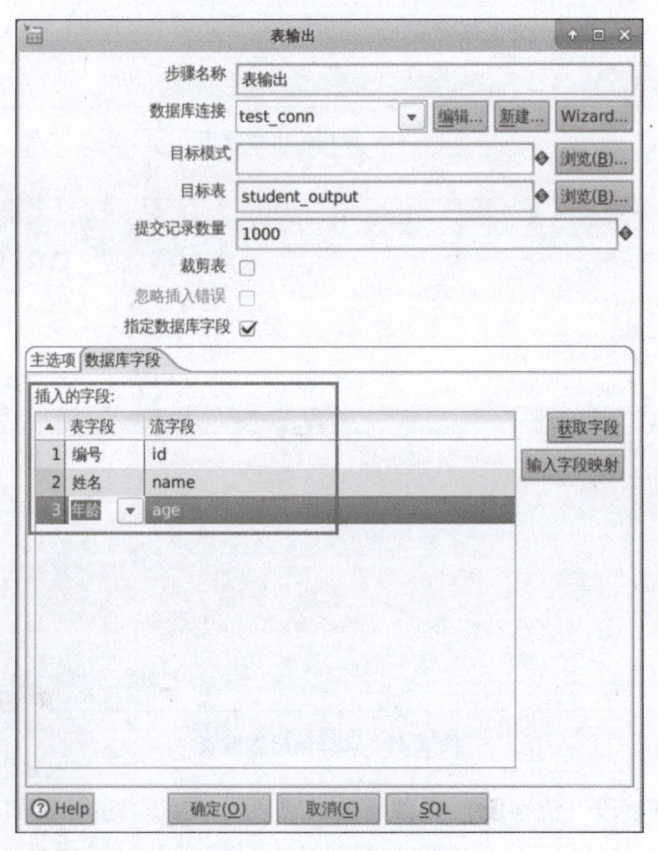

图 2.44　选择对应字段

③ 运行程序。单击"Run"按钮运行程序,环境类型选择"Local",运行转换如图 2.45 所示。

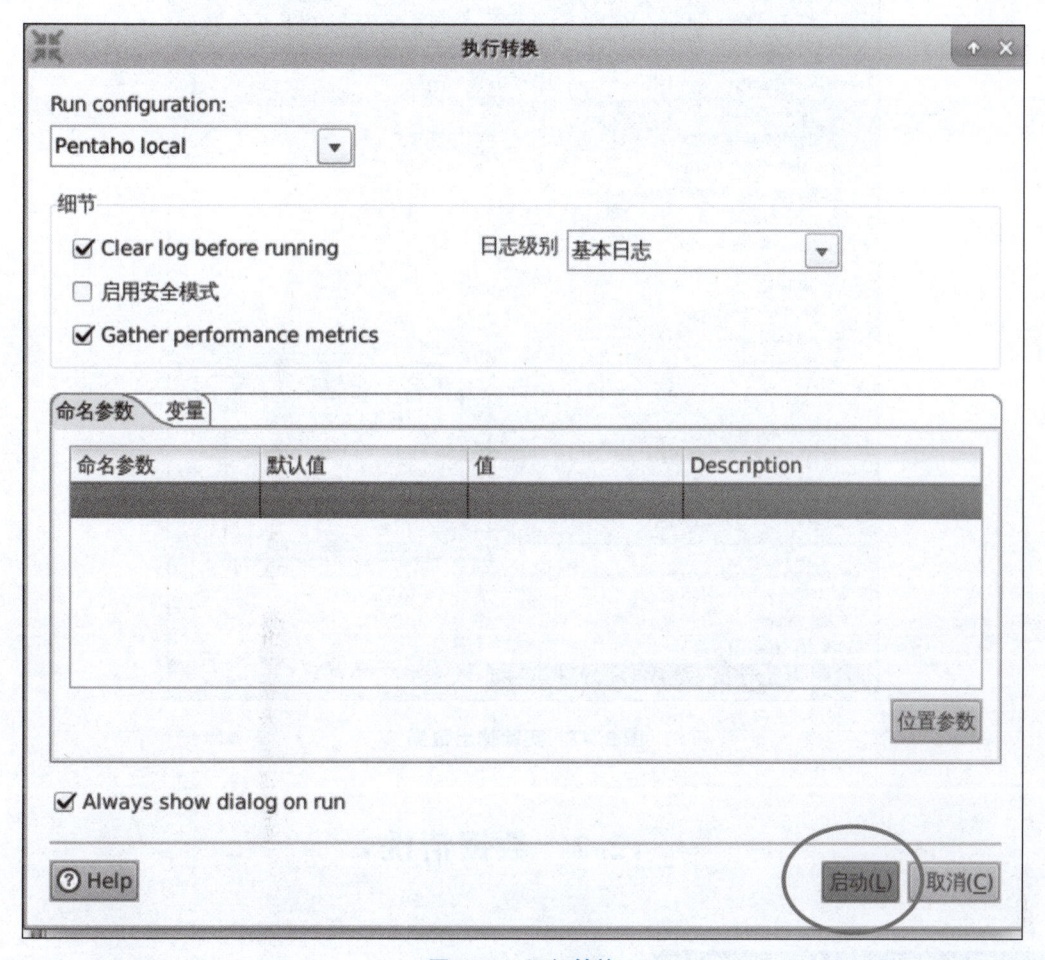

图 2.45 运行转换

【实验结果】

1. 输入数据:源数据表 student 中的数据如图 2.46 所示。

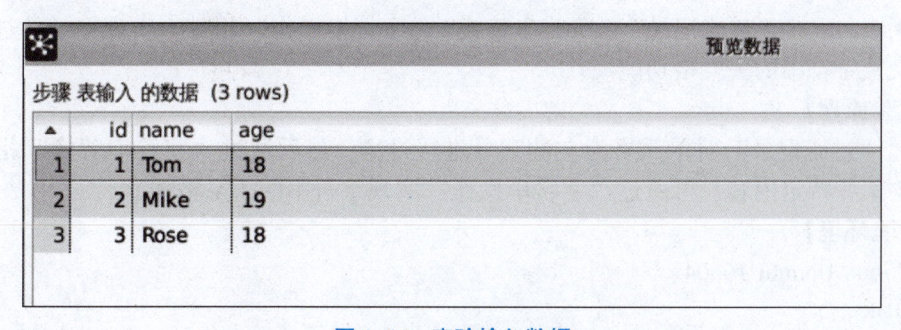

图 2.46 实验输入数据

2. 查看输出数据:输出数据表 student_output 数据,查看结果,如图 2.47 所示。

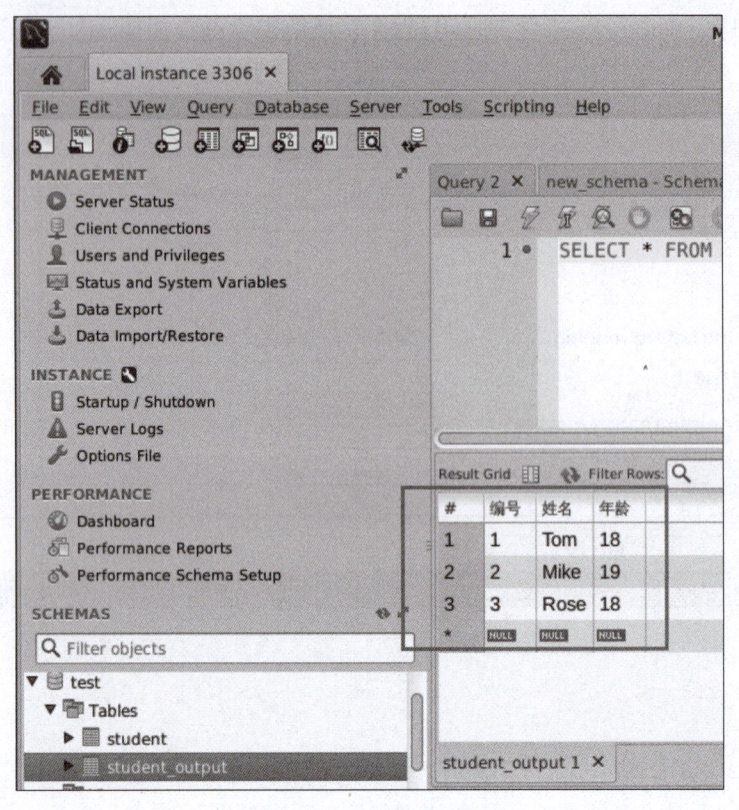

图 2.47　实验输出数据

2.2　数据清洗

2.2.1　实验一：字符串操作

【实验目的】

利用 Kettle 的"过滤记录""字符串替换""字符串操作"组件，实现记录的过滤、字符串替换及字符串的去空格功能。

【实验原理】

通过"过滤记录"对单元格为空的记录进行过滤，然后通过"字符串替换"指定替换单元格中某些特定内容，再通过"字符串操作"实现字符串的去空格功能。

【实验环境】

1. Linux Ubuntu 16.04。
2. JDK 1.8。
3. MySQL 5.7.33。
4. 预处理工具：Data-integration 8.0。

【实验步骤】

1. 创建转换：单击 按钮，在下拉菜单中选择"Transformation"创建一个转换文件，如图 2.48 所示。单击按钮，重命名该转换文件，保存在某个指定的路径中。

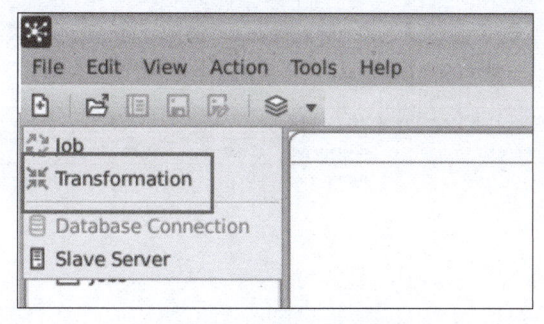

图 2.48　创建转换

下载数据源：

wget http://10.90.3.2/HUP/ETL/05/-r-c-np-nH--cut-dirs3--restrict-file-names=nocontrol-A.xlsx-P/home/ubuntu/Desktop

2. 在新建的转换文件上进行可视化编程，需要的组件如图 2.49 所示。选择好组件，连接组件，主要组件为 Excel input、Filter rows、Replace in string、String operations、Excel writer，组件支持自定义命名。

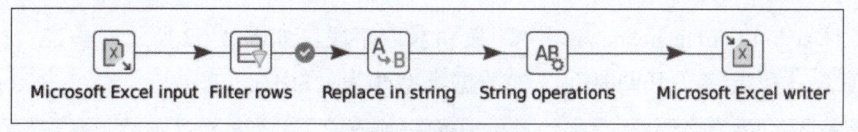

图 2.49　转换流程

3. 各组件的配置。

（1）"Excel 输入"的配置，如图 2.50 所示。

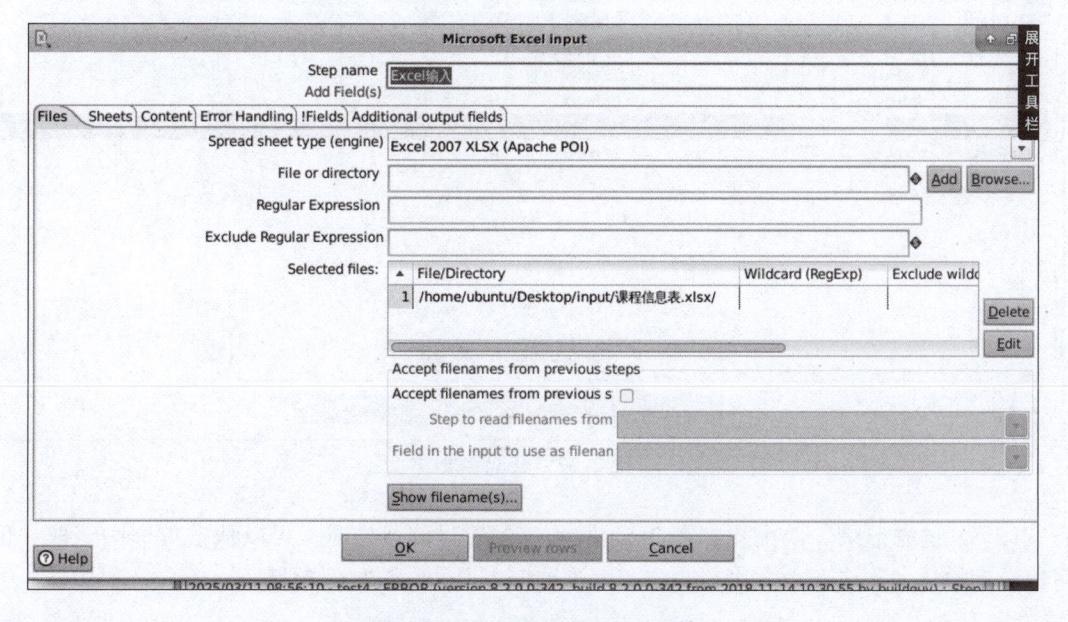

图 2.50　导入预处理 Excel 文件

添加工作表,如图 2.51 所示。

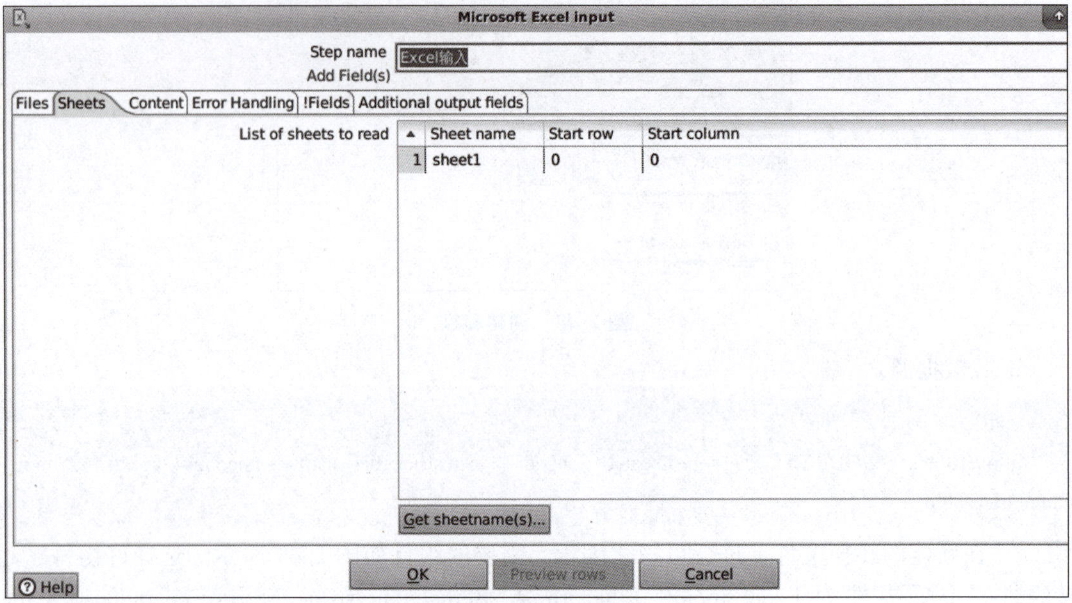

图 2.51 添加工作表

单击"Get fields from header row…"按钮获取字段,如图 2.52 所示。

*注意:这里要将"开课时间"的数据类型改为"String"。

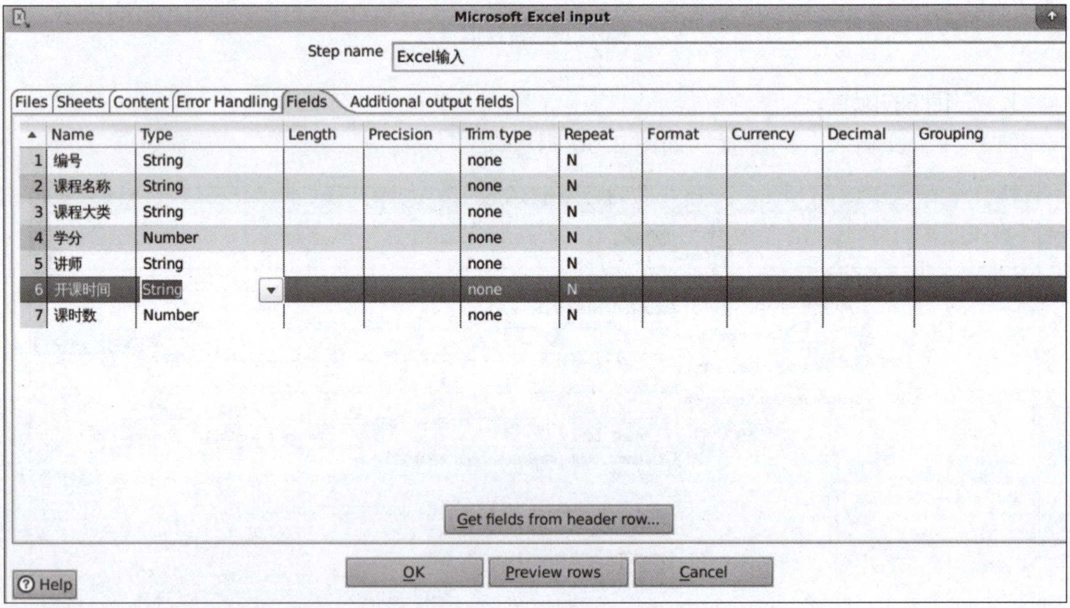

图 2.52 获取字段

(2)"过滤记录"的配置如图 2.53 所示。配置过滤条件时,可以从下拉框中获取,也可以手动输入,本实验中需要筛选掉"开课时间"为"null"的数据。

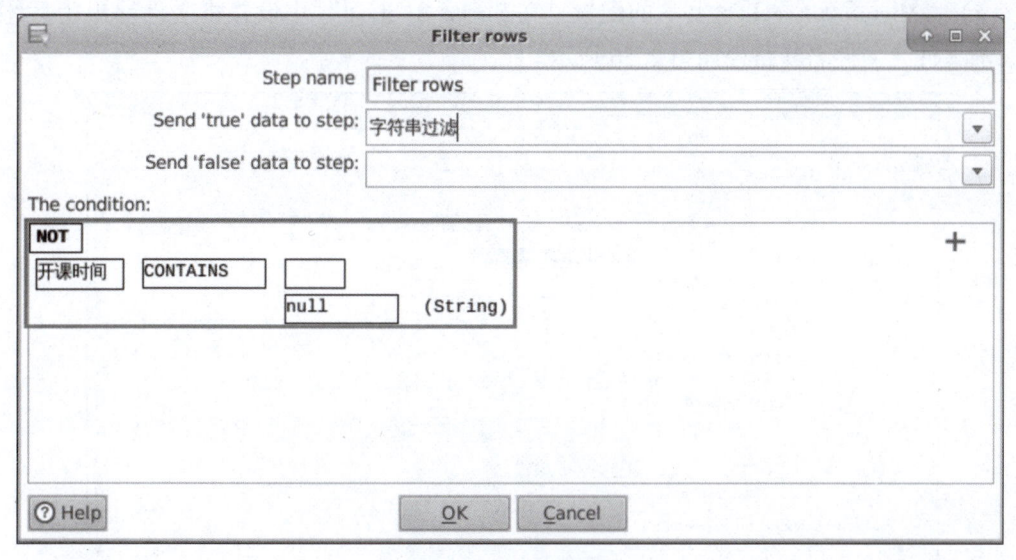

图 2.53　选择过滤条件

(3)"字符串替换"的配置：将"梁权"替换为"潘永光"，将"开课时间"字段处的"−"替换为"/"。如果得不到开课时间字段，则手动输入，得到如图 2.54 所示界面。

图 2.54　选择替换字段

(4)"字符串操作"的配置如图 2.55 所示，本实验中需要将"讲师"字符串左右的空白符去除。

图 2.55　选择操作字段

（5）"Microsoft Excel 输出"的配置：在"File & Sheet"中设置将文件导出为后缀为.xlsx 的文件，文件名和路径如图 2.56 所示。

图 2.56　导出 Excel 输出数据

在"Content"中设置获取的字段，单击"Get Fields"按钮，如图 2.57 所示。

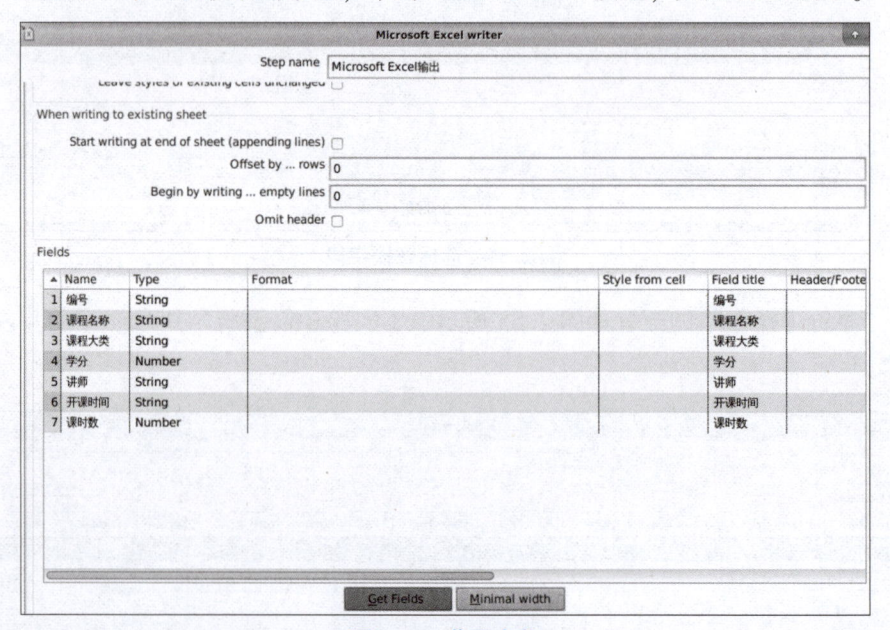

图 2.57　获取字段

4. 运行程序：在弹出的对话框中，运行环境选择"Local"，单击"Run"按钮运行程序，如图 2.58 所示。

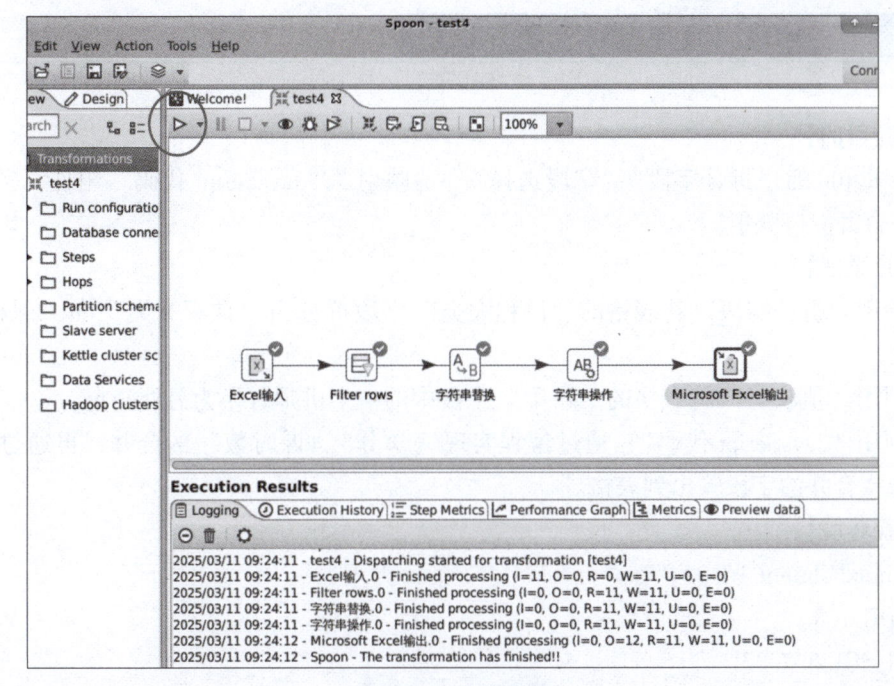

图 2.58 运行转换

【实验结果】

1. 输入数据：课程信息表如图 2.59 所示。

图 2.59 实验输入数据

2. 经过转换后的输出数据如图 2.60 所示。

图 2.60 实验输出数据

2.2.2 实验二：字段拆分、合并和值映射

【实验目的】

利用 Kettle 的"拆分字段""字段选择""值映射""JavaScript 代码"组件，实现字段的拆分、合并、值映射。

【实验原理】

1. 利用"拆分字段"将表格的"课程大类"字段拆分为"课程大类"和"课程小类"两个字段。

2. 利用"值映射"将表格的"讲师"字段中的一个讲师替换为另外一个。

3. 利用"JavaScript 代码"，通过编程实现"学分""课时数"的合并，再通过"字段选择"选择合并的字段输出到表格。

【实验环境】

1. Linux Ubuntu 16.04。

2. JDK 1.8。

3. MySQL 5.7.33。

4. 预处理工具：Data-integration 8.0。

【实验步骤】

1. 创建转换：单击 按钮，在下拉菜单中选择"Transformation"创建一个转换文件，如图 2.61 所示。单击 按钮，重命名该转换文件，保存在某个指定的路径中。

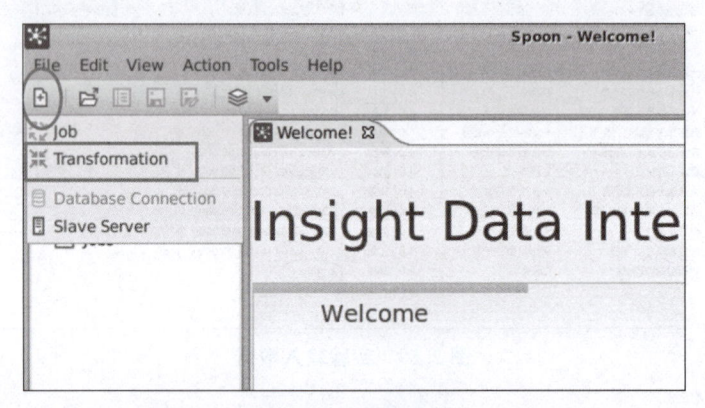

图 2.61 创建转换

下载数据源：

wget
http://10.90.3.2/HUP/ETL/06/-r-c-np-nH--cut-dirs3--restrict-file-names=nocontrol-A.xlsx-P/home/ubuntu/Desktop

2. 在新建的转换文件上开始可视化编程，需要的组件如图 2.62 所示。选择好组件并连接组件，主要组件为 Excel input、Field splitter、Select values、Value Mapper、Modified JavaScript Value、Excel writer，组件都支持自定义命名。

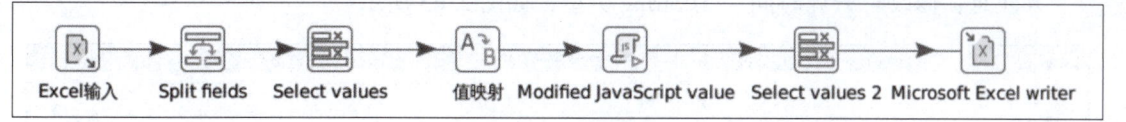

图 2.62 转换流程图

3. 各组件的配置。

（1）"Excel 输入"组件的配置：导入预处理 Excel 文件"课程信息表"，如图 2.63 所示。

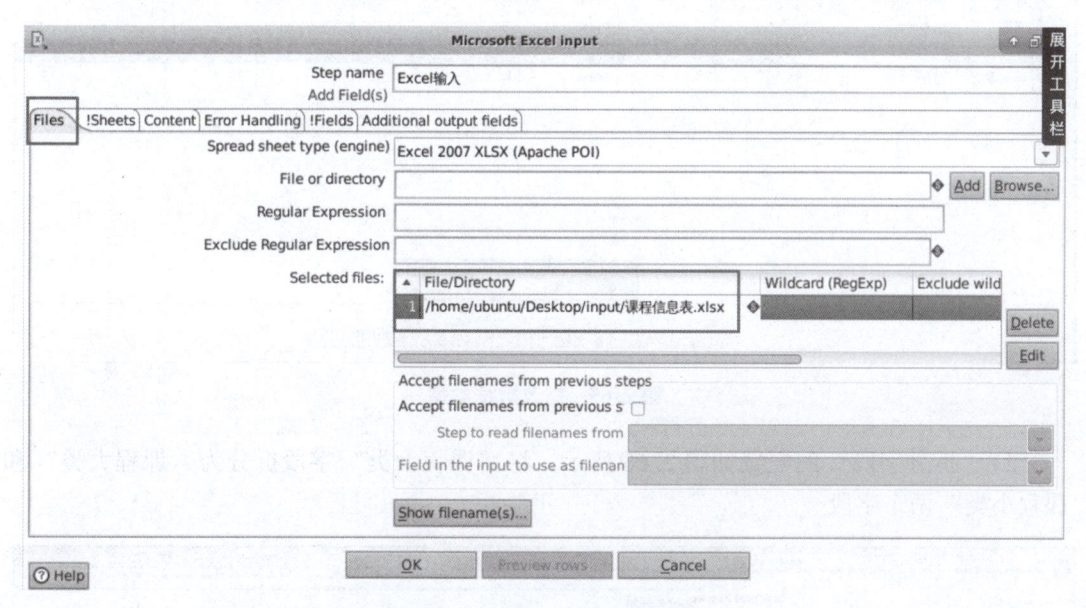

图 2.63 导入预处理 Excel 文件

添加工作表，如图 2.64 所示。

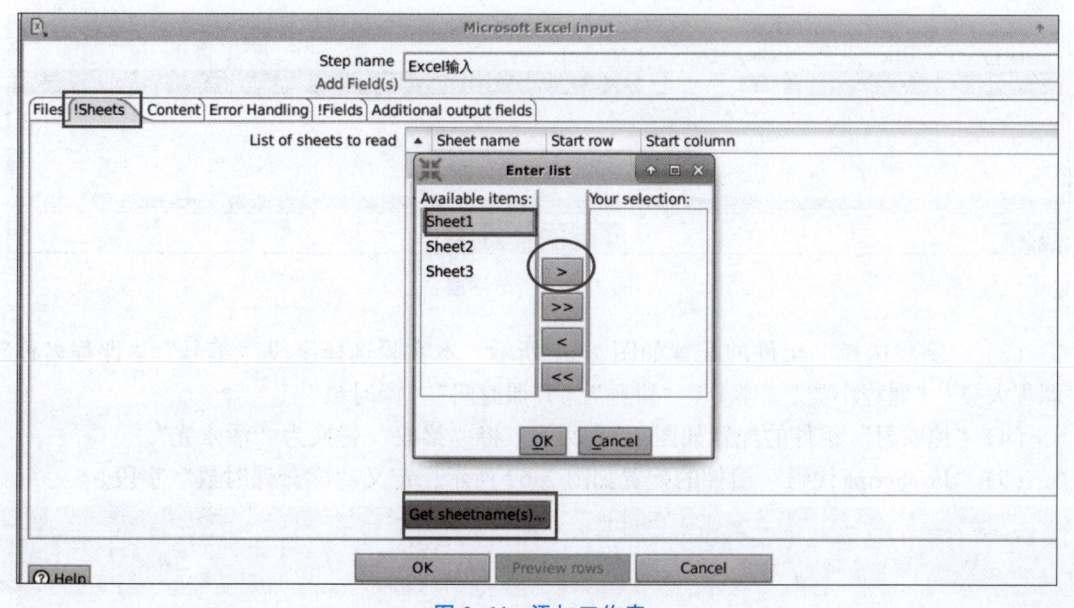

图 2.64 添加工作表

*注意：修改"开课时间"为 String 类型，如图 2.65 所示。

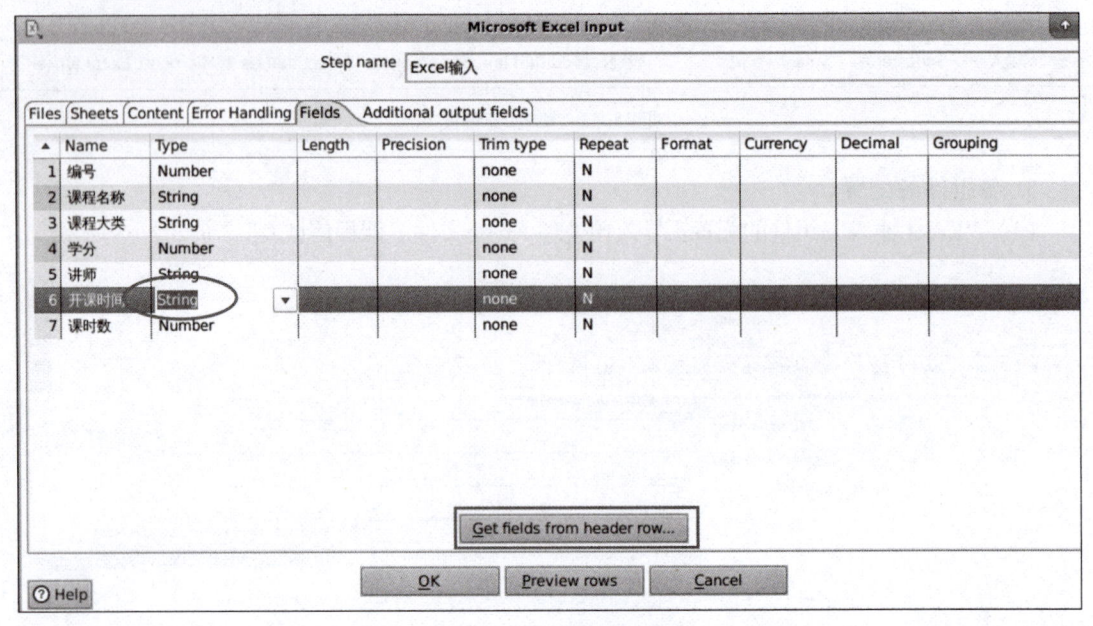

图 2.65　修改数据类型

（2）"拆分字段"的配置如图 2.66 所示，将"课程大类"字段拆分为"课程大类"和"课程小类"两个字段。

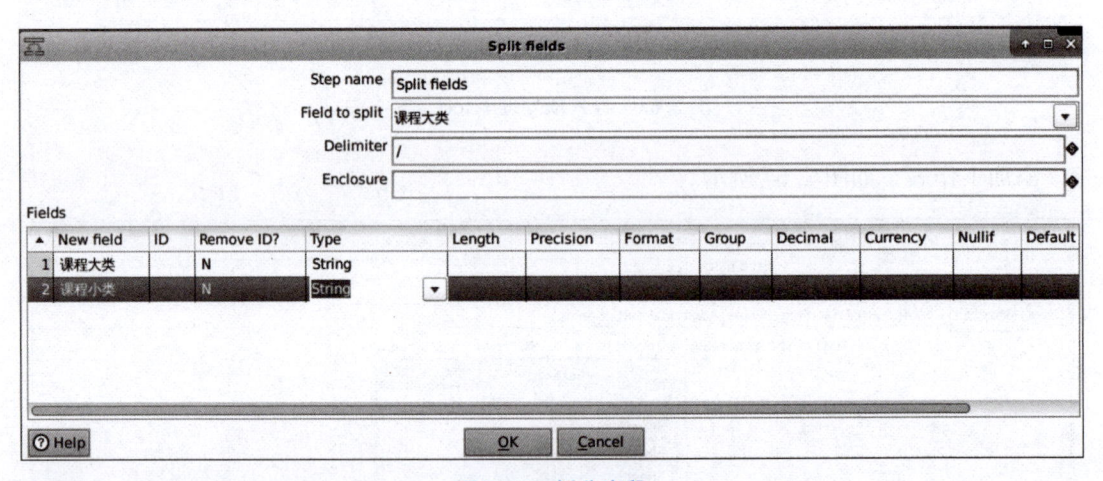

图 2.66　拆分字段

（3）"字段选择"组件的配置如图 2.67 所示，本实验选择字段"编号""课程名称""课程大类""课程小类""学分""讲师""开课时间""课时数"。

（4）"值映射"组件的配置如图 2.68 所示，将"梁权"替换为"潘永光"。

（5）"JavaScript 代码"组件的配置如图 2.69 所示，定义"学分课时数"字段。

```
var 学分课时数='';
学分课时数=学分+'/'+课时数;
```

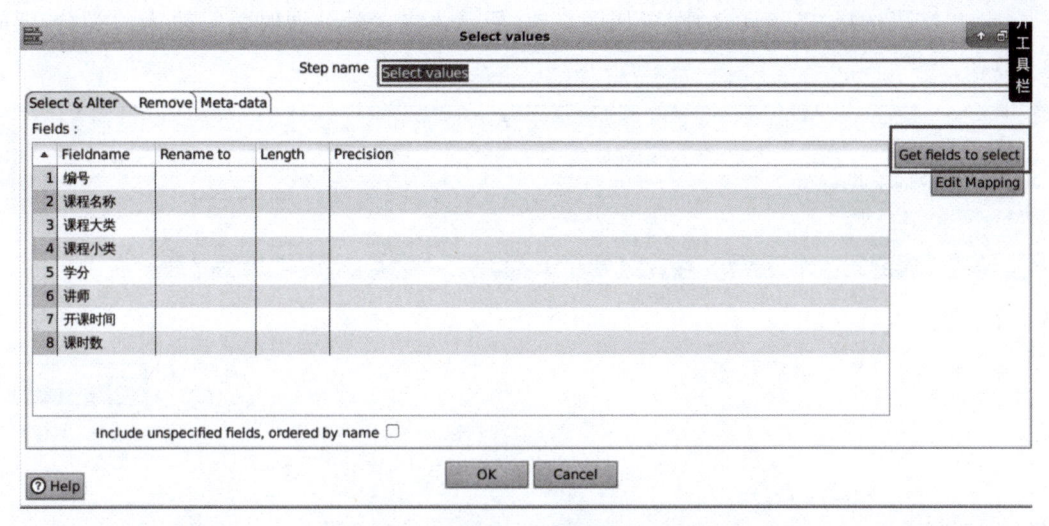

图 2.67 字段选择

图 2.68 值映射

图 2.69 JavaScript 代码

(6)"字段选择2"组件的配置如图2.70所示,将"学分课时数"改为"学分/课时数"字段。

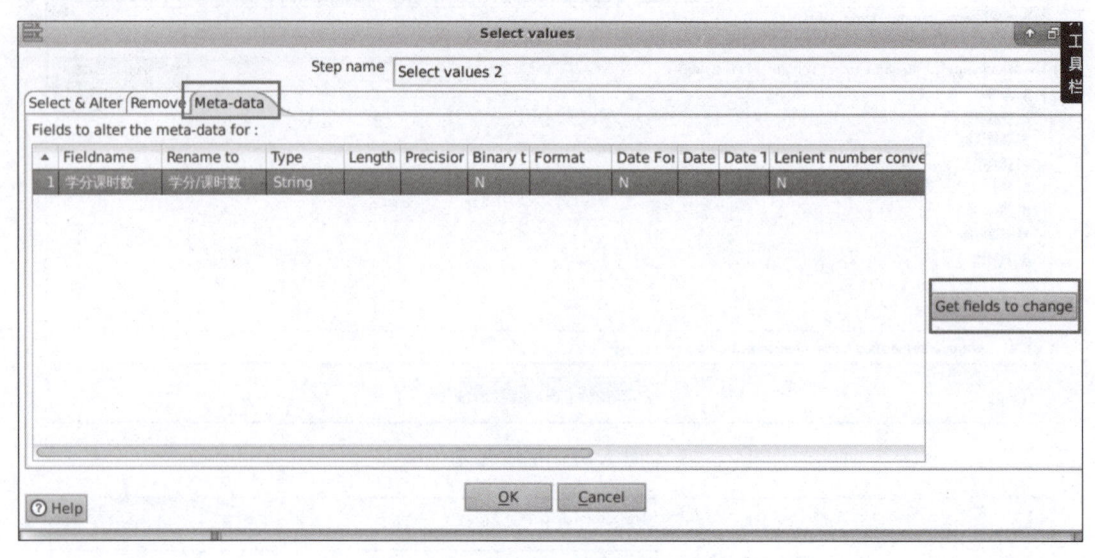

图2.70 修改字段名

然后选择需要处理的字段,如图2.71所示。

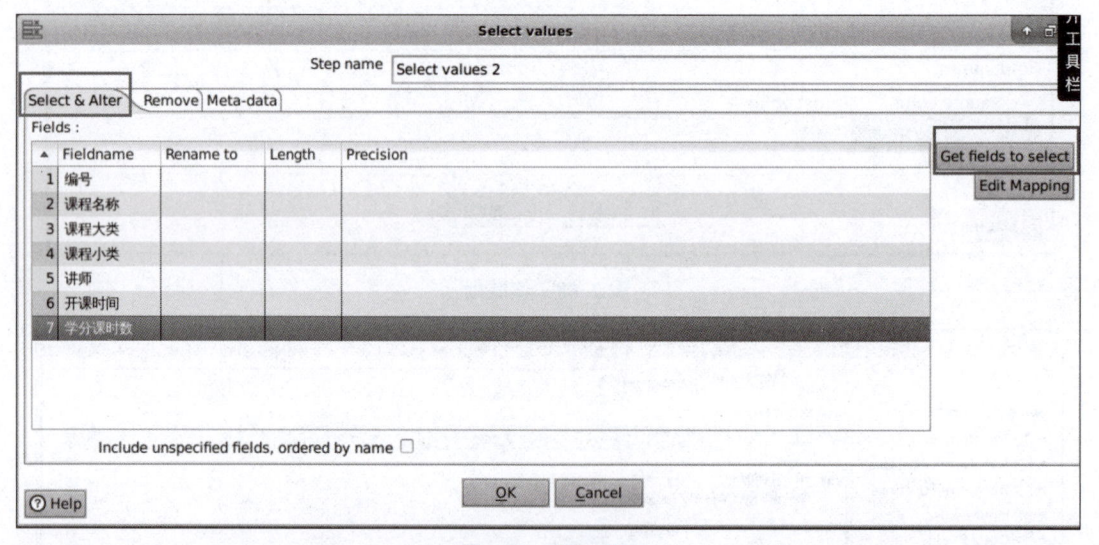

图2.71 字段选择

(7)"Microsoft Excel 输出"组件的配置如图2.72所示,将数据导出到"fileout"文件中。获取导出表的字段,如图2.73所示。

4. 运行程序:弹出的对话框如图2.74所示,单击"Run"按钮运行程序。

【实验结果】

1. 输入数据:课程信息表的数据如图2.75所示。

图 2.72　导出 Excel 输出文件

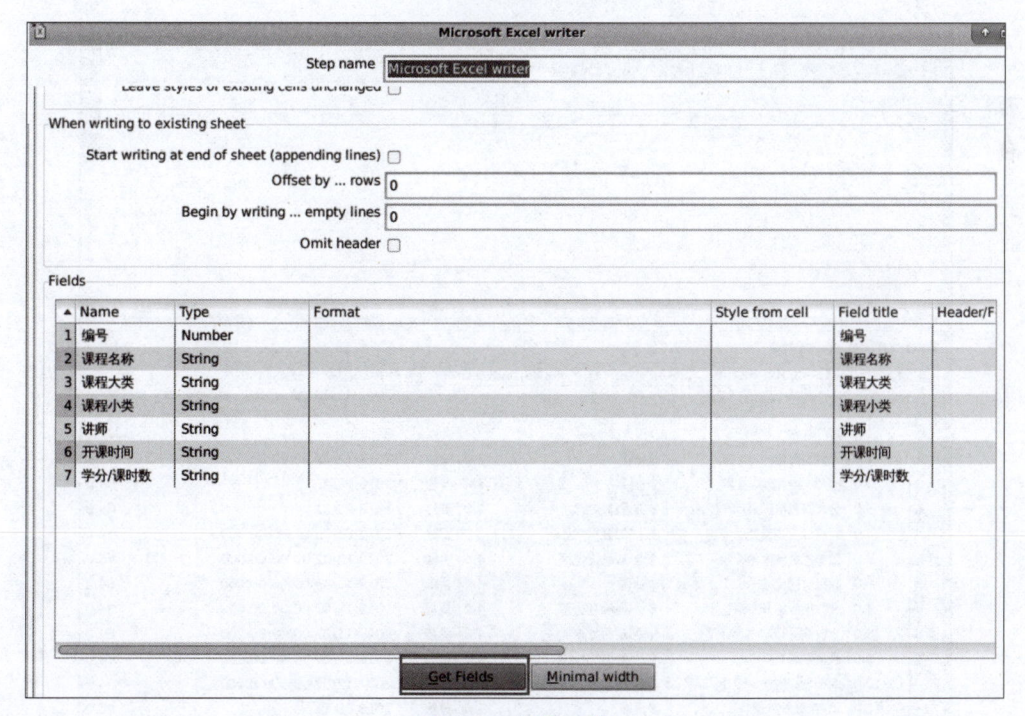

图 2.73　获取字段

图 2.74　运行转换

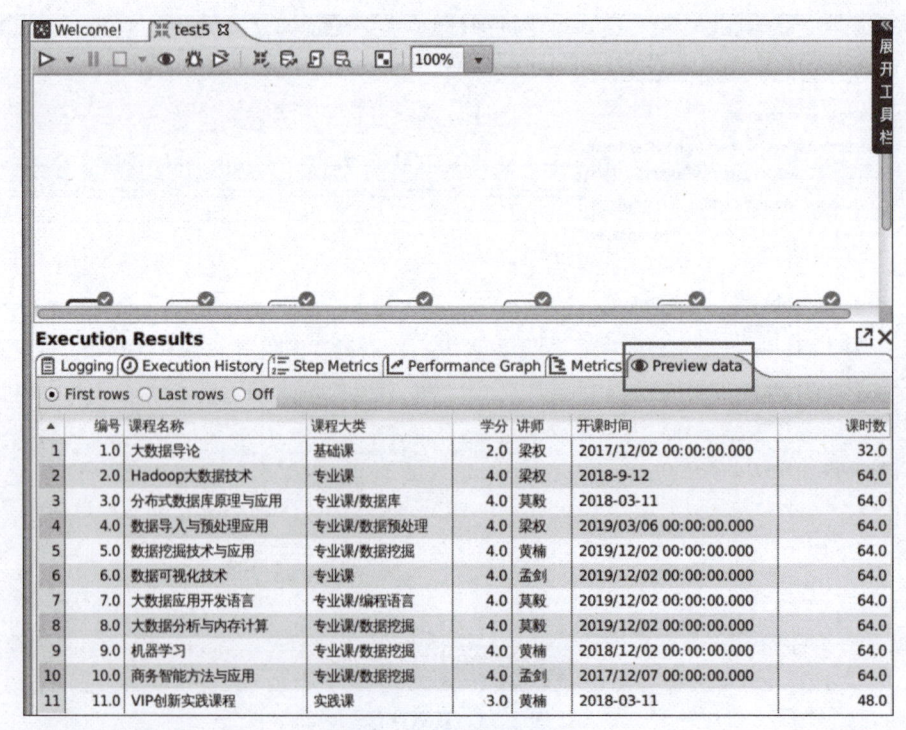

图 2.75　实验输入数据

2. 输出数据如图 2.76 所示。

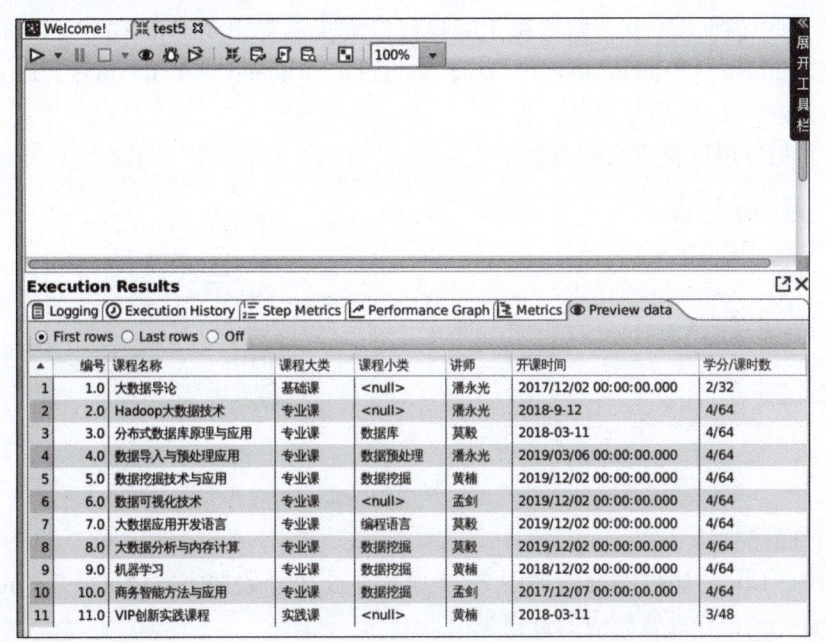

图 2.76　实验输出数据

2.2.3　实验三：数据校验

【实验目的】

利用 Kettle 的"data validator"组件实现各种错误数据的校验。

【实验原理】

数据一般都要遵守一定的规则，本实验中的数据源要求满足下面的规则：

（1）字段值不能为 NULL 值；

（2）日期不能在 2000 年 1 月 1 日前；

（3）产品名称必须是官方提供的名称；

（4）产品数量字段必须在 1~10 之间；

（5）单个产品价格不能超过 1 000 元。

通过"data validator"设置校验规则，将满足校验条件的数据发送给主数据流 Valid rows，不满足条件的数据发送到错误数据流 Errors 中。

【实验环境】

1. Linux Ubuntu 16.04。
2. JDK 1.8。
3. MySQL 5.7.33。
4. 预处理工具：Data-integration 8.0。

【实验步骤】

1. 创建转换：单击 按钮，在下拉菜单中选择 转换 ，创建一个转换文件。单击按钮，重命名该转换文件，保存在某个指定的路径中，如图 2.77 所示。

2. 在新建的转换文件上开始可视化编程：本实验需要用到 Data Grid（Data Grid、ProductList）、Calculator（PricePerItem）、Data Validator、Dummy（Valid rows、Errors）组件，选择好组件，按图 2.78 所示连接组件。

*注意：组件可以自定义命名。

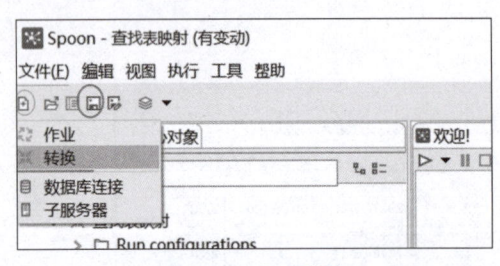

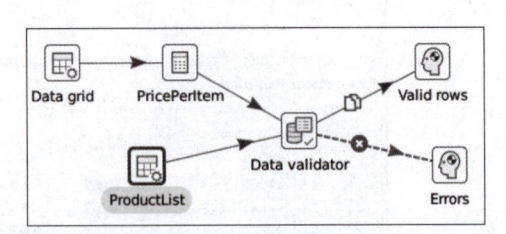

图 2.77 创建转换　　　　　　　　图 2.78 转换流程图

3. 各组件的配置：

（1）"Data Grid"组件的配置如图 2.79 所示。选择元数据字段"adate""productname""items""amount"，并设置相应的数据类型。

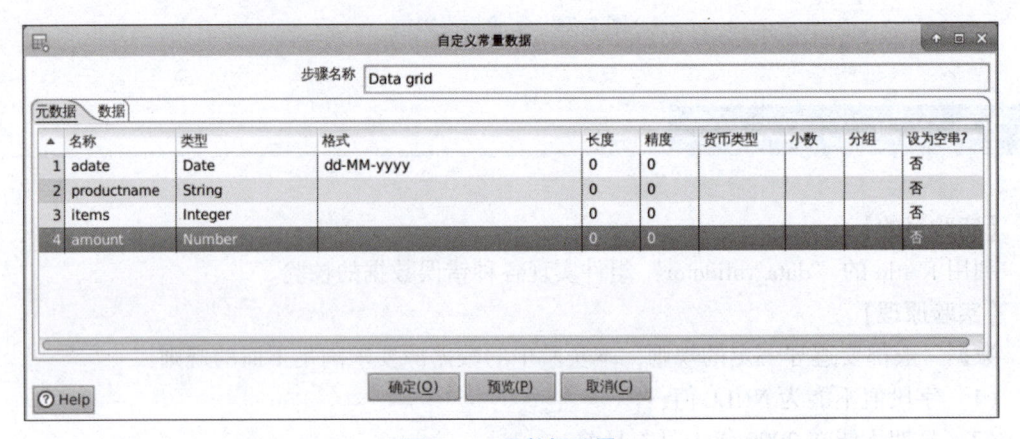

图 2.79 元数据配置

手动输入元数据和数据内容，如图 2.80 所示。

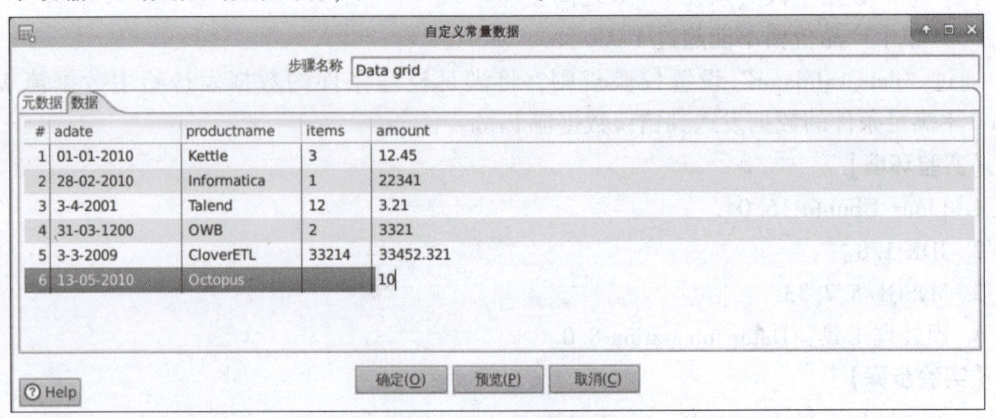

图 2.80 添加数据

（2）"ProductList"组件的配置如图 2.81 所示，将其类型设置为 String。

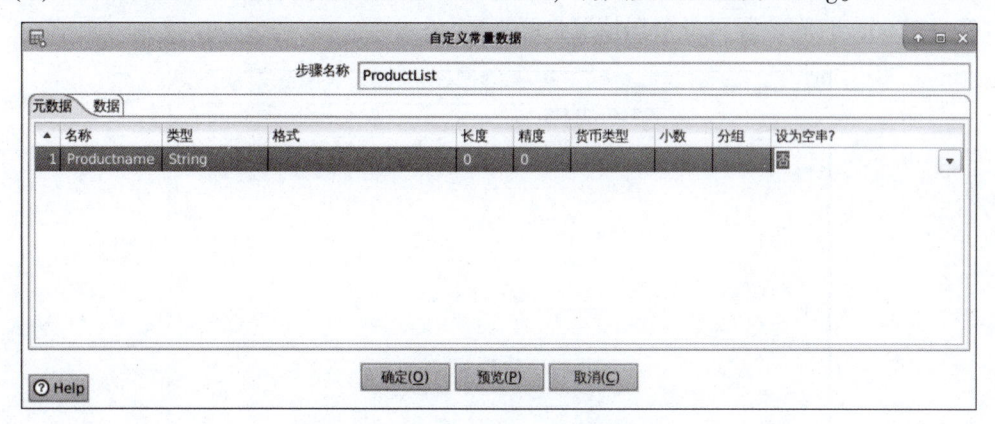

图 2.81　ProductList 的元数据配置

手动输入 ProductList 的数据，如图 2.82 所示。

图 2.82　添加 ProductList 的数据

（3）"PricePerItem Calculator"组件的配置如图 2.83 所示，定义"ItemPrice"字段及其计算。

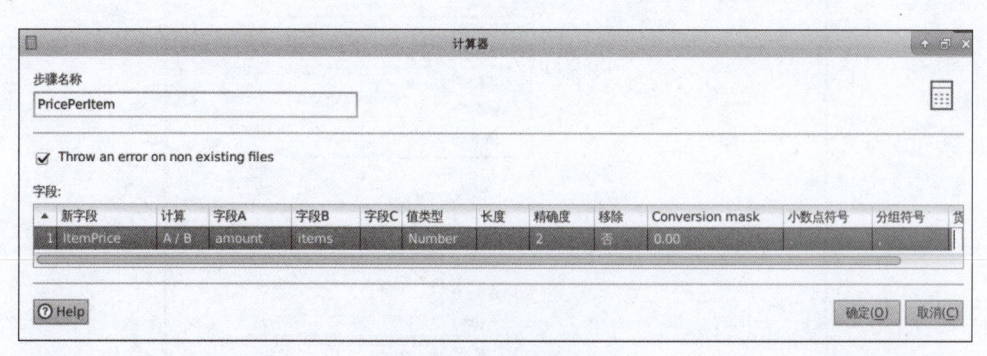

图 2.83　计算器配置

（4）"Data Validator"组件的配置如图 2.84 所示，单击"增加检验"按钮，分别添加 5 条校验条件，分别命名为 date_val、name_val、items_val、amount_val、itemprice_val。

① date_val 校验规则配置如图 2.85 所示，数据类型设置为"Date"，这里最小时间设置为 01-01-2000，时间设置可以根据情况自己设定。

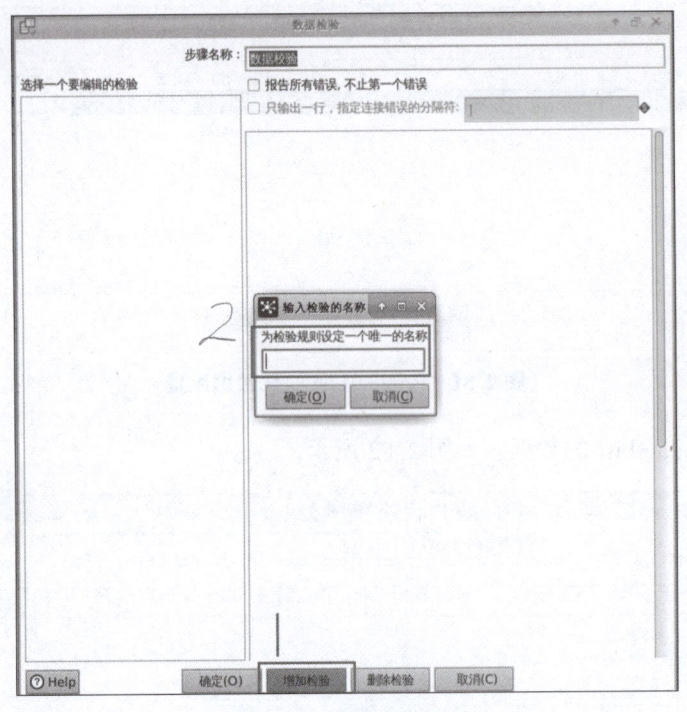

图 2.84　添加校验条件

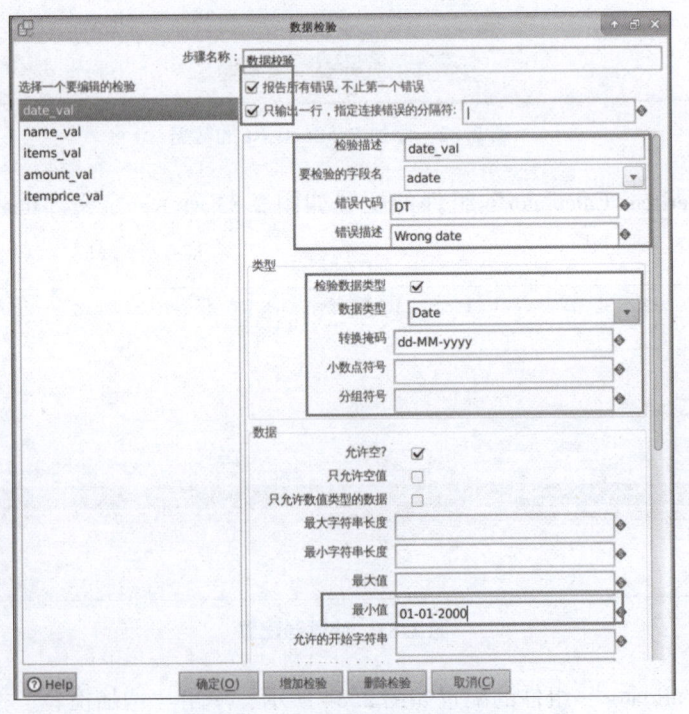

图 2.85　date_val 校验规则配置

② name_val 校验规则配置如图 2.86 所示，数据类型设置为"String"。

图 2.86　name_val 校验规则配置

③ items_val 校验规则配置如图 2.87 所示，数据类型设置为"Integer"，这里最大值设置为 10，最小值设置为 1，但是最大值和最小值可以根据情况自己设定。

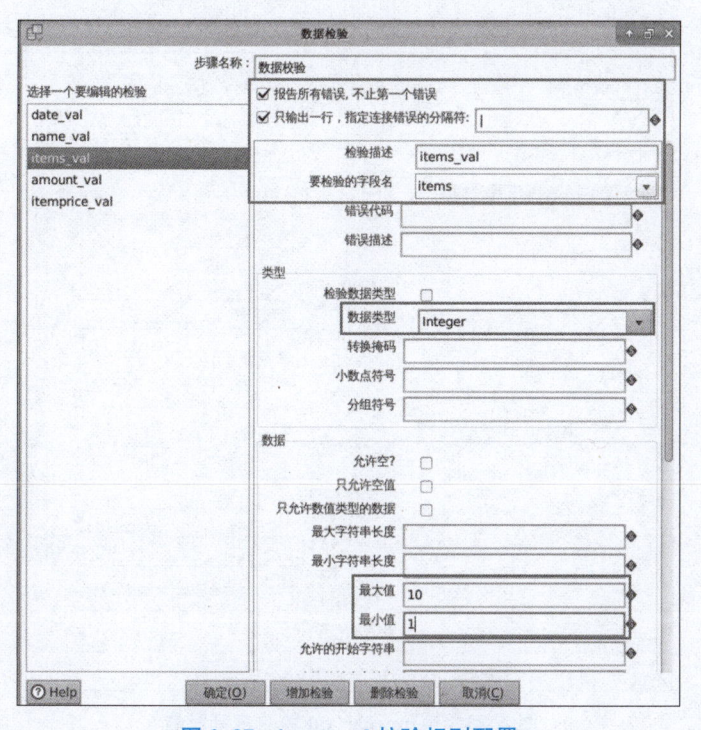

图 2.87　items_val 校验规则配置

④ amount_val 校验规则配置如图 2.88 所示，数据类型设置为"Number"。

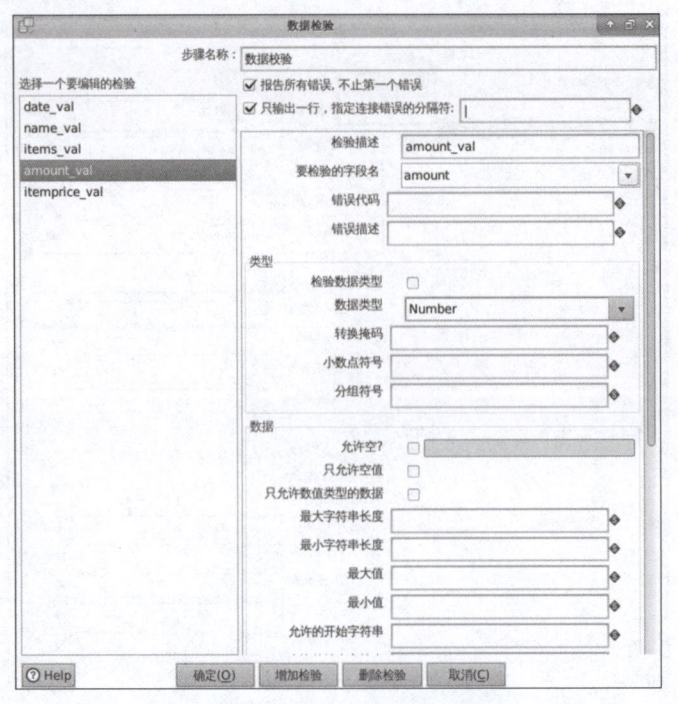

图 2.88　amount_val 校验规则配置

⑤ itemprice_val 校验规则配置如图 2.89 所示，数据类型设置为"Number"，这里最大值设置为"1 000"。

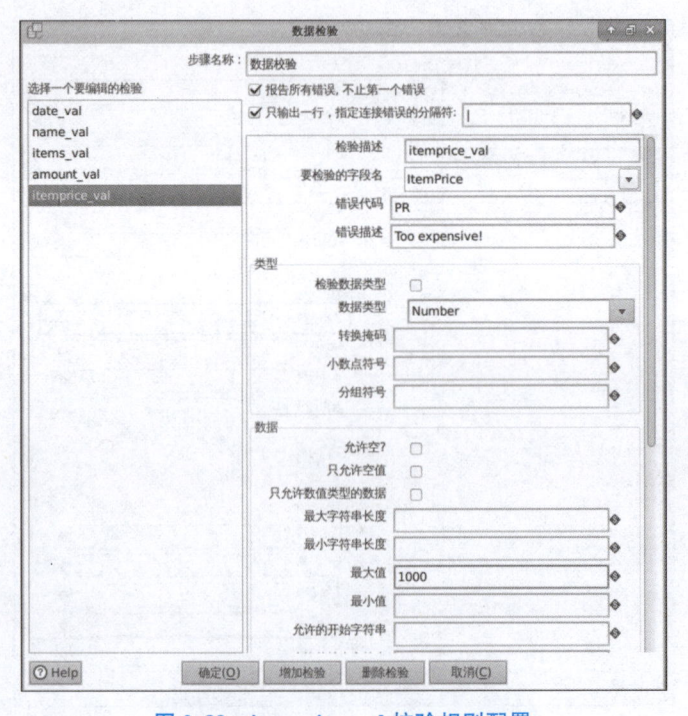

图 2.89　itemprice_val 校验规则配置

⑥ 最后还需要配置错误输出，右击"Data Validator"步骤，选择"定义错误处理"，配置如图2.90所示。

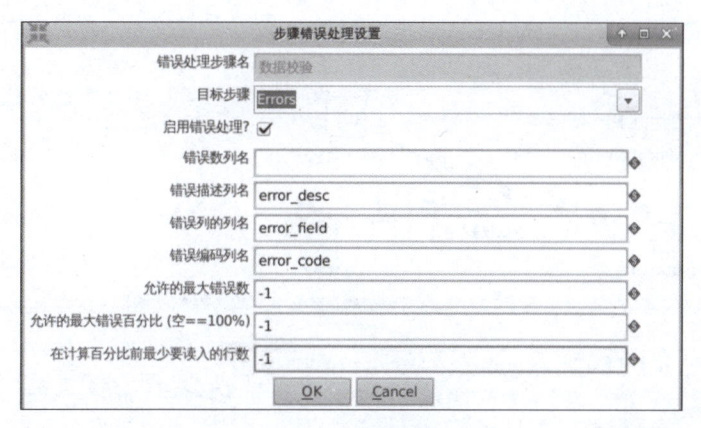

图2.90 定义错误处理

⑦ 将Data Validator步骤中不满足规则的数据发送给Errors步骤，满足规则的发送给Valid rows步骤，如图2.91所示。

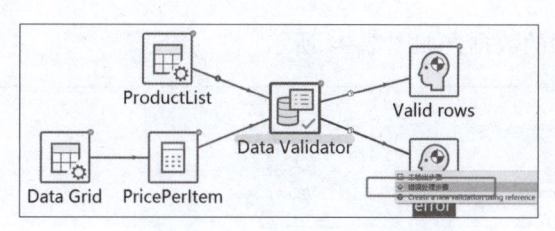

图2.91 定义发送规则

4. 如图2.92所示，单击"启动"按钮运行该程序。

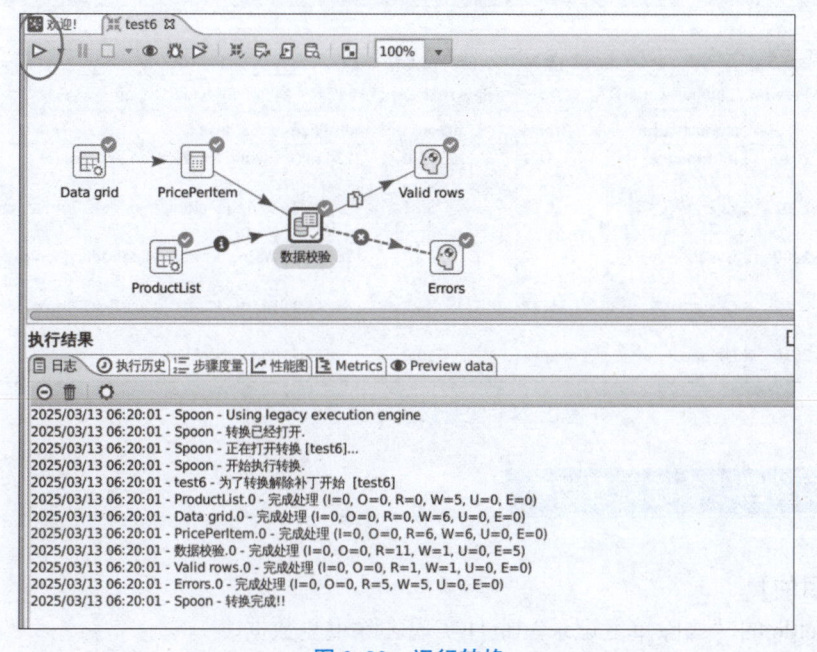

图2.92 运行转换

【实验结果】

1. 预览 Valid rows 数据，如图 2.93 所示。

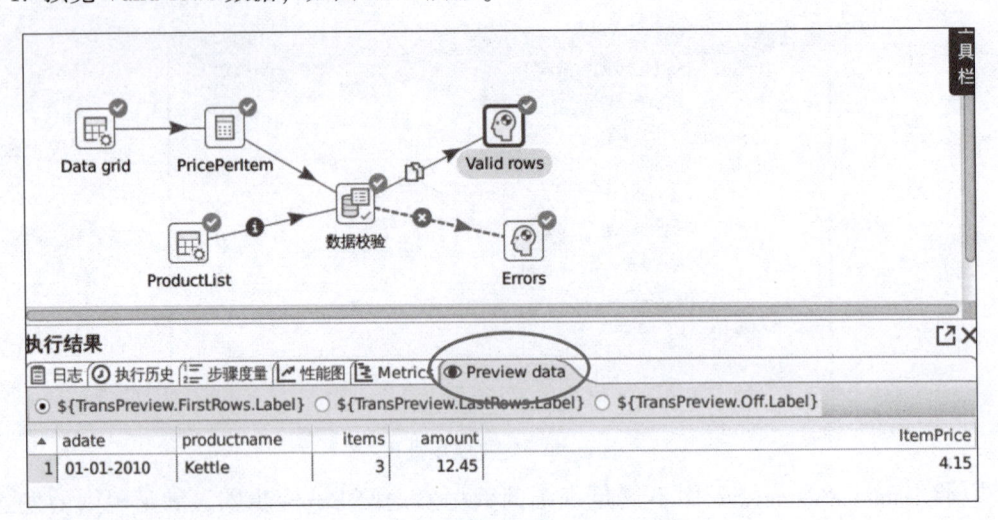

图 2.93　实验输出满足条件数据

2. 预览 Errors 步骤的数据，如图 2.94 所示。

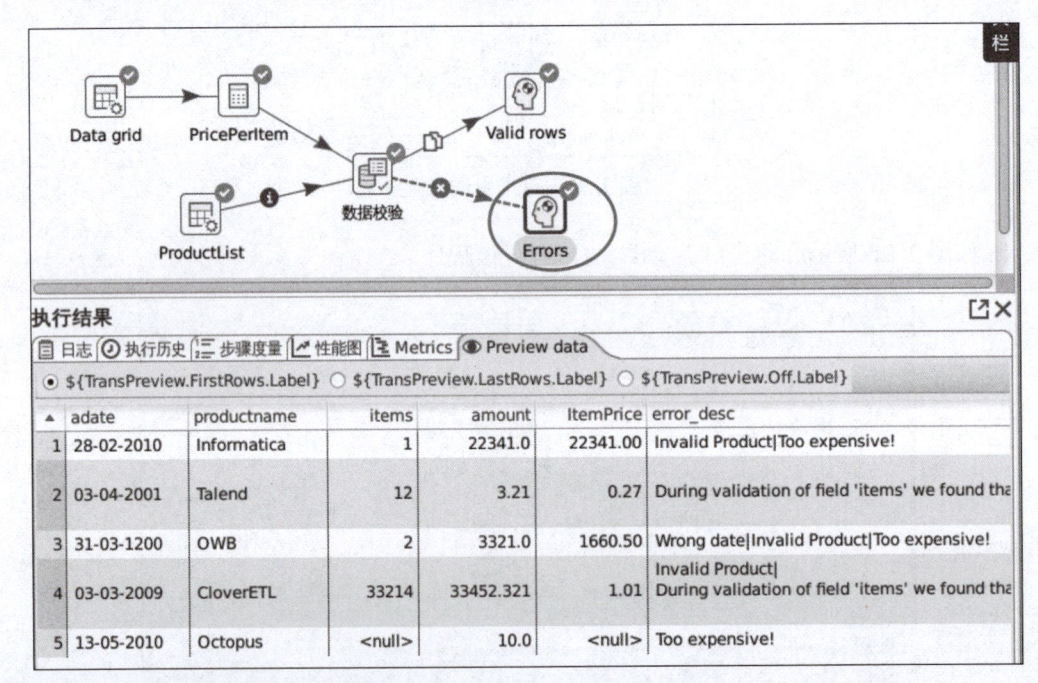

图 2.94　实验输出不满足条件数据

2.2.4　实验四：去除重复数据

【实验目的】

利用 Kettle 的"去除重复记录"组件实现去除重复数据。

【实验原理】

通过记录排序后的数据进行重复数据删除，然后对表中的非重复数据重新排序。

【实验环境】

1. Linux Ubuntu 16.04。

2. JDK 1.8。

3. MySQL 5.7.33。

4. 预处理工具：Data-integration 8.0。

【实验步骤】

1. 先下载需要处理的数据源，打开"terminal"终端，然后输入命令：

> wget http://10.90.3.2/HUP/ETL/07/ -r -c -np -nH --cut-dirs 3--restrict-file-names=nocontrol -A.xlsx -P/home/Ubuntu/Desktop

执行后，将会在桌面上下载命名为 07 的文件夹。

2. 双击桌面上的"Insight DI"图标，该软件启动后，开始创建转换：单击 ，在下拉菜单中选择 Transformation ，如图 2.95 所示，这样就创建了一个转换文件。单击 ，重命名该转换文件，保存在 07 的文件夹下。

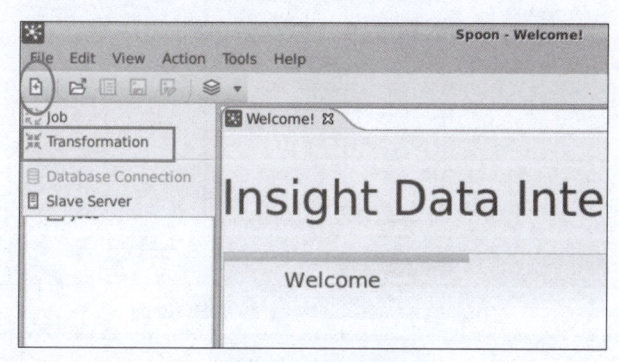

图 2.95　创建转换

3. 在新建的转换文件上开始可视化编程，需要的组件如图 2.96 所示。选择好组件，并连接好组件，主要组件为 Excel input（Excel 输入）、Sort rows（排序记录）、Unique rows（去除重复记录）、Excel writer（Microsoft Excel 输出），组件支持自定义命名。

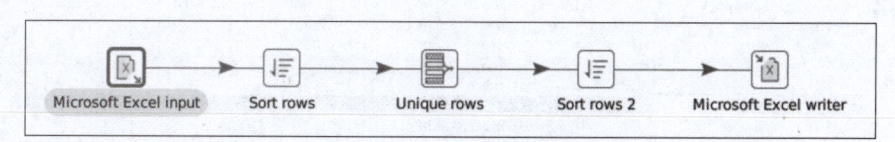

图 2.96　转换流程图

4. 各组件的配置：

（1）"Excel 输入"组件的配置，分别定义输入文件，如图 2.97 所示；添加工作表，如图 2.98 所示；获取表字段，如图 2.99 所示。

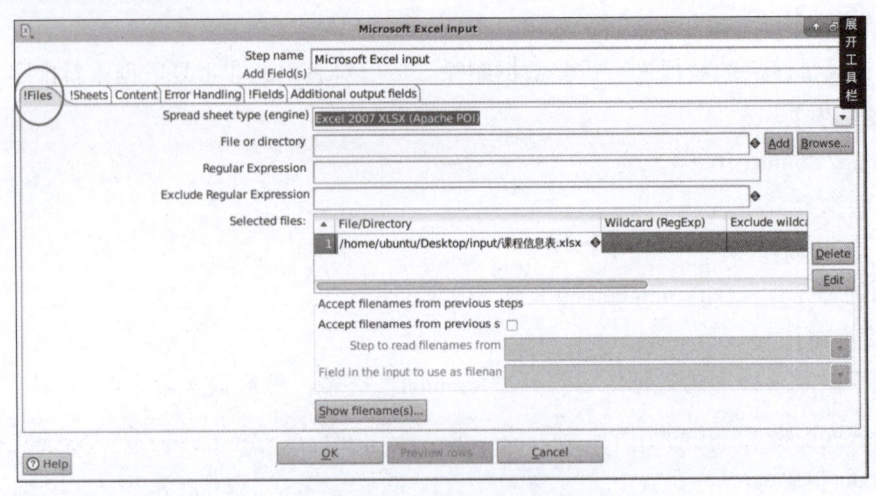

图 2.97 导入 Excel 输入文件

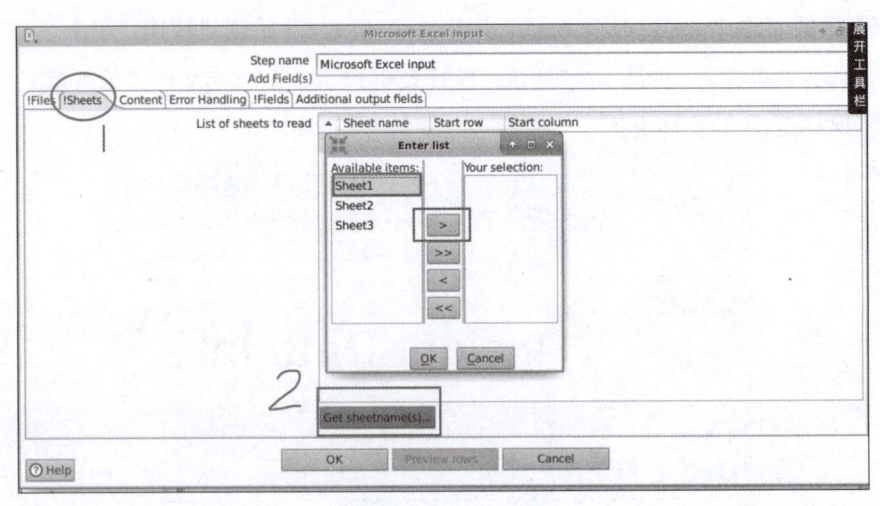

图 2.98 添加工作表

图 2.99 获取字段

（2）"排序记录"组件的配置如图 2.100 所示，按"课程名称"字段升序排序。

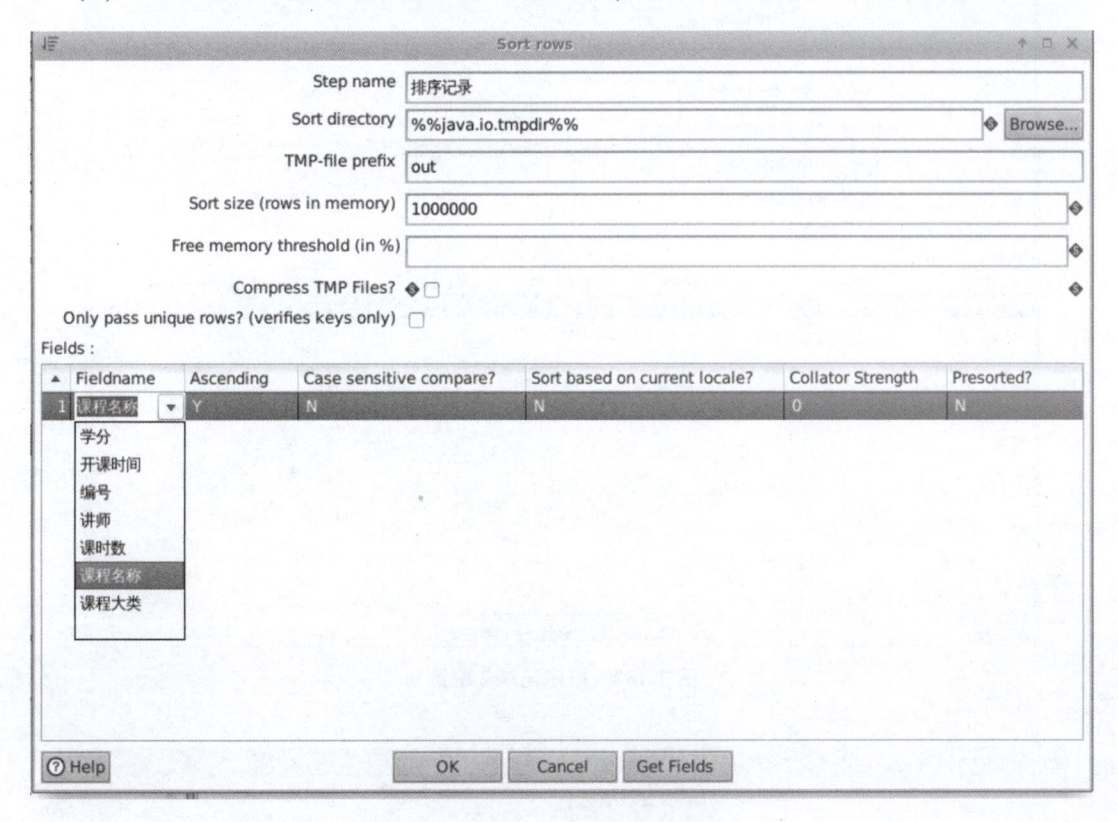

图 2.100　排序记录配置

（3）"去除重复记录"组件的配置如图 2.101 所示。

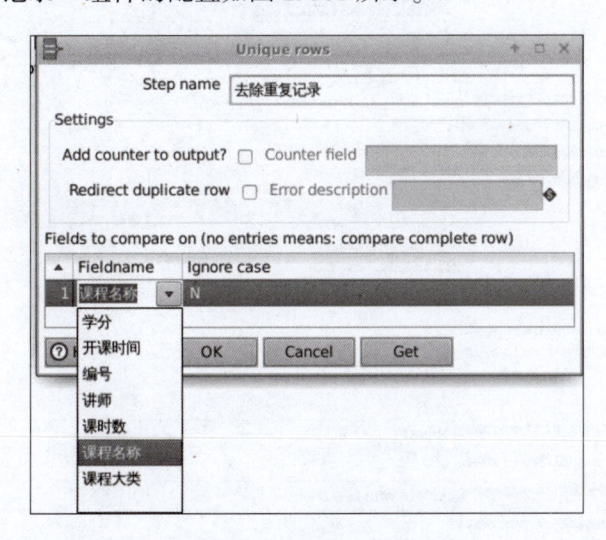

图 2.101　去除重复记录配置

（4）"排序记录 2"组件的配置如图 2.102 所示，按"编号"字段升序排序。
（5）"Microsoft Excel 输出"组件的配置：
"File & Sheet"的配置如图 2.103 所示。

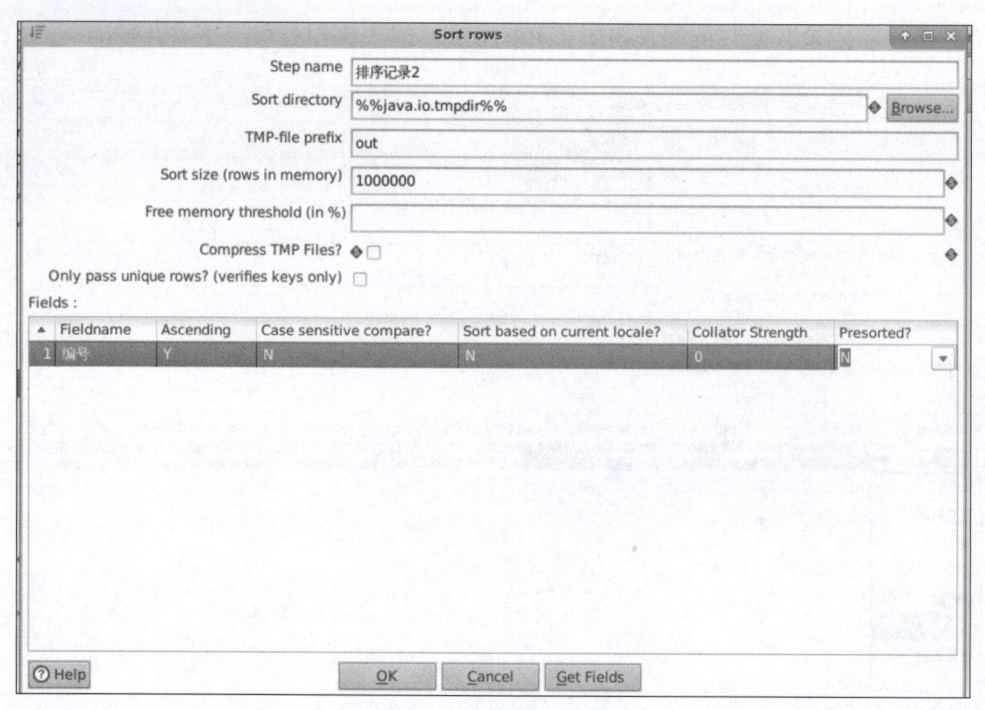

图 2.102　排序记录 2 配置

图 2.103　导出 Excel 输出文件

"Content"的配置如图2.104所示。

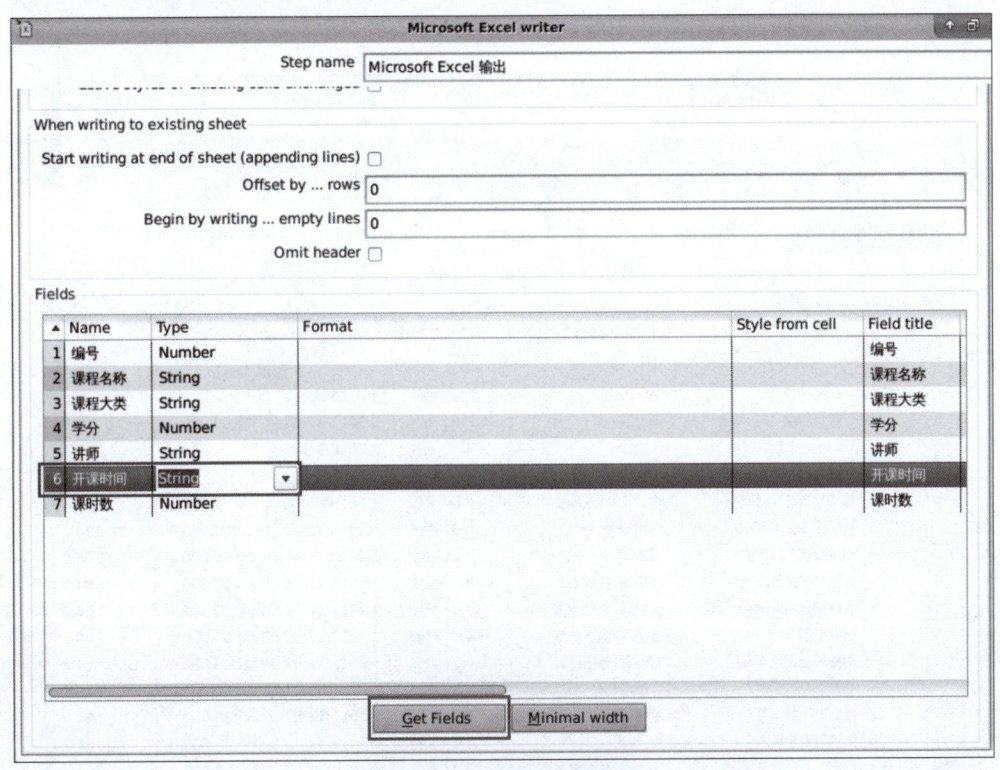

图2.104　获取输出表字段

5. 运行程序：单击"Run"按钮运行程序，如图2.105所示。

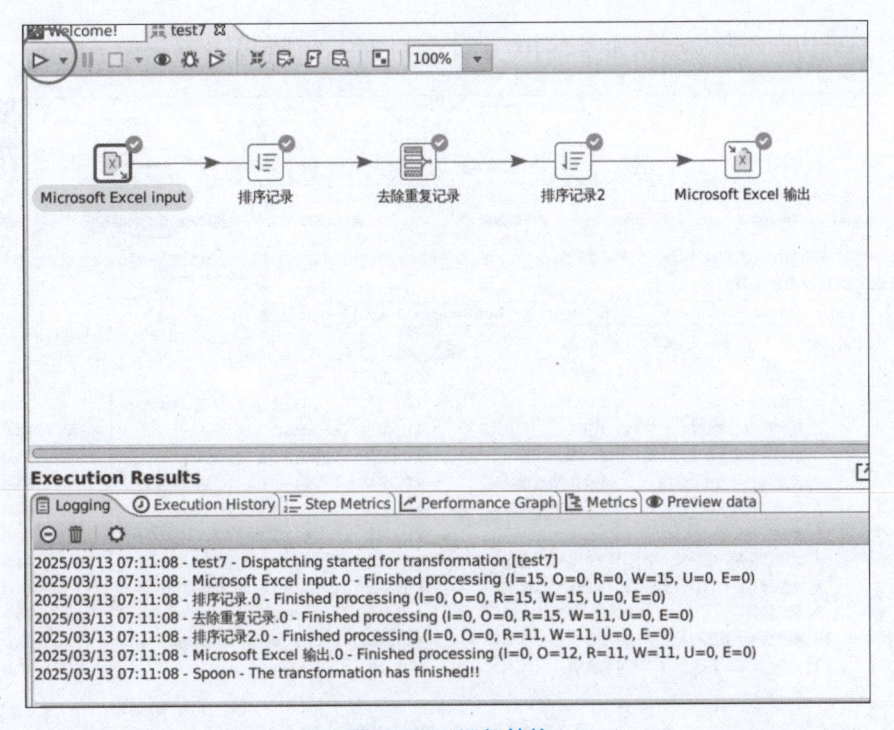

图2.105　运行转换

【实验结果】

1. 输入数据：课程信息如图 2.106 所示。

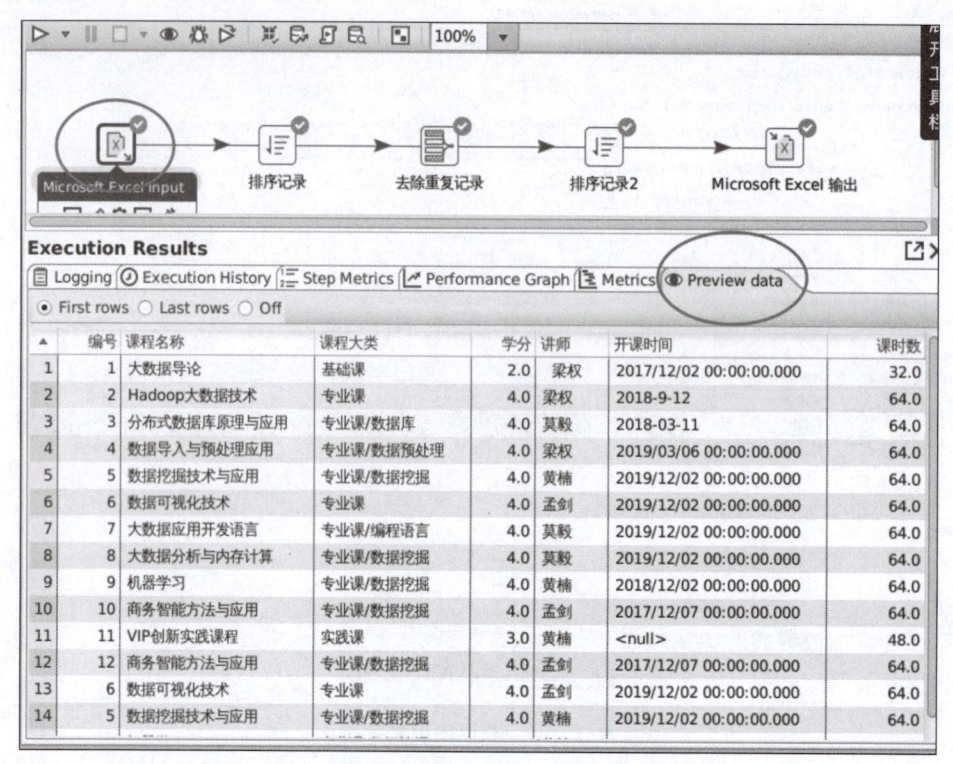

图 2.106　实验输入文件数据

2. 转换后的实验输出数据如图 2.107 所示，对重复的课程名称数据做了删除。

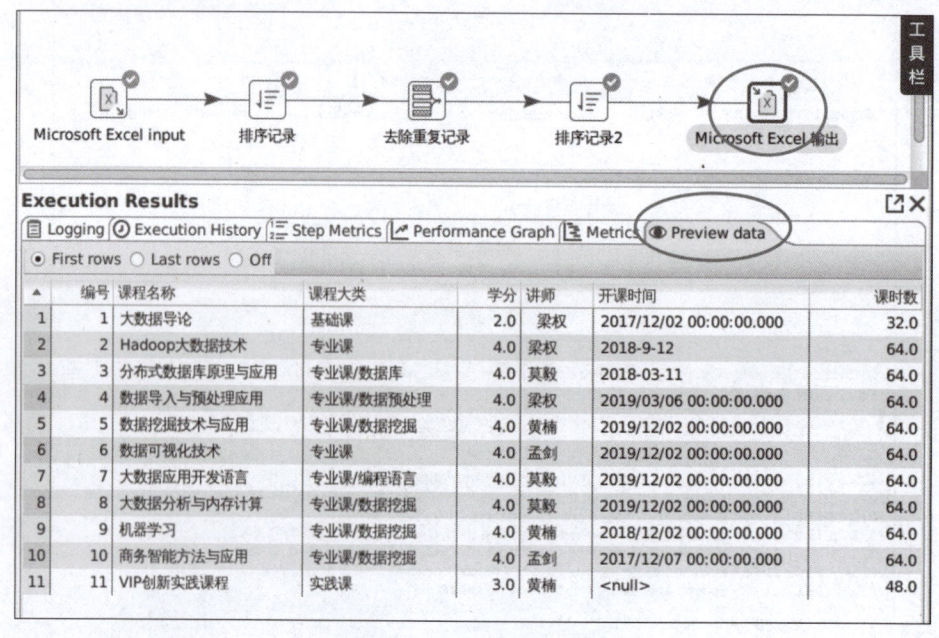

图 2.107　实验输出文件数据

2.2.5 实验五：作业监控操作——发送邮件

【实验目的】
1. 熟练使用日志监控作业运行。
2. 熟练使用邮件监控作业运行。

【实验原理】
监控有两种方式：日志和邮件，在作业和转换中，它们的作用是一样的。日志的本质是针对执行过程的信息反馈，它会告诉我们作业执行过程的信息，通过这些信息，我们能知道程序是如何执行的，每一个步骤都做了什么，产生了哪些结果，监控处理查看作业。还有一种就是邮件通知，通过发送邮件的方式，将作业的执行情况及日志附件通知到管理员，这是在生产环境中监控程序的重要手段。日志有7个级别，从高到低依次是：

（1）Nothing：不限制任何输出，这个基本不用。
（2）Error：只显示错误，这一般在生产环境，也就是正式环境中使用，它要求作业或者转换在非常短的时间内完成。
（3）Minimal：只使用最少的记录。
（4）Basic：基本日志输出，一般也用于生产环境，对时间要求不太严格，如：定期输出已处理的行数。
（5）Detailed：详细的日志输出。
（6）Debug：以调试为主，非常详细的输出。
（7）Rowlevel：行级别的记录，会产生大量数据，这个一般用于开发和测试阶段。

作业执行情况是以邮件通知的方式监控程序的运行，每个作业项运行失败，都会发送失败邮件；作业执行成功后，会发送成功邮件通知管理员。

【实验环境】
1. Linux Ubuntu 16.04。
2. JDK 1.8。
3. MySQL 5.7.33。
4. 预处理工具：Data-integration 8.0。

【实验步骤】
1. 添加一个作业，可以执行已经配置过的 CDC 转换，再添加一个发送邮件，如图2.108所示。
2. "转换"作业项用于调用其他转换，如变量设置等，如图 2.109 所示，本实验调用的是"变更数据捕获"转换。
3. 添加发送邮件作业项，设置收件人和发件人地址信息，如图 2.110 所示。

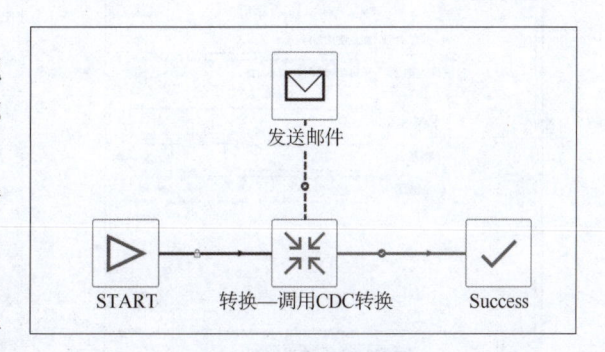

图2.108 转换流程图

*注意：此处必须为实际可用的邮箱地址，可以使用自己的邮箱，也可以申请其他邮箱，邮箱类型不限，如 QQ 邮箱、网易邮箱、新浪邮箱等。

4. 设置邮箱服务器和验证信息，如图 2.111 所示。这里以 QQ 邮箱为例，其他邮箱的操作类似。

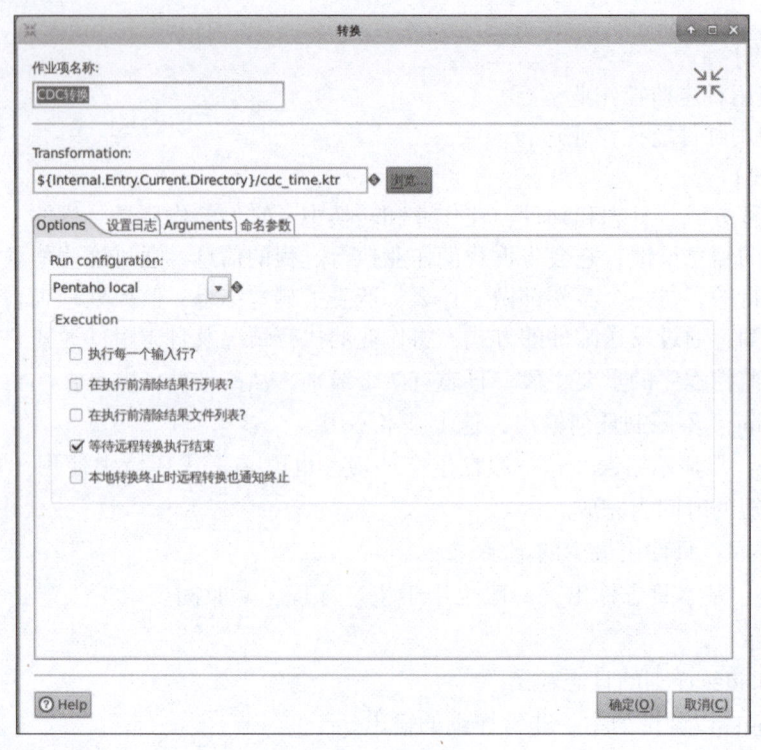

图 2.109　转换设置

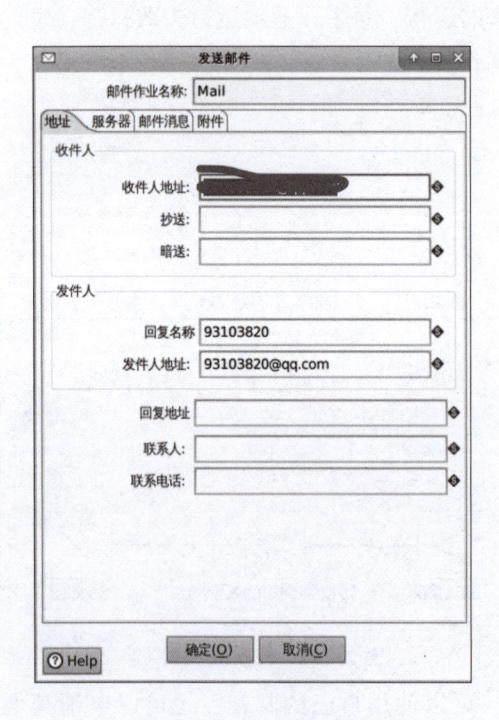

图 2.110　邮箱设置

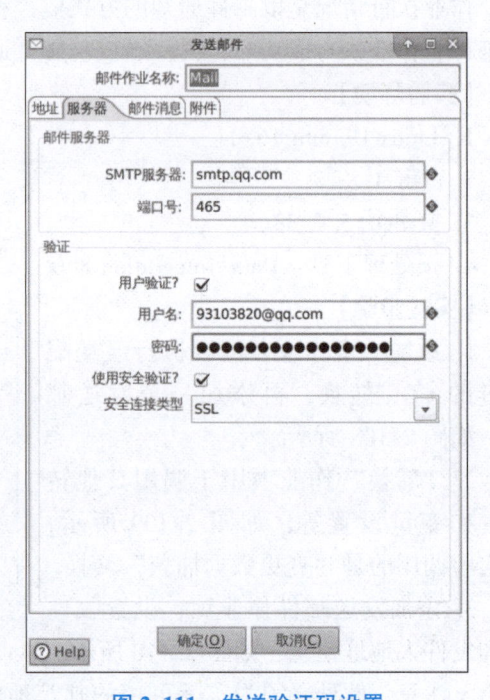

图 2.111　发送验证码设置

*注意：目前绝大部分邮箱不允许直接使用密码，而必须使用授权码发送。

登录对应邮箱的官网，在设置中可以看到邮箱服务器，还可以重置授权码，如图 2.112 所示。

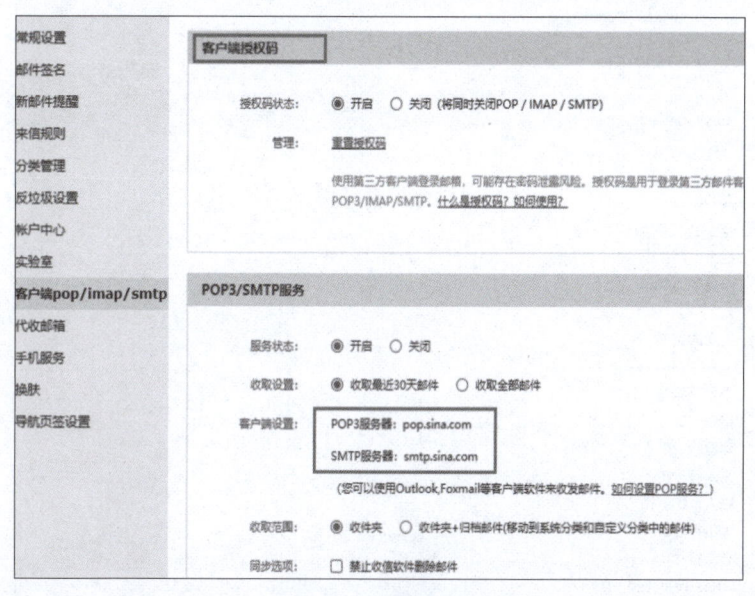

图 2.112　邮箱验证

5. 设置邮件内容，如图 2.113 所示。

6. 设置邮件附件信息，如图 2.114 所示，比如，将日志设置为附件内容。

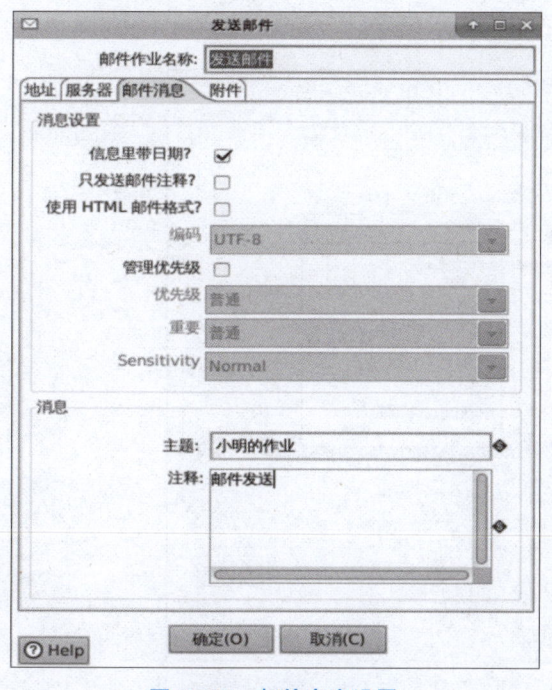

图 2.113　邮件内容设置　　　　　　　　图 2.114　附件设置

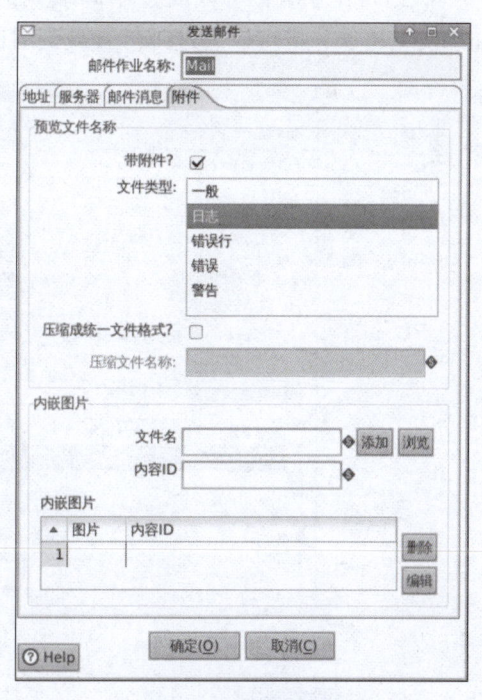

7. 邮箱发送成功之后，可以到对应邮箱网站查看接收到的邮件，如图 2.115 所示。

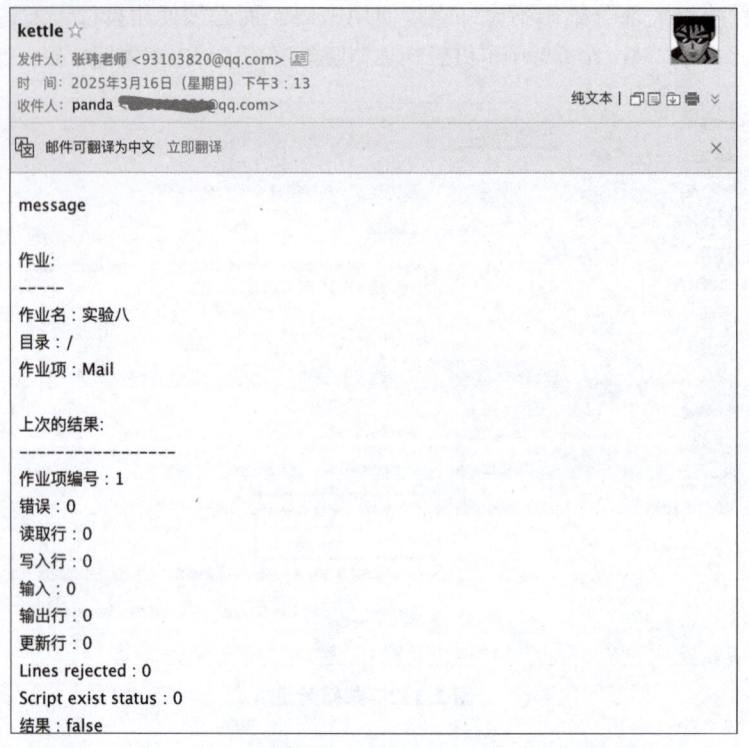

图 2.115 实验输出结果

8. 运行作业时，可以设置不同级别的日志用于查看作业执行情况，如图 2.116 所示。如果发生错误，也可以通过邮件查找到对应的错误提示信息。

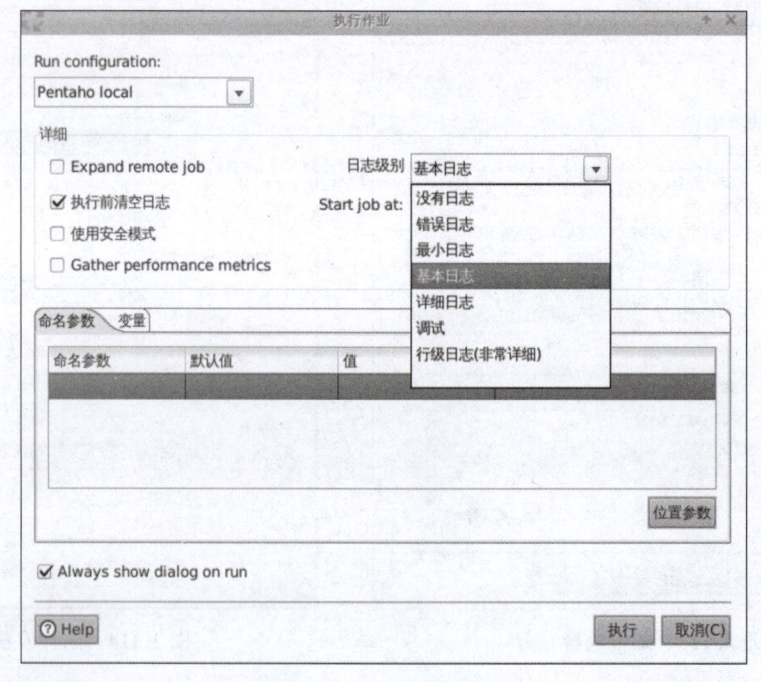

图 2.116 日志级别设置

【实验总结】

本实验主要学习使用日志及邮件两种方式监控作业的运行情况，通过这两种监控作业方法可以及时了解作业的运行情况。

2.3 数据集成

实验：数据仓库的建立

【实验目的】

利用 Insight DI（Kettle spoon）构建数据仓库。

【实验原理】

首先使用"table input"和"table output"进行数据仓库初始数据的加载，然后使用"insert/update（插入/更新）"和"Dimension lookup/update（维度查询/更新）"步骤完成对不同维度表更新创建的数据仓库。

【实验环境】

1. Linux Ubuntu 16.04。
2. JDK 1.8。
3. MySQL 5.7.33。
4. 预处理工具：Data-integration 8.0。

【实验步骤】

1. 实验数据源准备。

（1）源数据库结构如图 2.117 所示。

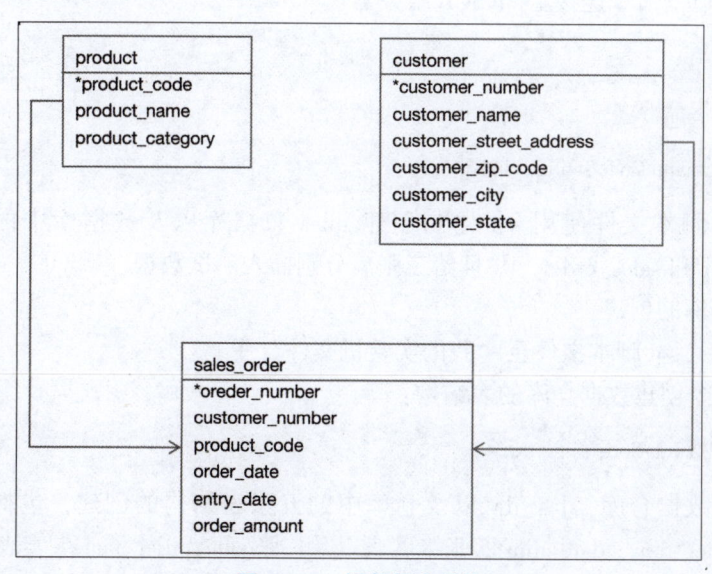

图 2.117 源数据库结构

（2）目标数据仓库结构如图 2.118 所示。

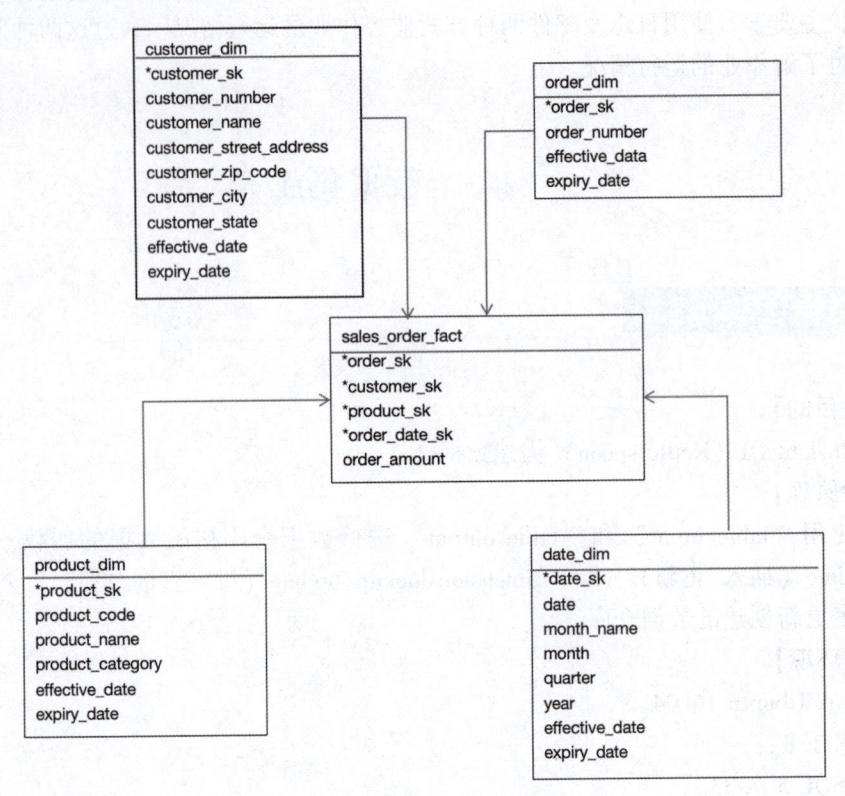

图 2.118 目标数据仓库结构

（3）源数据库创建及测试数据的生成。

上传 source_db.sql 脚本文件至"我的实验机文件"中。

在终端执行以下命令连接上 MySQL 服务器：

```
mysql -u root -p;
```

然后执行以下命令：

```
source /home/Ubuntu/Code/source_db.sql;
```

此命令中的脚本文件使用 sql 语句创建 sales 数据库以及数据库中的三张表，包括 product、customer 和 sales_order，并且给三张表分别插入测试数据。

（4）数据仓库的创建。

上传 sales_dw.sql 脚本文件至"我的实验机文件"中。

执行以下命令创建数据仓库的表结构：

```
source /home/Ubuntu/Code/sales_dw.sql;
```

此脚本完成数据仓库 sales_dw 以及仓库中的五张表结构的创建，包括 customer_dim、product_dim、order_dim、date_dim 四张维度表以及一张 sale_order_fact 事实表。

2. 维度表的初始加载。

在数据仓库中，无一例外地需要和时间维度打交道，因此，设计合理的时间维度也是开始一个数据仓库项目必备的资源储备。一般来说，时间维度的创建要根据实际的数据仓库应用来划分，基本上可以分为天、月的时间维度表，更细的可以分为半小时时间段、小时时间段等，本实验使用转换来生成时间维度。

① 转换设计图如图 2.119 所示，涉及的步骤依次为生成初始日期、增加序列、JavaScript 代码（计算日期维度属性）和加载日期维度表。

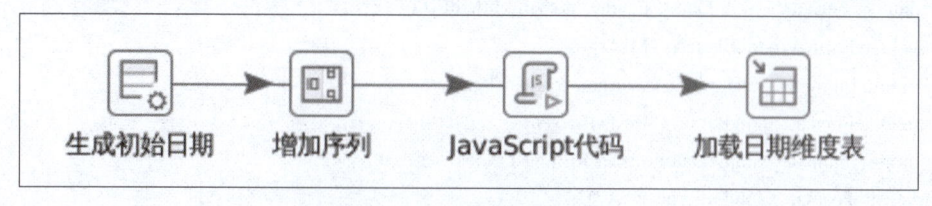

图 2.119　日期维度转换流

② 通过"生成初始日期"组件设置日期维度表的格式，如图 2.120 所示。

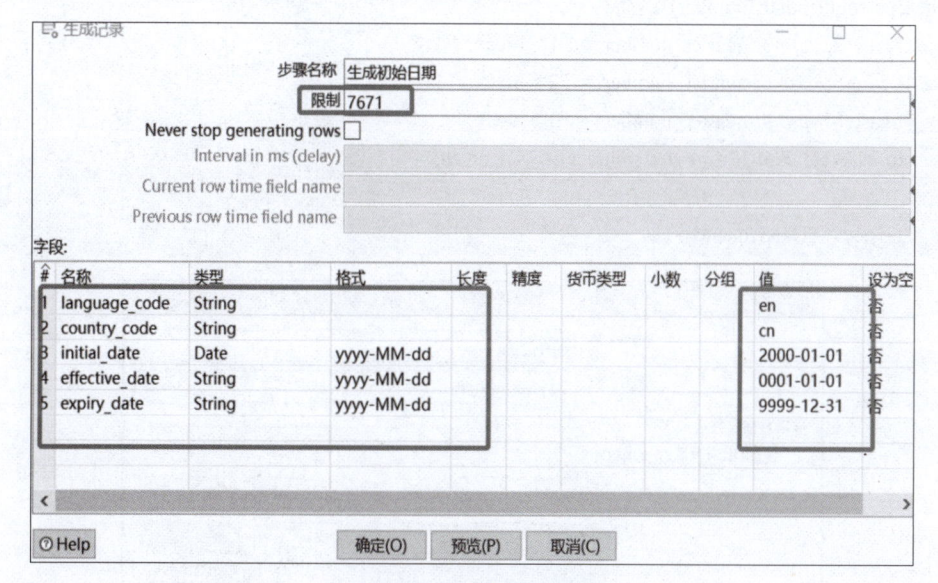

图 2.120　生成记录设置

③ 由"增加序列"组件设置天数的自增序列，如图 2.121 所示。
④ 通过"计算日期维度属性"（JavaScript 代码）组件插入脚本文件，脚本代码如下：

```
//Create a Locale according to the specified language code
var locale = new java.util.Locale(
    language_code.getString();
    country_code.getString();
)

//Create a calendar, use the specified initial date
var calendar = new java.util.GregorianCalendar(locale);
calendar.setTime(initial_date.getDate());
```

```
//set the calendar to the current date by adding DaySequence days
calendar. add(calendar. DAY_OF_MONTH,DaySequence. getInteger()-1);
var simpleDateFormat    = java. text. SimpleDateFormat("D",locale);

//get the calendar date
var date = new java. util. Date(calendar. getTimeInMillis());
simpleDateFormat. applyPattern("MM");
var month_number = simpleDateFormat. format(date);
simpleDateFormat. applyPattern("MMMM");
var month_name = simpleDateFormat. format(date);
simpleDateFormat. applyPattern("yyyy");
var year4 = "" + simpleDateFormat. format(date);
var quarter_number;
switch(parseInt(month_number)){
case 1: case 2: case 3: quarter_number = "1"; break;
case 4: case 5: case 6: quarter_number = "2"; break;
case 7: case 8: case 9: quarter_number = "3"; break;
case 10: case 11: case 12: quarter_number = "4"; break;
}
var date_key = DaySequence;
```

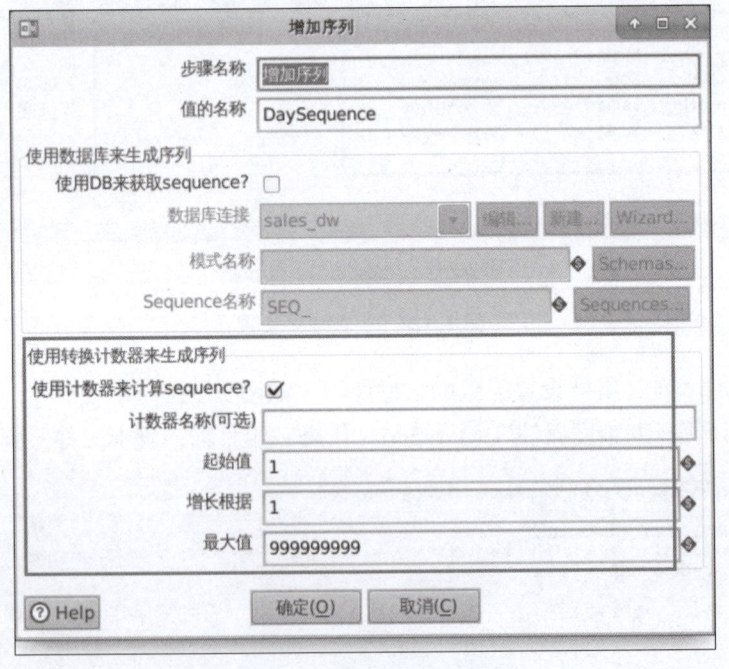

图 2.121 增加序列设置

将以上 JavaScript 代码复制到 Script1 中，然后单击"获取变量"按钮，如图 2.122 所示。

⑤ 通过"加载日期维度表"（表输出）组件将日期维度表输出到数据仓库 sales_dw，如图 2.123 所示。

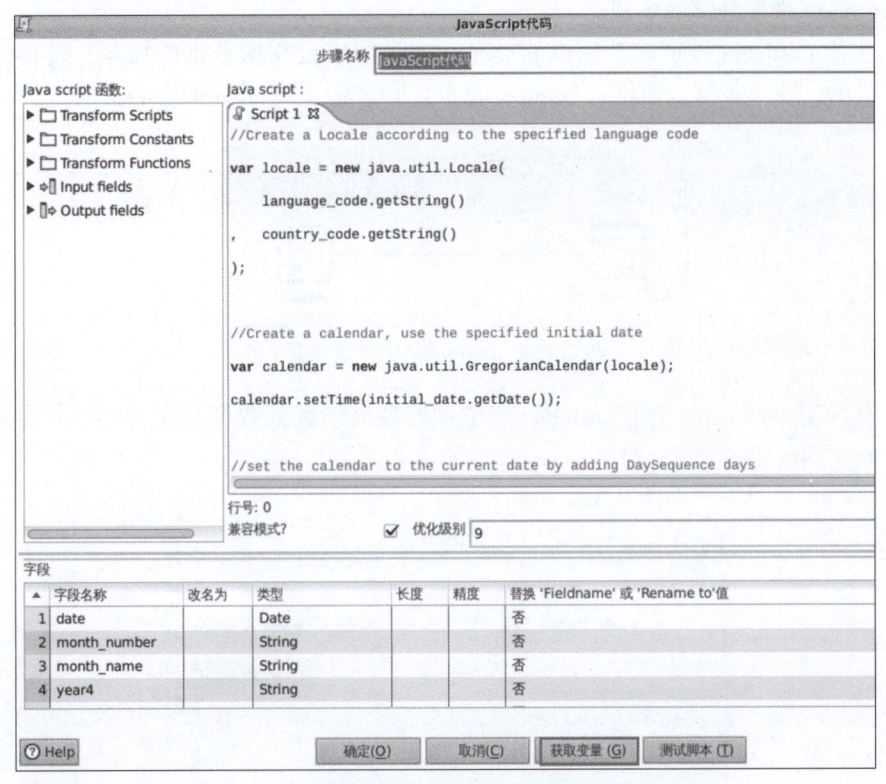

图 2.122　JavaScript 代码

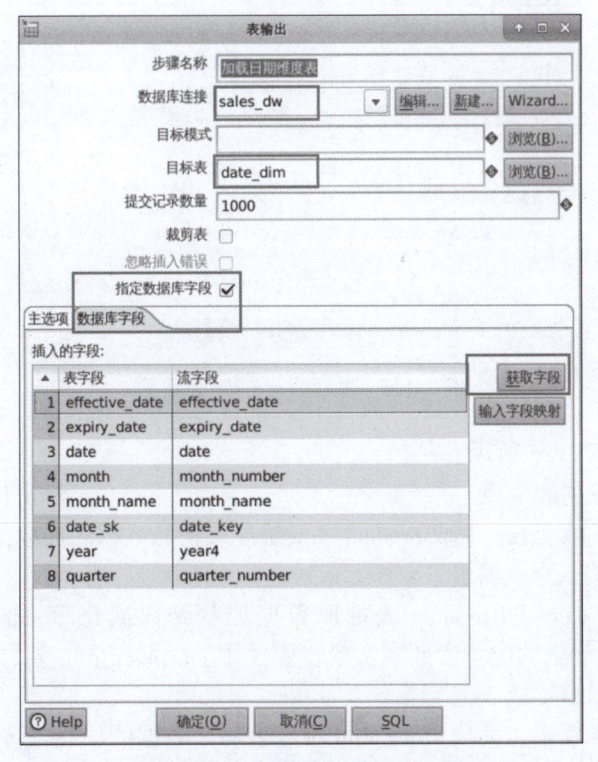

图 2.123　日期维度表输出设置

3. customer 维度数据的生成。

(1) 生成 customer 维度表，完成 customer_dim 维度表初始数据的加载，转换设计图如图 2.124 所示，涉及步骤为表输入（table input）和表输出（table output）。

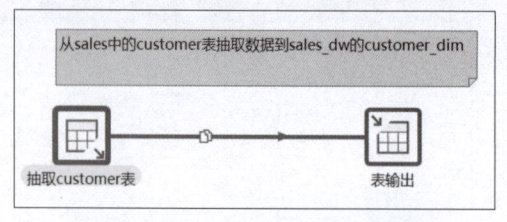

图 2.124　customer 维度表设置

(2) 从源数据库 sales 中的 customer 表中抽取数据加载到数据仓库 sales_dw 中对应的目标表 customer_dim 中。

抽取 costumer 的步骤如图 2.125 所示。

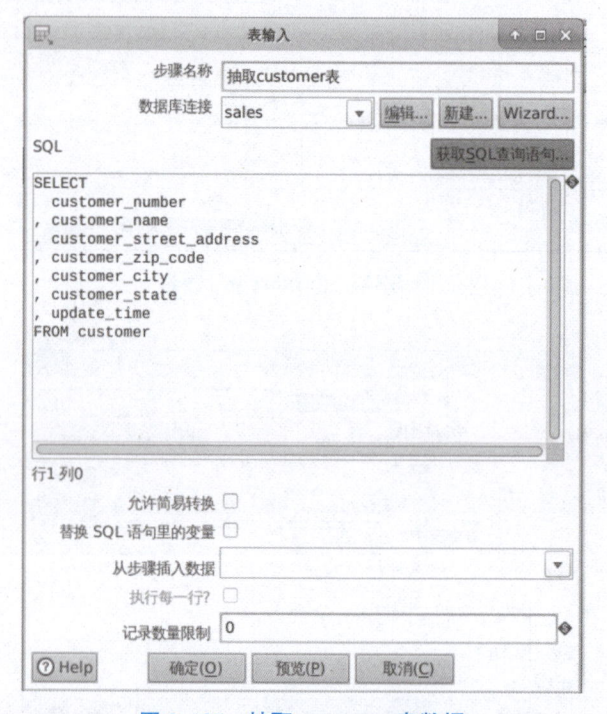

图 2.125　抽取 costumer 表数据

表输出步骤如图 2.126 所示。

4. product 维度数据的生成。

(1) 生成 product 维度表，完成 product_dim 维度表初始数据的加载，转换设计如图 2.127 所示，涉及步骤为表输入和表输出。

(2) 从源数据库 sales 的 product 表抽取数据加载到数据仓库 sales_dw 对应的目标表 product_dim 中，这些步骤的配置参照本实验步骤 3 中 customer_dim 表的生成。

5. order 维度数据的生成。

(1) 生成 order 维度表，完成 order_dim 维度表初始数据的加载，转换设计如图 2.128 所示，涉及步骤为表输入和表输出。

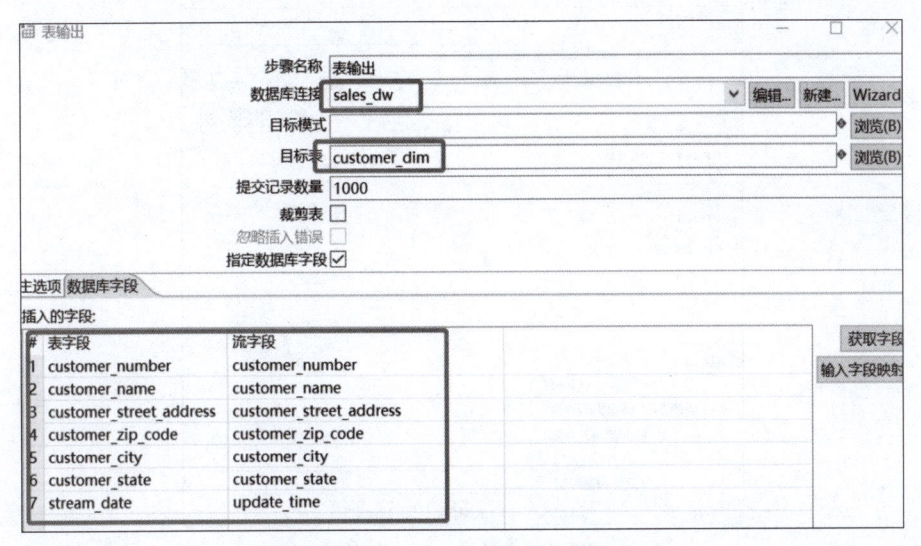

图 2.126　customer 维度表输出设置

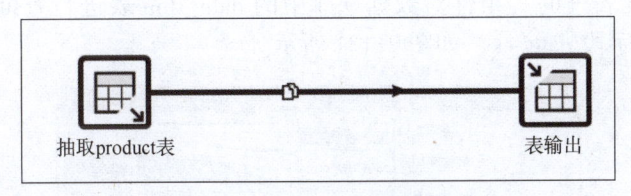

图 2.127　product 表转换流程

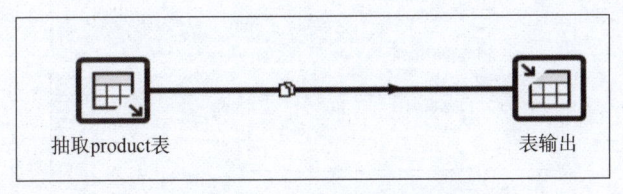

图 2.128　order 表转换流程

（2）从源数据库 sales 的 sales_order 表中抽取数据加载到数据仓库 sales_dw 对应的目标表 order_dim 中，这些步骤的配置参照本实验步骤 3 中 customer_dim 表的生成。

6. 初始事实表数据的生成。

（1）通过"表输入"对源数据库中的 sales_order 表进行数据抽取，通过"数据库查询"对数据仓库中的日期维度表和各目标表的字段进行比较查询，最后通过"表输出"对事实表进行加载，转换设计如图 2.129 所示，步骤分别为表输入、数据库查询和表输出。

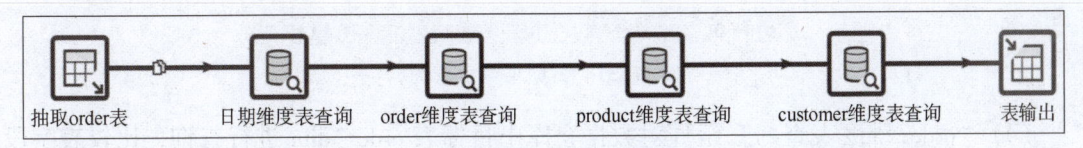

图 2.129　事实表转换流程

（2）"抽取 order 表"组件的步骤配置如图 2.130 所示，获取 order 表中所有的数据信息。

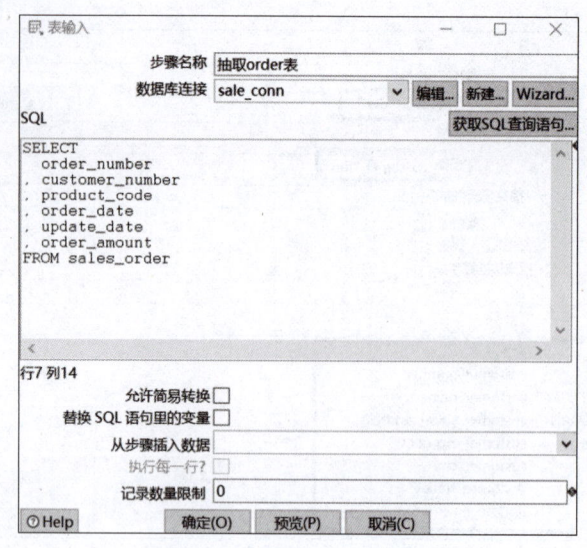

图 2.130　抽取 order 表数据

（3）"日期维度表查询"组件对数据仓库中的 date_dim 表进行查询，比较表字段 date 和 order_date，返回字段 date_sk，如图 2.131 所示。

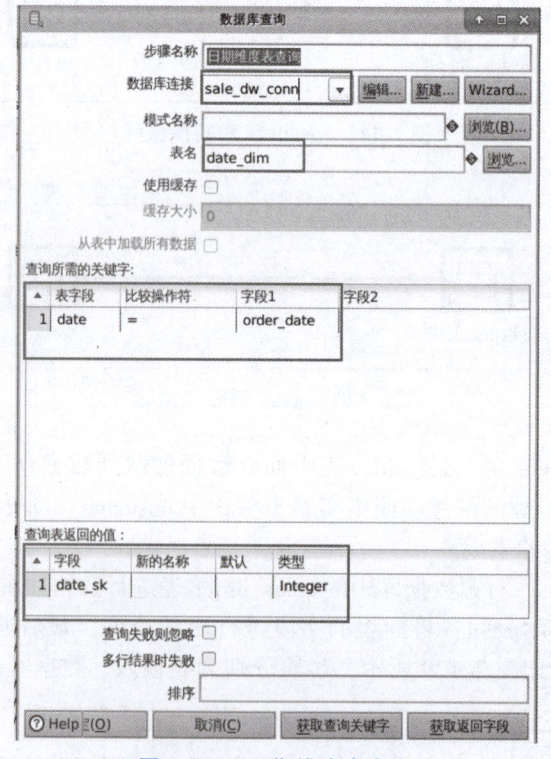

图 2.131　日期维度表查询

（4）"order 维度表查询"组件对数据仓库中目标表 order_dim 进行查询，比较表字段 order_number，返回字段 order_sk，如图 2.132 所示。

（5）"product 维度表查询"组件对数据仓库中的目标表 product_dim 进行查询，比较表字段 product_code，返回字段 product_sk，如图 2.133 所示。

图 2.132　order 维度表查询

图 2.133　product 维度表查询

（6）"customer 维度表查询"组件对数据仓库中的目标表 customer_dim 进行查询，比较表字段 customer_number，返回字段 customer_sk，如图 2.134 所示。

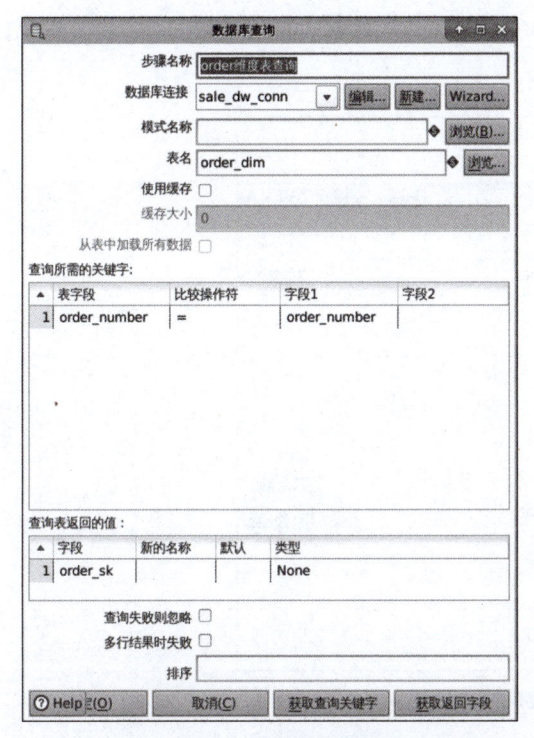

图 2.134　customer 维度表查询

（7）通过"表输出"组件对数据仓库 sales_dw 中的事实表 sales_order_fact 进行加载，如图 2.135 所示。

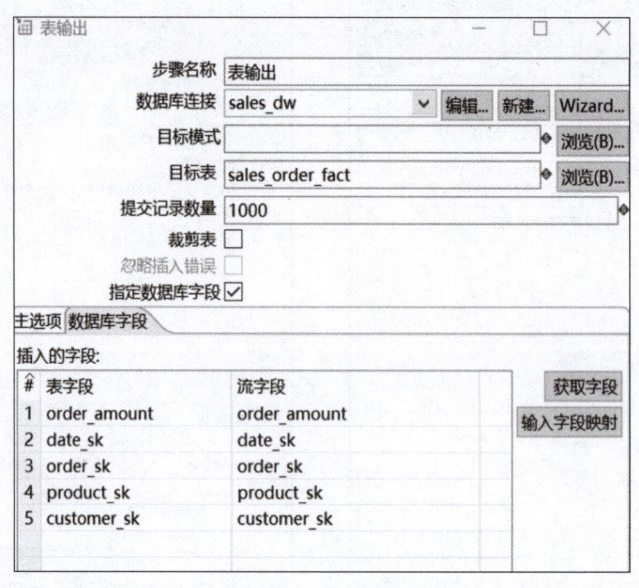

图 2.135　事实表输出设置

7. 保存此次数据加载的时间。

（1）数据仓库的初始加载将当前日期之前的所有数据都加载至数据库表中，此时需要将当前的系统时间保存在 cdc_dim 表中，以备下次进行变更数据捕获时使用，设计转换如图 2.136 所示。

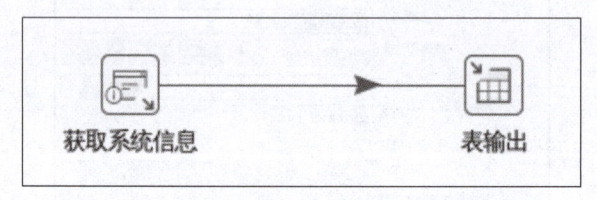

图 2.136　保存数据仓库初次加载时间转换图

（2）"获取系统信息"组件配置如图 2.137 所示。

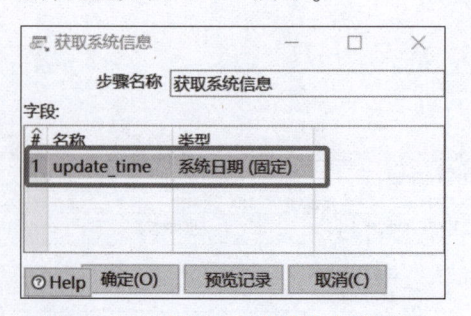

图 2.137　"获取系统信息"组件配置

（3）"表输出"组件配置如图 2.138 所示。

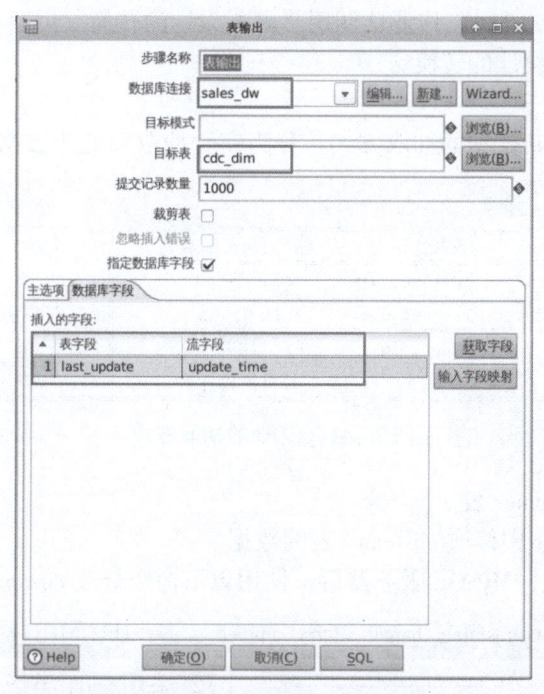

图 2.138 "表输出"组件配置

8. 创建初始加载作业。

(1) 创建作业。通过作业将各个转换连接起来，以顺序的方式执行，如图 2.139 所示，转换作业项分别调用对应的转换。

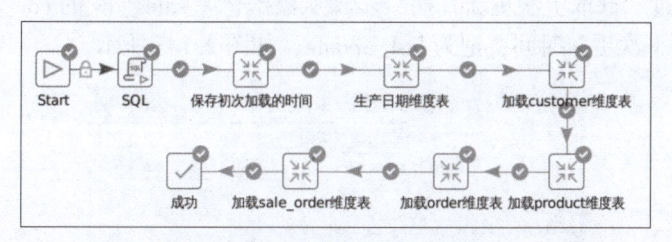

图 2.139 数据仓库作业流程

(2) "SQL"组件用来创建数据仓库 sales_dw 及表结构，如图 2.140 所示。

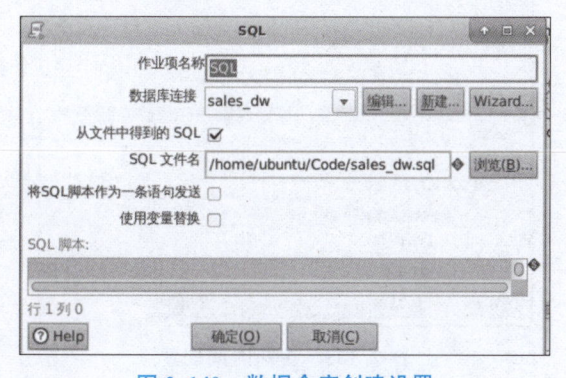

图 2.140 数据仓库创建设置

（3）"保存初次更新时间"作业项调用步骤 6 设计的转换，后面 5 个转换作业项分别调用步骤 1、2、3、4、5 设计的转换。

9. 变更数据的加载。

首先确定每张表更新数据的抽取方式，分为完全抽取和变化数据捕获（CDC）。CDC 的抽取方式如图 2.141 所示。

源数据	数据仓库表	维度历史装载类型	操作步骤
customer	customer_dim	SCD1 类型 1	插入/更新
product	product_dim	SCD2 类型 2	维度查询与更新
sales_order	order_dim	唯一订单号 SCD1	不做变更
	sales_order_fact	每日销售订单 SCD2	维度查询与更新

图 2.141　CDC 的抽取方式

（1）定期更新 customer 表。

① 在源数据库 sales 中修改 customer 表的数据。

例如：在终端连接上 MySQL 服务器后，使用以下命令修改 customer 表的数据：

```
update sales.customer set customer_name='Jerry', update_time=CURTIME() where customer_number=1;
```

图 2.142　定期更新 customer 表流程

② 采用 scd1 类型，即覆盖历史数据来更新 customer 表，转换设计如图 2.142 所示。

③ 对源数据库 sales 中的 customer 表数据进行抽取，获得更新数据，通过"插入/更新"加载到数据仓库 sales_dw 的目标表 customer_dim 中。其中，通过"获取上次更新日期"步骤从数据仓库 sales_dw 的 cdc_dim 表中获取上次更新时间作为最后一次更新时间，记为 last_update，如图 2.143 所示。

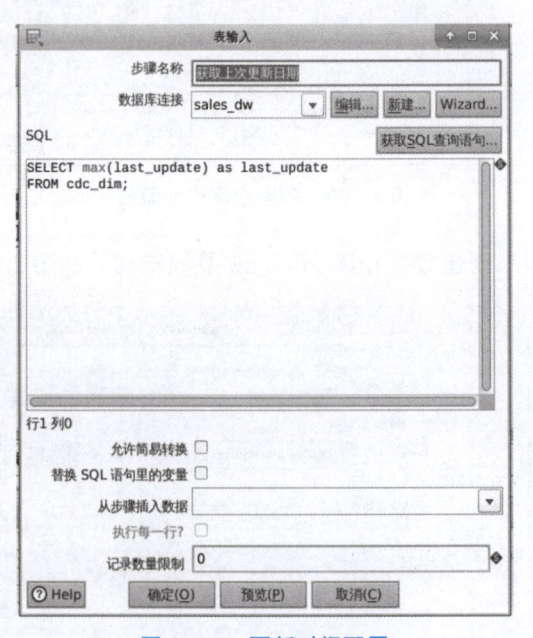

图 2.143　更新时间配置

④ 利用"抽取 customer 表"步骤从源数据库 sales 中的 customer 表抽取更新时间小于最后一次更新时间（last_update）的数据，如图 2.144 所示。

⑤ 利用"插入（Insert）/更新（Update）"将上一步抽取的数据通过字段 customer_number 插入数据仓库 sales_dw 的目标表 customer_dim 中，从而达到 customer 信息更新的效果，如图 2.145 所示。

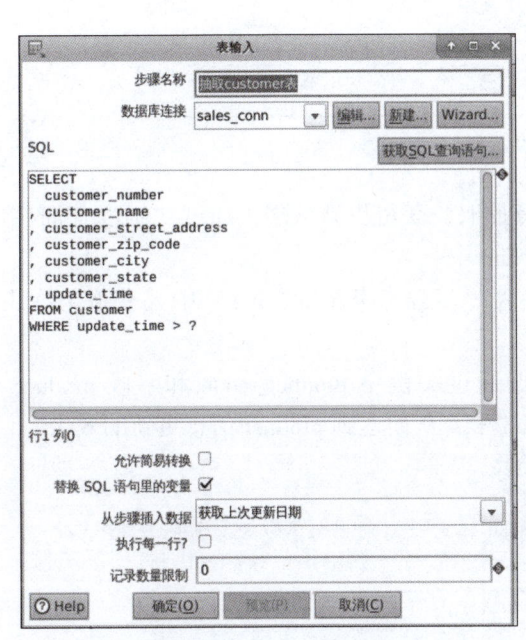

图 2.144　抽取更新后的 customer 表

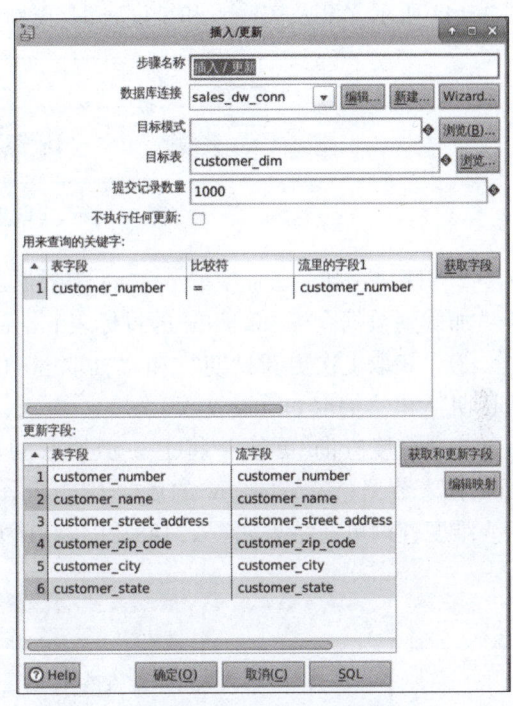

图 2.145　插入/更新配置

⑥ 变更数据仓库 sales_dw 中 customer 表的数据。

修改源数据库 sales 中的 customer 数据后，利用转换更新数据仓库中目标表 customer_dim 的数据，如图 2.146 所示。

图 2.146　实验输出查询数据

具体操作通过 sql 命令：

select * from sales_dw.customer_dim where customer_number=1;

（2）定期更新 product 表。在源数据库 sales 中修改 product 表中的数据，修改命令如下：

update sales. product set product_name='computer', update_time=CURTIME ( ) where product_code=2;

可通过以下命令查看修改后的表数据：

select * from sales. product where product_code=2;

① 采用 scd2 类型，即保存多个修改记录的历史版本来更新 product_dim 表，转换设计如图 2.147 所示，涉及表输入和维度查询/更新操作。

图 2.147　定期更新 product 表流程

② 对源数据库 sales 中的 product 表数据进行抽取，获得更新数据，通过"维度查询/更新"加载到数据仓库 sales_dw 的目标表 product_dim 中。

③ "获取上次更新日期"和"抽取 product 表"步骤参考步骤 9（1）中"获取上次更新日期"和"抽取 customer 表"。

④ "维度查询/更新"将上一步抽取的数据通过关键字 product_code 和字段 product_name 插入数据仓库 sales_dw 的目标表 product_dim 中，从而达到 product 信息更新的效果。

维度查询更新结果如图 2.148 和图 2.149 所示。

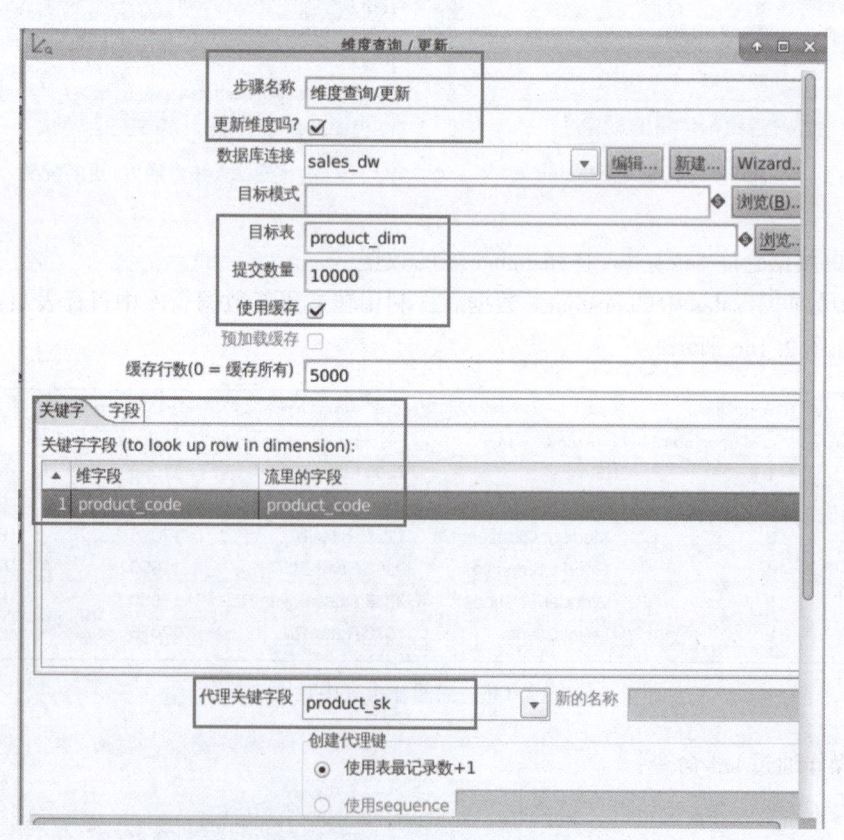

图 2.148　维度查询/更新设置

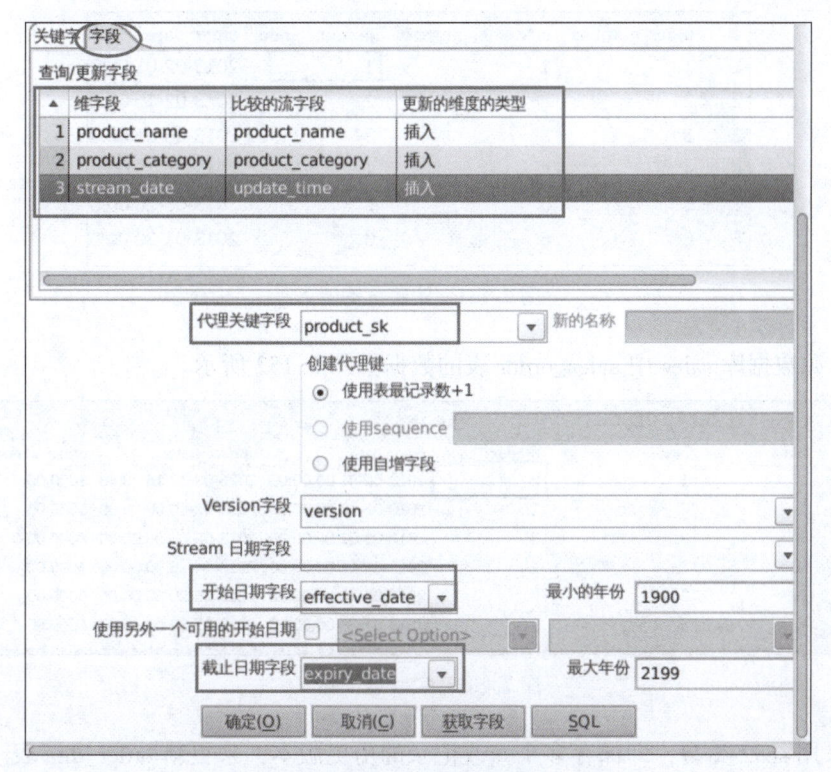

图 2.149　字段插入设置

（3）变更数据仓库 sales_dw 中 product_dim 表的数据。

修改源数据库 sales 中的 product 数据后，利用转换更新数据仓库中目标表 product_dim 的数据，如图 2.150 所示。

图 2.150　实验查询结果

可用命令：

select * from sales_dw. product where product_code=2;

10. 定期更新事实表。

（1）使用以下命令在源数据库 sales 中修改 sales_order 表的数据。

update sales. sales_order set product_code=2, update_date=CURTIME ( ) where order_number=1;

修改前源数据库 sales 中 sales_order 表的数据如图 2.151 所示。

图 2.151　实验查询输入

修改后源数据库 sales 中 sales_order 表的数据如图 2.152 所示。

图 2.152　实验查询输出

（2）采用 scd2 类型，即保存多个修改记录的历史版本，来更新 order_dim 表。转换设计如图 2.153 所示，步骤为表输入、数据库查询和维度查询/更新。

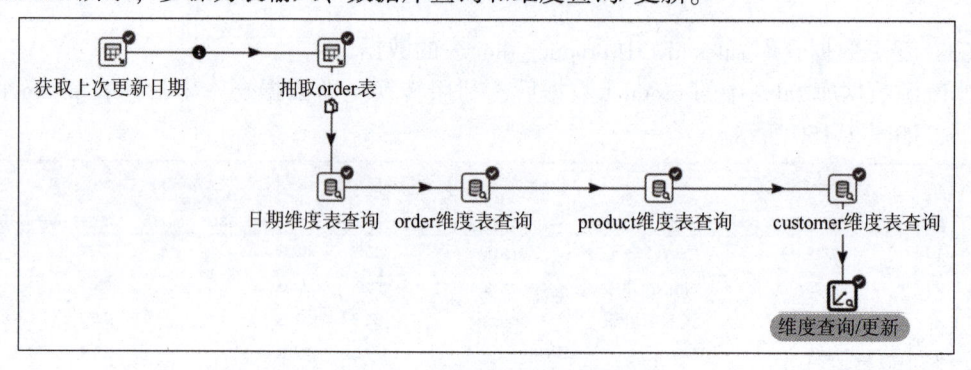

图 2.153　事实表更新转换流程

事实表的更新相对来说复杂一些，需要根据 order 表中的数据查询各维度表中对应的代理键，最后将代理键更新至 order_dim 表中。

① "获取上次更新日期"和"抽取 order 表"参考步骤 9（1）中"获取上次更新日期"和"抽取 customer 表"。

② "日期维度表查询""order 维度表查询""product 维度表查询"以及"customer 维度表查询"参考步骤 9 中"初始事实表数据的生成"。

③ "维度查询/更新"将上一步抽取的数据通过关键字 order_sk 对应的数据插入数据仓库 sales_dw 的目标表 sales_order_fact 中，从而达到 product 信息更新的效果，如图 2.154 和图 2.155 所示。

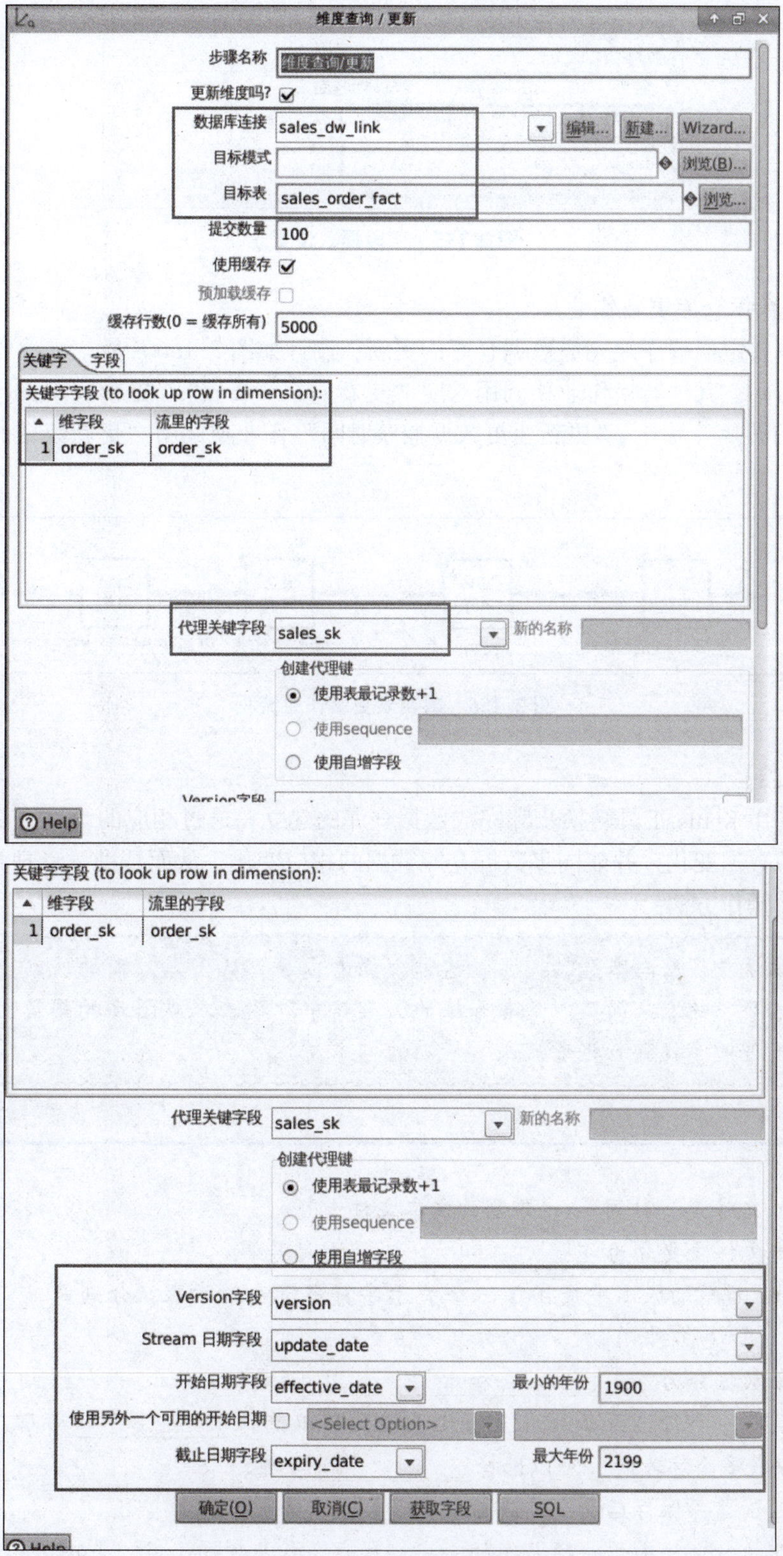

图 2.154　维度查询/更新设置

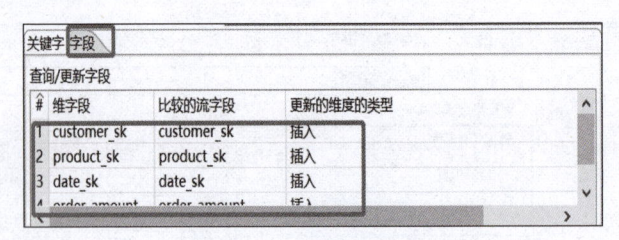

图 2.155　字段插入设置

11. 创建数据仓库更新作业。

创建作业并定期顺序地完成数据仓库的更新，设计如图 2.156 所示。start 作业项可以设置定时调度时间，其他转换作业项调用对应"更新 customer 表""更新 product 表""更新事实表"设计的转换，另外，"更新变更数据捕获时间"作业项调用"更新数据捕获时间"设计的转换。

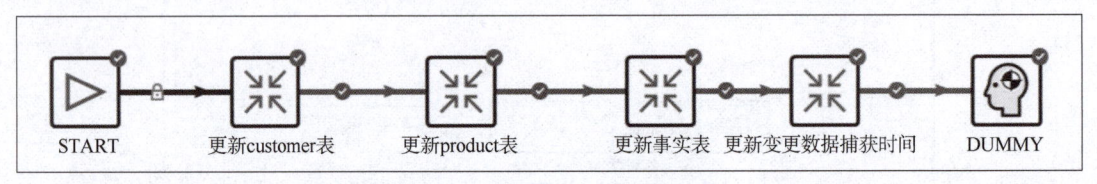

图 2.156　事实表更新作业流程

【实验总结】

本实验使用 Kettle 工具转换步骤完成数据仓库的建立，通过相应的维度查询和修改步骤完成数据库源数据变化，并能同步数据仓库数据的相应变化，从而帮助读者理解数据仓库概念和数据仓库操作方法。

> 唯物辩证法中现象与本质的关系：透过现象看本质，从千差万别的现象中找出相同的本质，洞察出事物的本来面目。浩瀚如海的大数据中隐藏着人类活动的规律，对数据进行有效的精确处理便于找到数据背后人类活动的"本质"。

小检测

1. CSV 文件是一种用____分割的文本文件。
2. 文本文件主要分为_____和_____两大类。
3. Kettle 目前的版本中提供了三个关于字符串清洗的步骤，分别是_____、_____和字符串剪切。
4. 重复数据分为_____和_____两类。
5. 需要将一个行记录拆分成多行记录时，可以选择_____步骤；需要将一个字段拆分成多个字段时，可以选择_____步骤。
6. 作业创建并保存后的文件的后缀名是_____。
7. 作业执行顺序由作业项之间的_____和每个作业项的_____来决定。
8. Kettle 使用_____算法来执行作业里的所有作业项。

9. 星型模型中，事实表和维度表通过_____关联。

10. 下列关于数据清理的描述，错误的是（ ）。

A. 数据清理能完全解决数据质量差的问题

B. 数据清理在数据分析过程中是不可或缺的一个环节

C. 数据清理的目的是提高数据质量

D. 数据转换可以提高数据挖掘的效率

11. 可以借助 Kettle 来完成大量的数据清理工作，以下描述错误的是（ ）。

A. 有些数据无法从内部发现错误，需要结合外部的数据进行参照

B. 只要方法得当，数据内部是可以发现错误的，不需要借助参照表

C. 使用参照表可以处理数据的一致性

D. 使用参数表可以校验数据的准确性

12. 数据仓库主要由事实表和维度表组成，维度表主要存放各类属性，事实表主要存放业务数据。（ ）

A. true   B. false

13. 身份证号、手机号、学号等是常见的代理键。（ ）

A. true   B. false

14. 星型模型汇中，事实表是模型的中心，外围是若干张维度表，每张维度表都和事实表直接连接。（ ）

A. true   B. false

15. 请简述维度表中代理键与业务键的概念，以及在维度表中为什么要使用代理键。

16. 有如图 2.157 所示的员工信息维度表，请按要求使用不同的缓慢变化维度类型进行变化数据的保存，并简述每种类型的特点。

代理键	员工ID	员工名称	职位	联系方式	工资卡号
1	2019080102	张三	助理工程师	12355567835	42000000
2	2017080107	李四	高级工程师	12344558856	45000000

图 2.157　员工信息维度表

（1）员工张三的联系方式修改为 12333463347，请使用 scd1 类型保存。

（2）员工张三工资卡号修改为 4300000，请使用 scd3 类型保存。

（3）员工李四的职位由升级为项目总监，请使用 scd2 类型保存。

第 3 章 数据分析

【学习目标】

- 熟悉 Insight 系统及软件的安装；
- 学会使用 Insight User Console 工具；
- 学会使用 Schema Workbench 工具；
- 熟练掌握 Cube 的创建；
- 学会使用可视化工具 Insight saiku；
- 熟练掌握大数据可视化的基本流程；
- 熟练掌握大数据在线分析的基本流程；
- 熟悉数据挖掘算法的流程和经典算法的使用。

数据分析是大数据及其应用过程中最重要的一个环节，通过数据分析，人们从杂乱无章的数据中抽取和提炼有价值的信息，并找出研究对象的内在规律。本章主要介绍如何利用 Insight 平台做大数据在线分析和可视化，并以开放数据集——"鸢尾花"数据及分类作为示例简要介绍如何利用 Mining 大数据挖掘平台中的常用算法进行数据挖掘和分析。

3.1 数据可视化分析

3.1.1 实验一：数据可视化

【实验目的】

1. 熟悉 Linux 系统、Insight 系统以及软件的安装和使用。
2. 了解可视化处理的基本流程。
3. 利用可视化工具 Insight User Console(IUC) 创建可视化报表。

第 3 章 数据分析

【实验原理】

1. 利用 Insight User Console 创建可视化报表：柱状图、饼图、地图显示等。
2. 本实验将会用到的数据源车轮销售数据已经集成在 Insight User Console 中。

【实验环境】

1. 操作系统环境：Ubuntu 16.04。
2. 软件平台：Insight 产品是一个综合平台，可以通过该平台对数据进行访问、集成、操作、可视化以及分析。无论数据是存储在平面文件、关系数据库、Hadoop 集群、NoSQL 数据库、分析数据库、社交媒体流、操作型存储中还是存储在云中，Insight 产品都可以帮助用户发现、分析并可视化数据。即使没有编码经验，也可以找到所需的解决方案；有编程经验的高级用户更可以使用丰富的 API 自定义报表、查询、转换或扩展功能。

【实验步骤】

1. 登录 IUC，打开 Google Chrome 浏览器，输入地址 122.204.216.17:7012，如图 3.1 所示。
   *注意：此地址为北京服务器的地址，请各项目部根据自己 IUC 平台地址进行修改。

图 3.1　实验地址

2. 在 Insight 登录窗口输入用户名和密码，如图 3.2 所示。

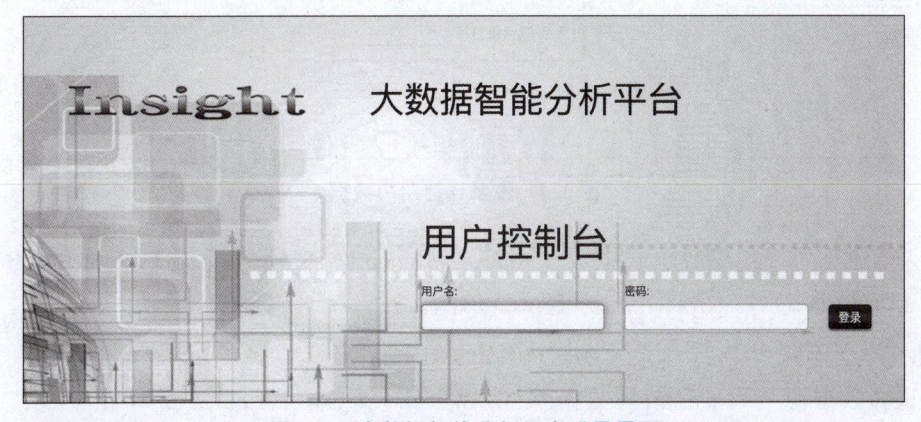

图 3.2　大数据智能分析平台登录界面

3. 登录后的主界面如图 3.3 所示。

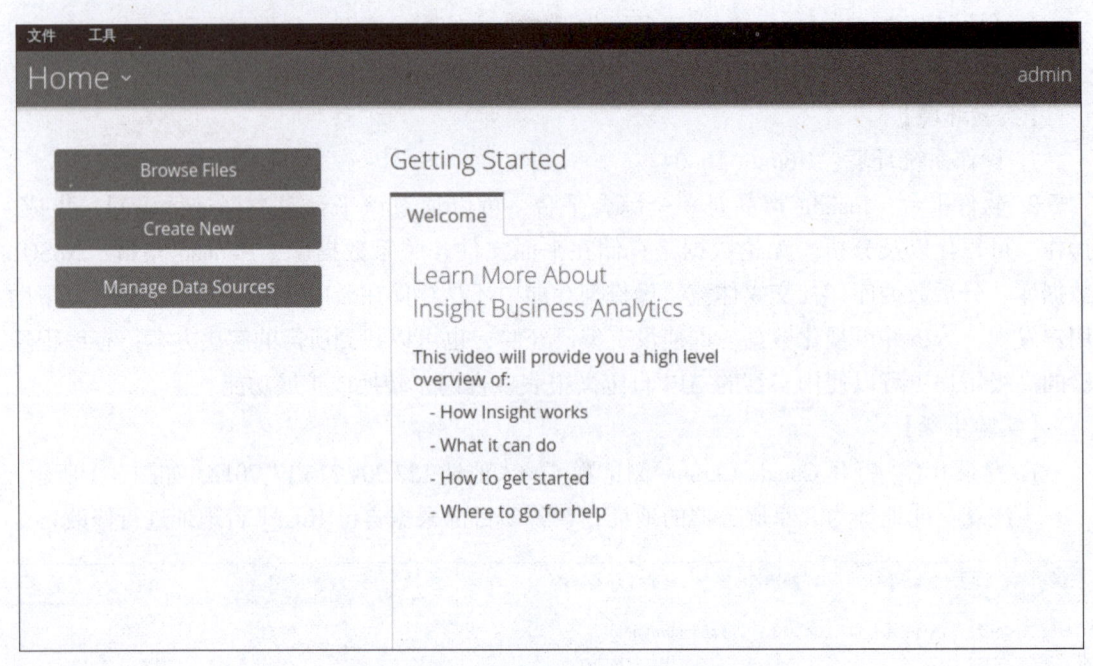

图 3.3　大数据智能分析平台主页

4. 单击"Browse Files"按钮，可查看当前用户上传和下载的文件。"Upload"可上传文件，"Download"可下载 IUC 文件，如图 3.4 所示。

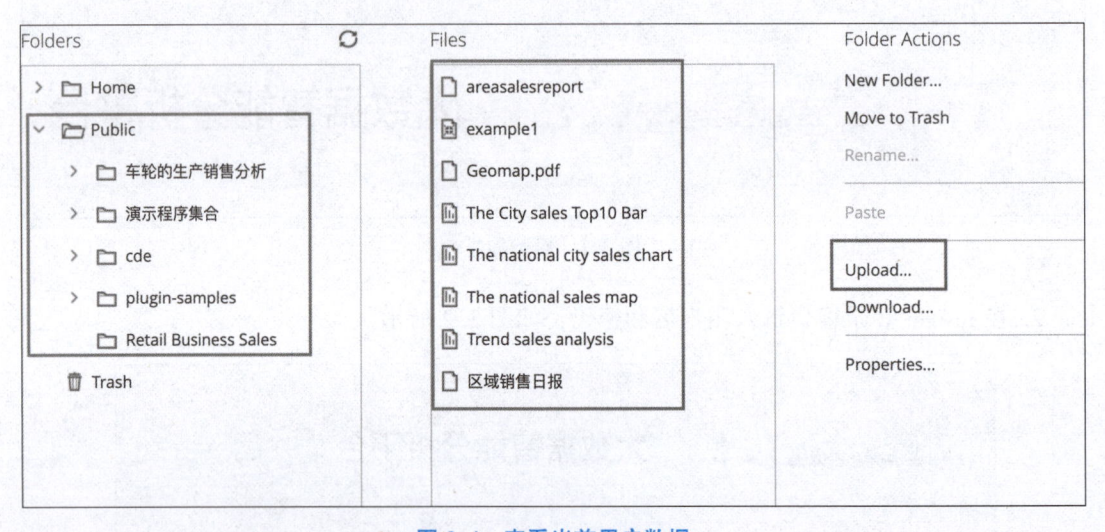

图 3.4　查看当前用户数据

5. "创建"可以创建分析式报表（Analysis Report）、交互式报表（Interactive Report）、仪表盘（Dashboard）以及数据源，如图 3.5 所示。

3.1.1.1　创建分析式报表"Analysis Report"

1. 选择数据源——车轮销售数据"SteelWheels：SteelWheelsSales"，单击"OK"按钮，如图 3.6 所示。

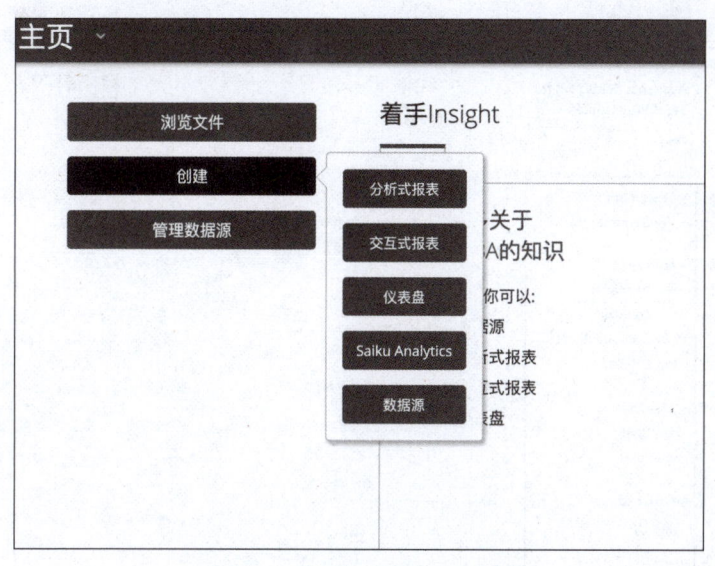

图 3.5 创建新的数据文件界面

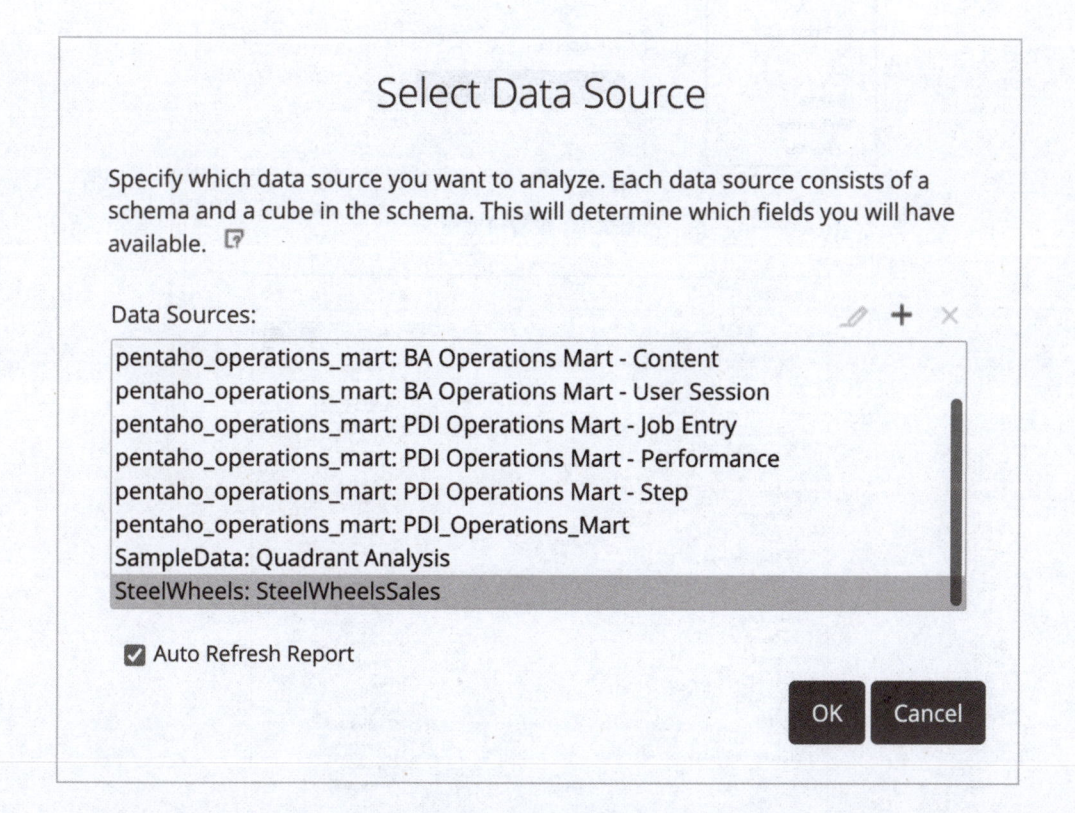

图 3.6 选择数据源

2. 导入数据源后，界面显示如图 3.7 所示。

*注意：可将数据源中的已有信息拖曳至 Layout 布局，结果会在右方显示区域显示。

3. 将"Analysis Report"中的"Country"拖曳到"Layout"区域中的"Rows"中，如图 3.8 所示。

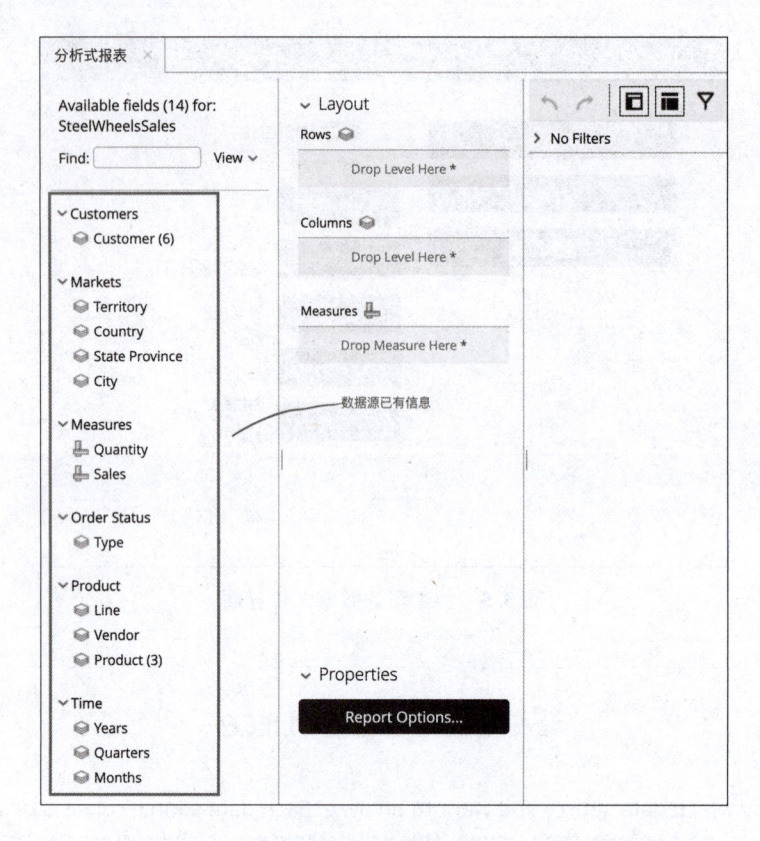

图 3.7　查看数据源

图 3.8　选择分析数据 Country

4. 将"Analysis Report"中的"Years"拖曳到"Layout"区域中的"Columns"中，如图 3.9 所示。

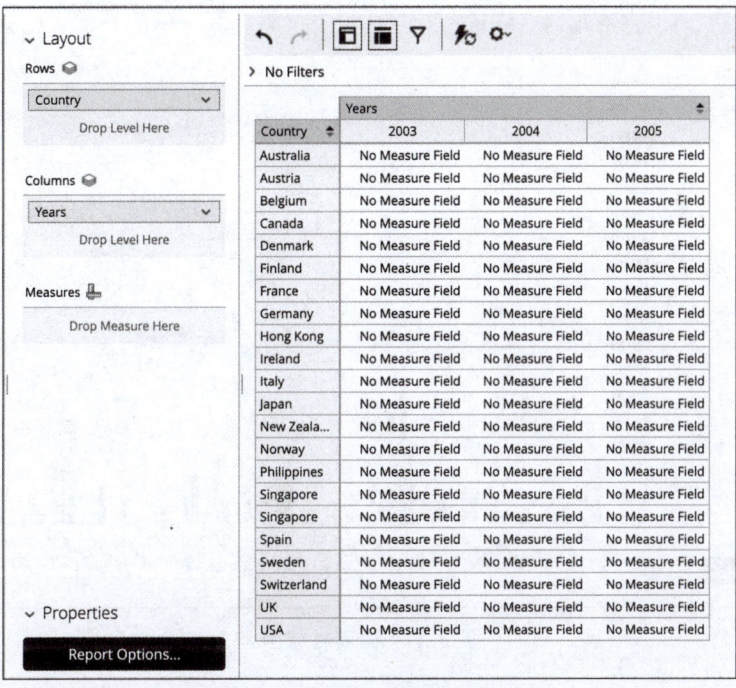

图 3.9　选择分析数据 Years

5. 将"Analysis Report"中的"Measures"→"Sales"拖曳到"Layout"区域中的"Measures"中，如图 3.10 所示。

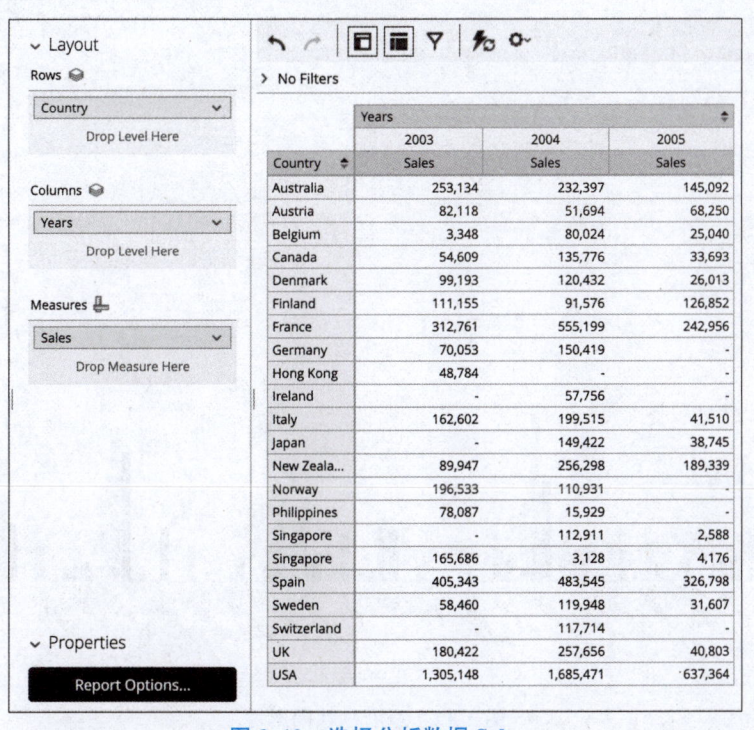

图 3.10　选择分析数据 Sales

*注意：Measures 区域拖曳的内容必须和"Analysis Report"中的"Measures"相一致。此时如果需要观看柱状图，可单击右上角的标识，如图 3.11 所示。

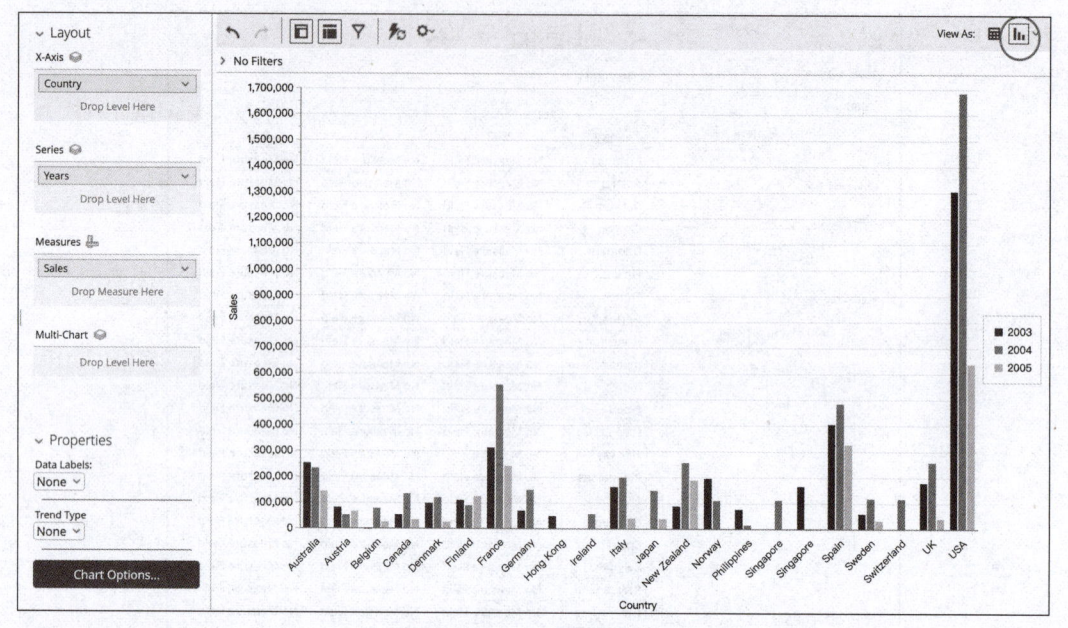

图 3.11　查看柱状图

单击下拉箭头，显示如图 3.12 所示界面，编辑选择柱状图的属性。

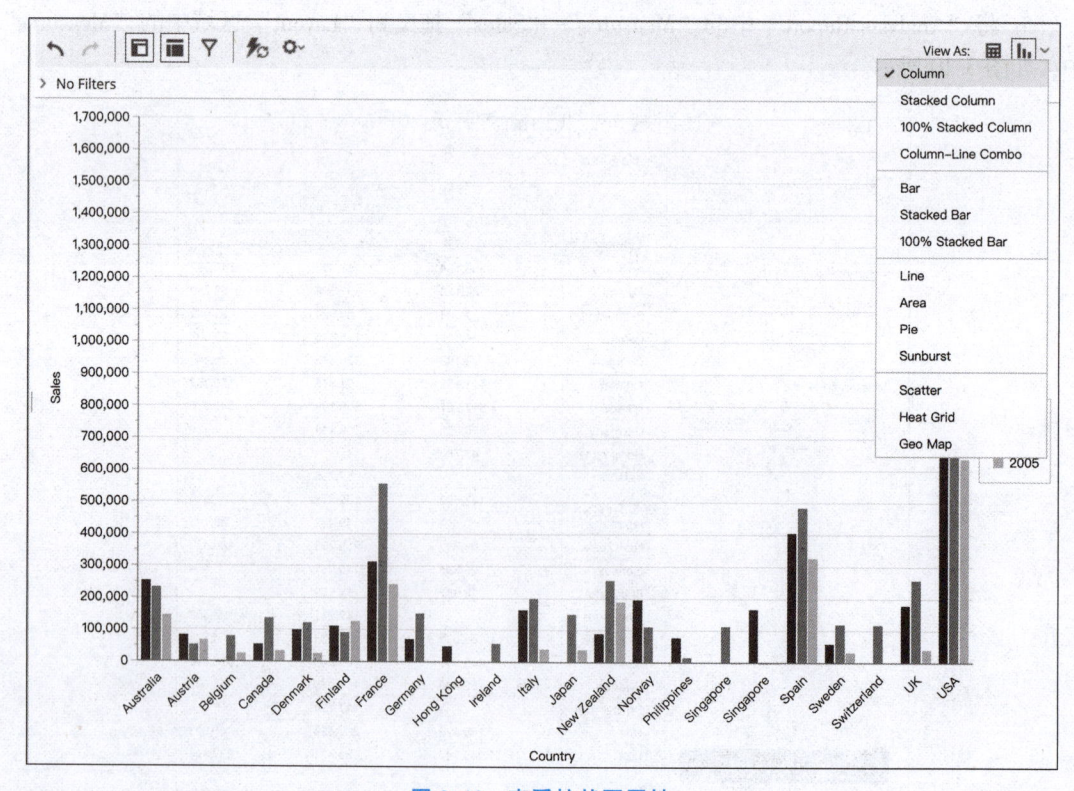

图 3.12　查看柱状图属性

几种常用可视化图形如下：

Column：柱状图。

Stacked Column：叠段柱。

100% Stacked Column：100%叠段柱。

Column-Line Combo：柱子中心线图。

Bar：条形图。

Stacked Bar：堆积条形图。

100% Stacked Bar：100% 堆积条形图。

Line：折线图。

Area：区域图。

Pie：饼图。

Sunburst：彩虹图。

Scatter：分散图。

Heat Grid：热网格。

Geo Map：地理地图。

3.1.1.2　管理数据源

1. 单击"管理数据源"按钮，如图 3.13 所示。

2. 单击"New Data Source"按钮，连接 ETL 实验中使用的数据库 ua1，如图 3.14 所示。

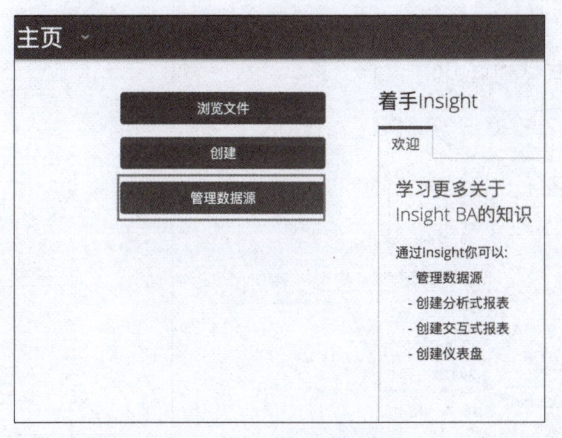

图 3.13　管理数据源　　　　　图 3.14　新建数据源

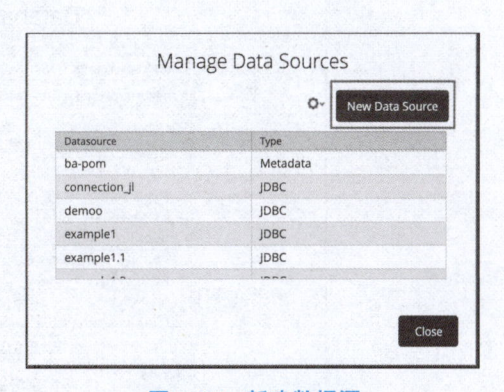

3. "Source Type"选择"SQL Query"，单击"+"按钮创建连接，如图 3.15 所示。

4. 输入"Connection Name"为"myconnection1"，"Database Type"选择"MySQL"，填写"Settings"信息："Database Name"为"sales"，"User Name"为"root"，"Password"为"123456"，通过这些设置完成数据库连接的配置，如图 3.16 所示。

5. 单击"Test"按钮测试数据库是否连接成功，如图 3.17 所示。

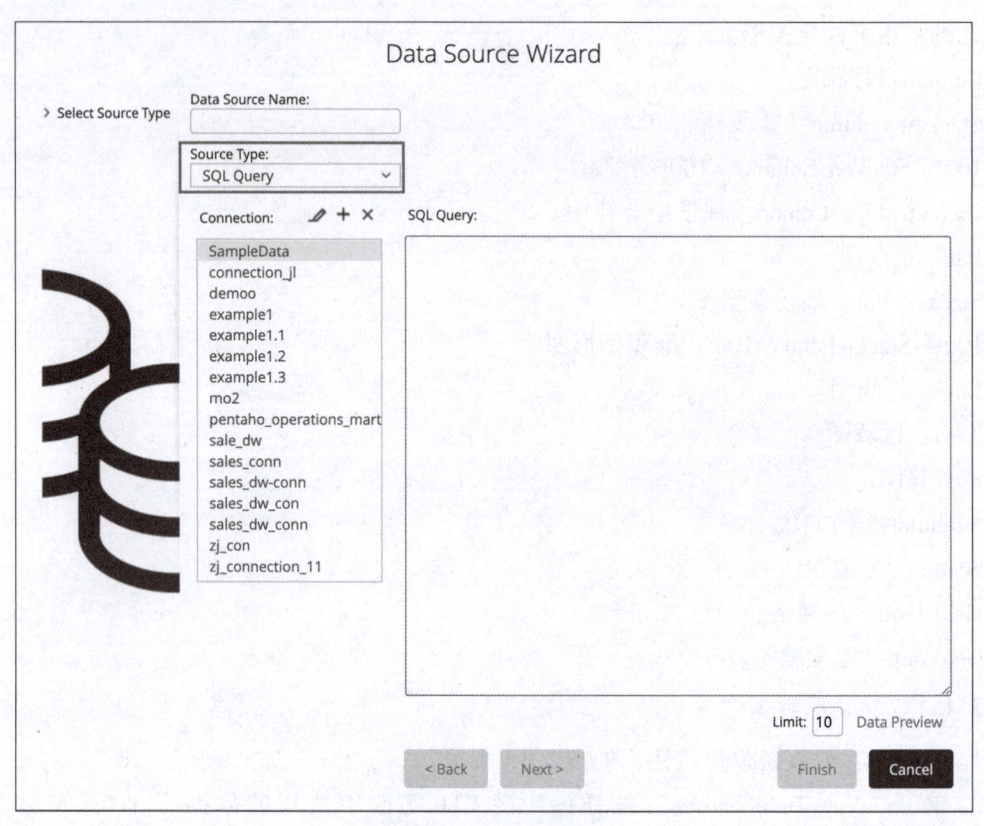

图 3.15　新建数据类型

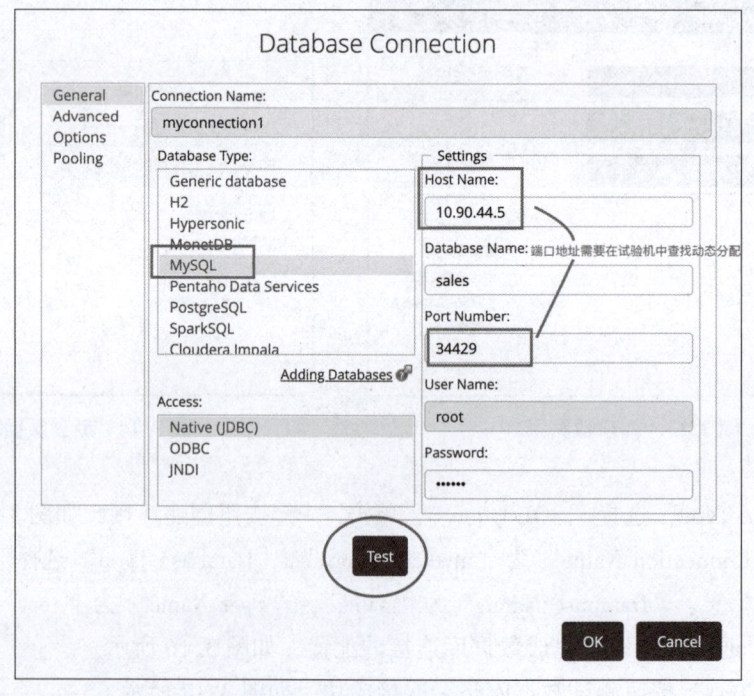

图 3.16　连接数据库配置

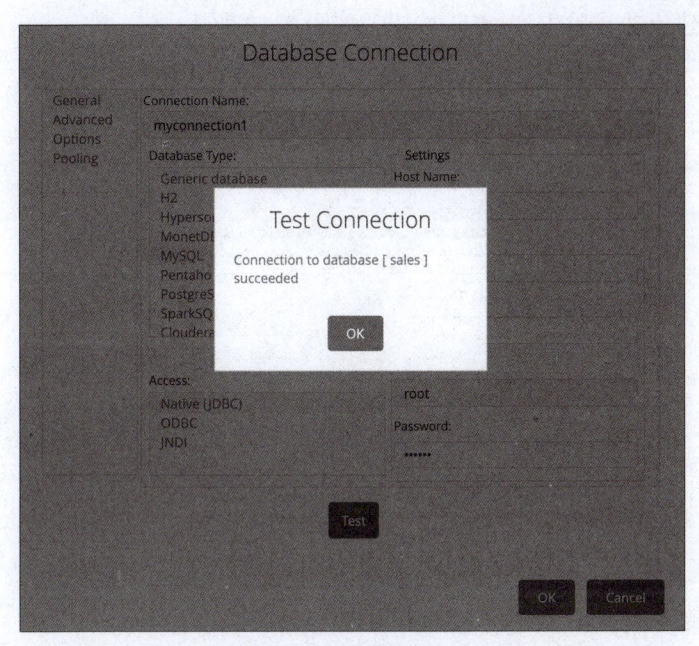

图 3.17 测试数据库连接

6. 连接成功后，输入"Data Source Name"为"table_source_xxx（希望同学个性化命名）"；"SQL Query"输入 SQL 查询语句"select * from customer"，查询 ETL 实验中得出的表格"customer"，单击"Finish"按钮查找源数据库中的表文件，如图 3.18 所示。

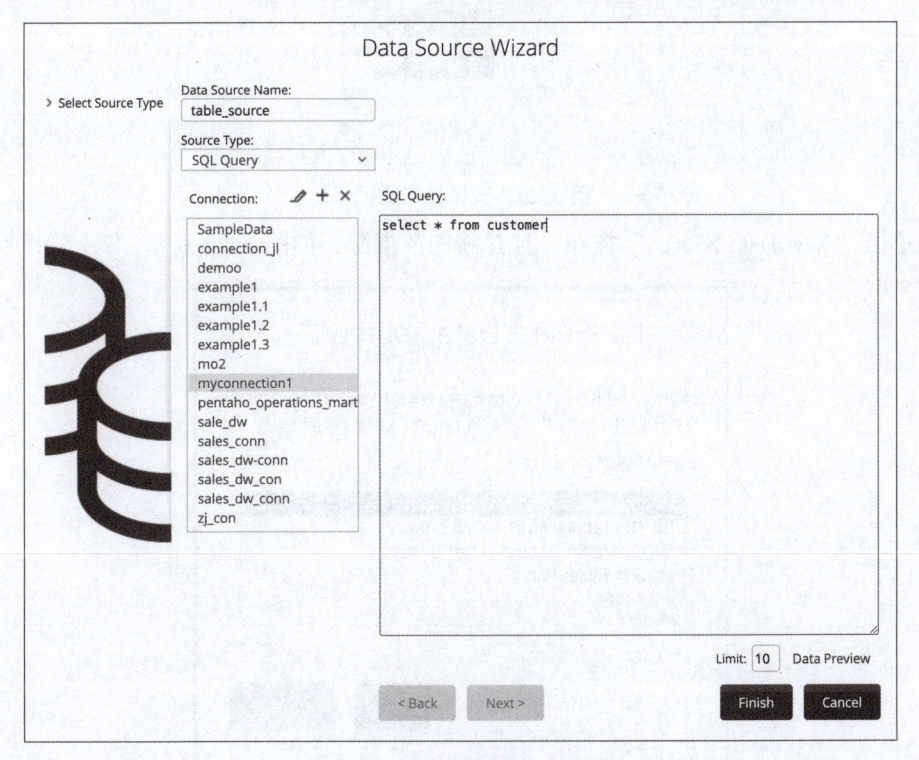

图 3.18 查找源数据库表文件

7. 数据源创建成功，单击"OK"按钮，如图 3.19 所示。

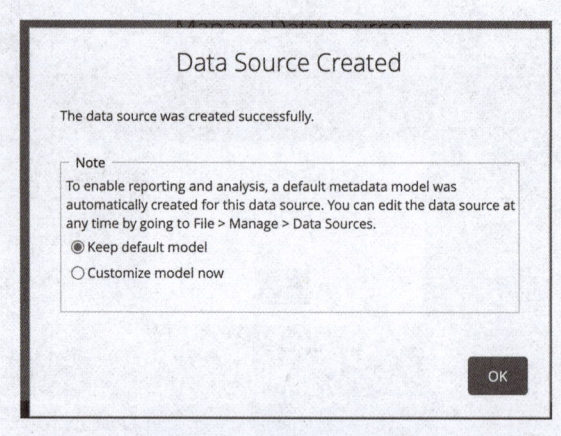

图 3.19　源数据创建成功

3.1.1.3　创建交互式报表"Interactive Report"

1. 单击"创建"按钮，选择"交互式报表"，如图 3.20 所示。

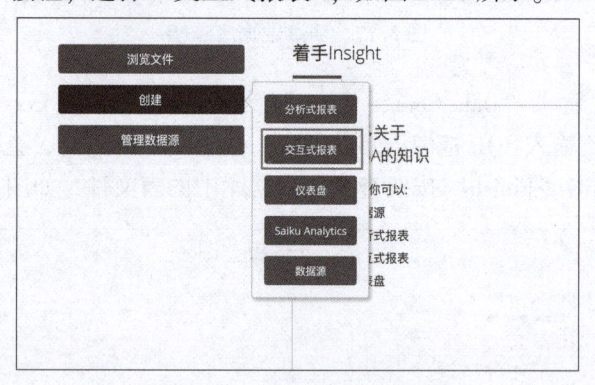

图 3.20　选择交互式报表

2. 单击"New Data Source"按钮，选择新的数据源，如图 3.21 所示。

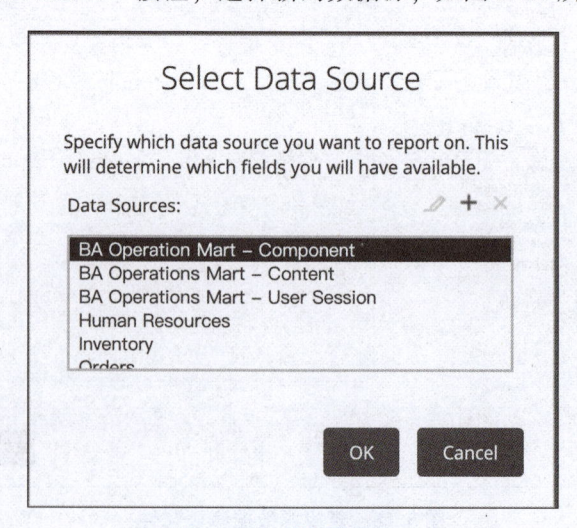

图 3.21　选择数据源

3. 选择3.1.1.2节中建立的"table_source",单击"OK"按钮,如图3.22所示。

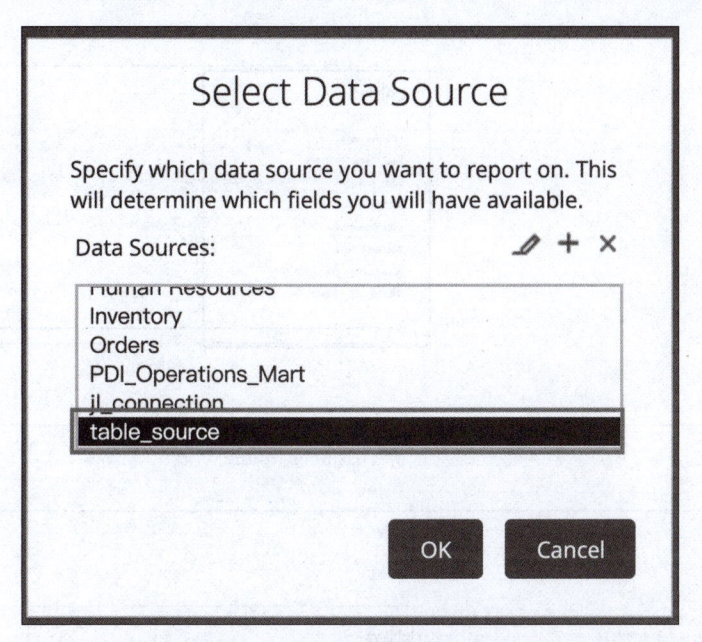

图 3.22 选择已经建立的数据源

4. 交互式报表主界面如图3.23所示。左侧区域为"table_source"表格的属性信息,可将其中的信息直接拖曳至"Untitled"区域。

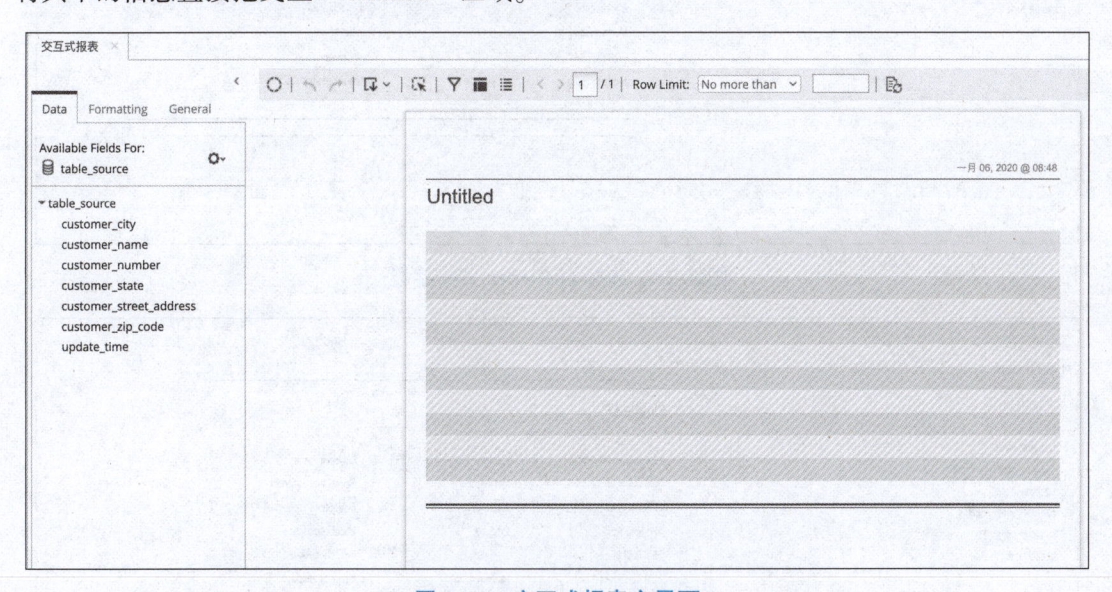

图 3.23 交互式报表主界面

(1) 将"customer_name"直接拖曳过去,如图3.24所示。
(2) 将"customer_city"直接拖曳过去,如图3.25所示。
(3) 将"customer_street_address"直接拖曳过去,如图3.26所示。

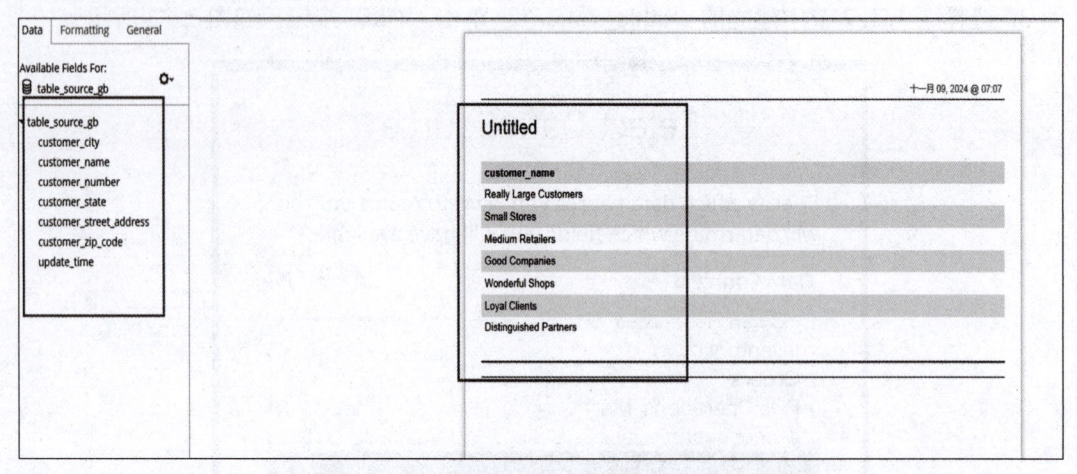

图 3.24　选择 customer_name 字段

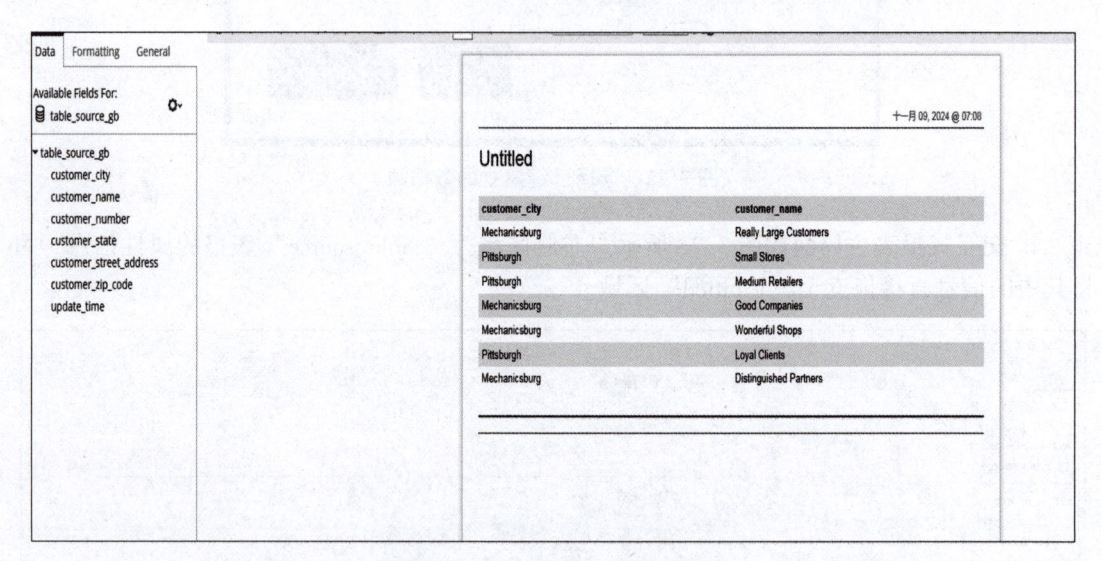

图 3.25　选择 customer_city 字段

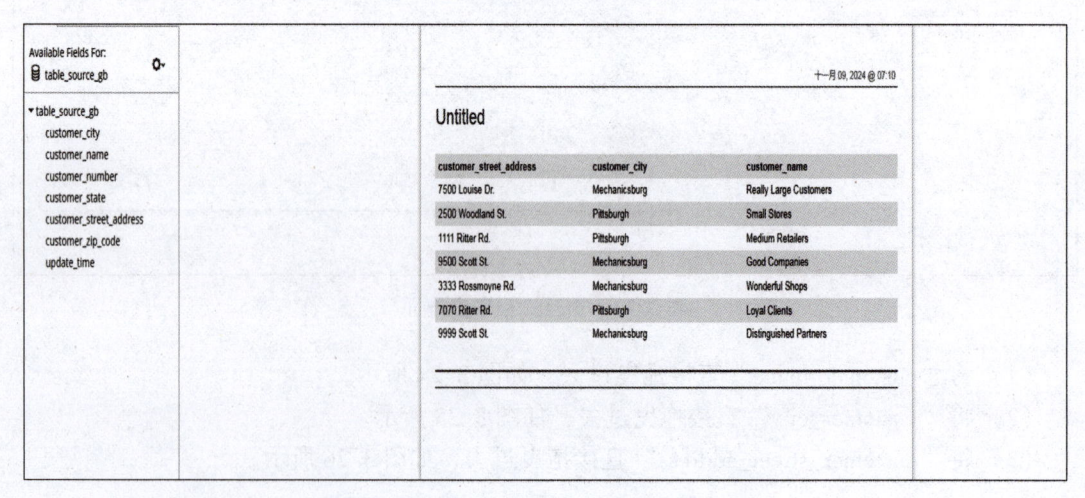

图 3.26　选择 customer_street_address 字段

(4) 将"custmoer_zip_code"直接拖曳过去,如图 3.27 所示。

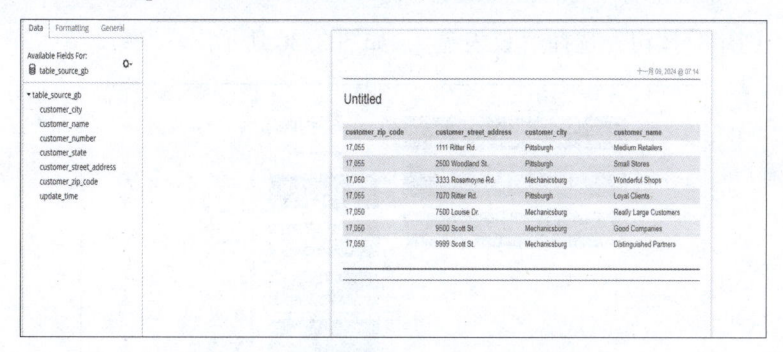

图 3.27 选择 custmoer_zip_code 字段

5. 单击"下载"图标,可将拖曳生成的交互式表格另存为 PDF、HTML、CSV、Excel Workbook、Excel 97-2003 Workbook,如图 3.28 所示。

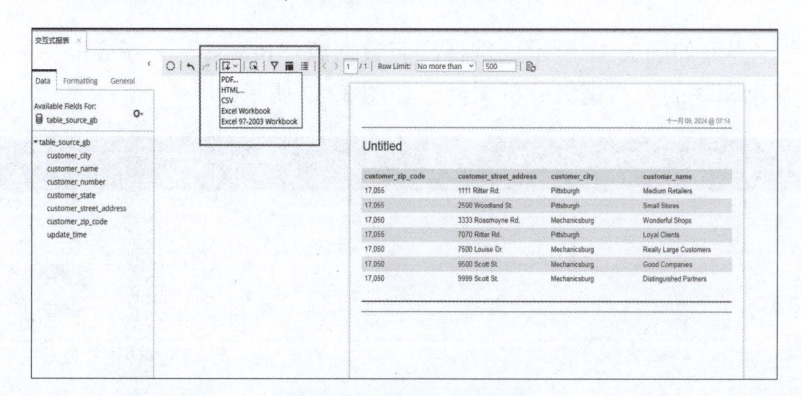

图 3.28 保存交互式报表

例如:要另存为 Excel 97-2003 Workbook,则单击"Excel 97-2003 Workbook",直接在左下角位置显示出生成的表格"Untitled.xls",如图 3.29 所示。

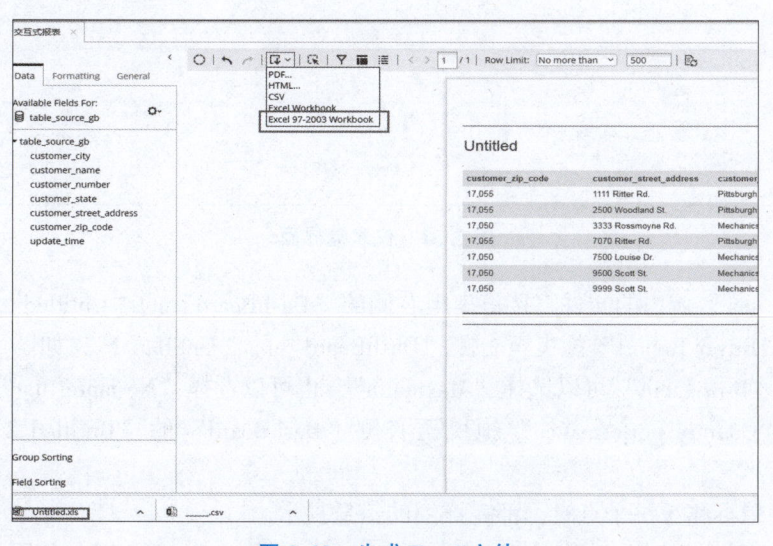

图 3.29 生成 Excel 文件

3.1.1.4 创建仪表盘"Dashboard"

1. 单击"创建"按钮,选择"仪表盘",如图 3.30 所示。

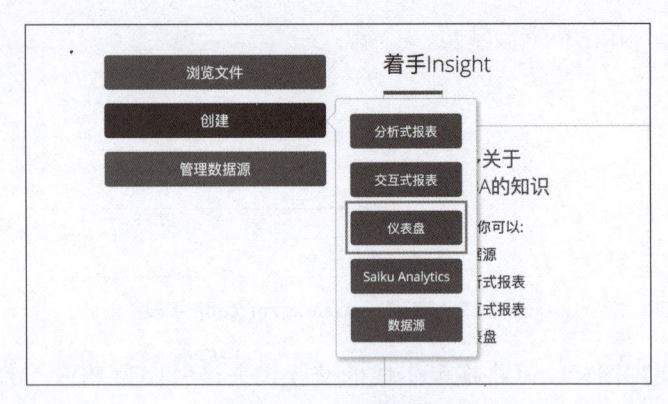

图 3.30 选择仪表盘

2. 仪表盘主界面如图 3.31 所示。选择已有数据源"Browse"→"Public"→"车轮的生产销售分析",显示车轮的生产销售分析文件,如图 3.32 所示。

图 3.31 仪表盘界面

3. 可将 Files 区域内的文件直接拖曳至右侧的"DashBoard"的"Untitled"各个区域。

(1) 将"Buyer Report"拖曳至右侧"DashBoard"的"Untitled 1",如图 3.33 所示。

＊注意:"Row Limit"可以选择"Maximum",也可以选择"No more than"。

(2) 将"Country Performance"拖曳至右侧"DashBoard"的"Untitled 2",如图 3.34 所示。

＊注意:鼠标移至每个点时,都有详细的信息提示。

(3) 将"Product Sales"拖曳至右侧"DashBoard"的"Untitled 3",如图 3.35 所示。

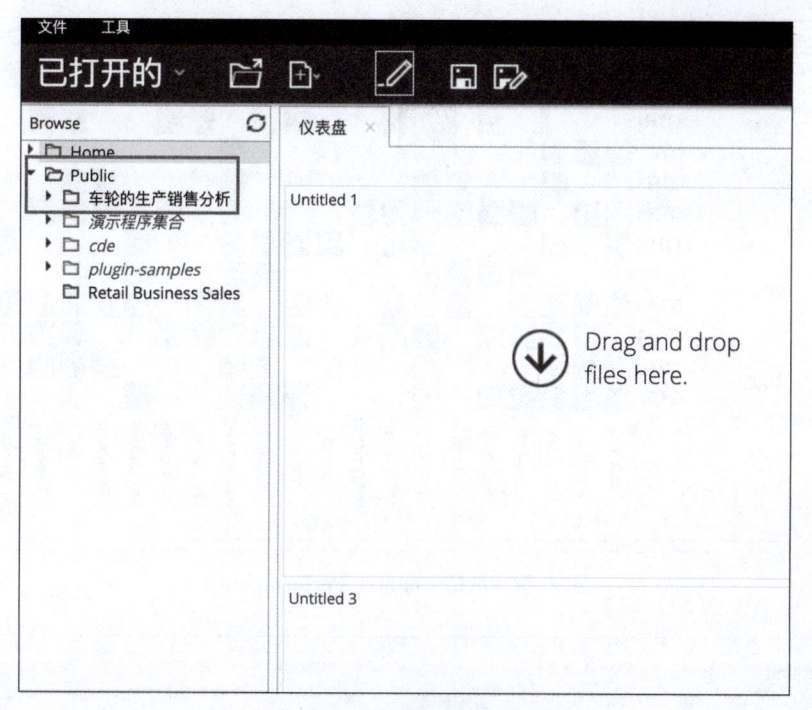

图 3.32　选择数据源

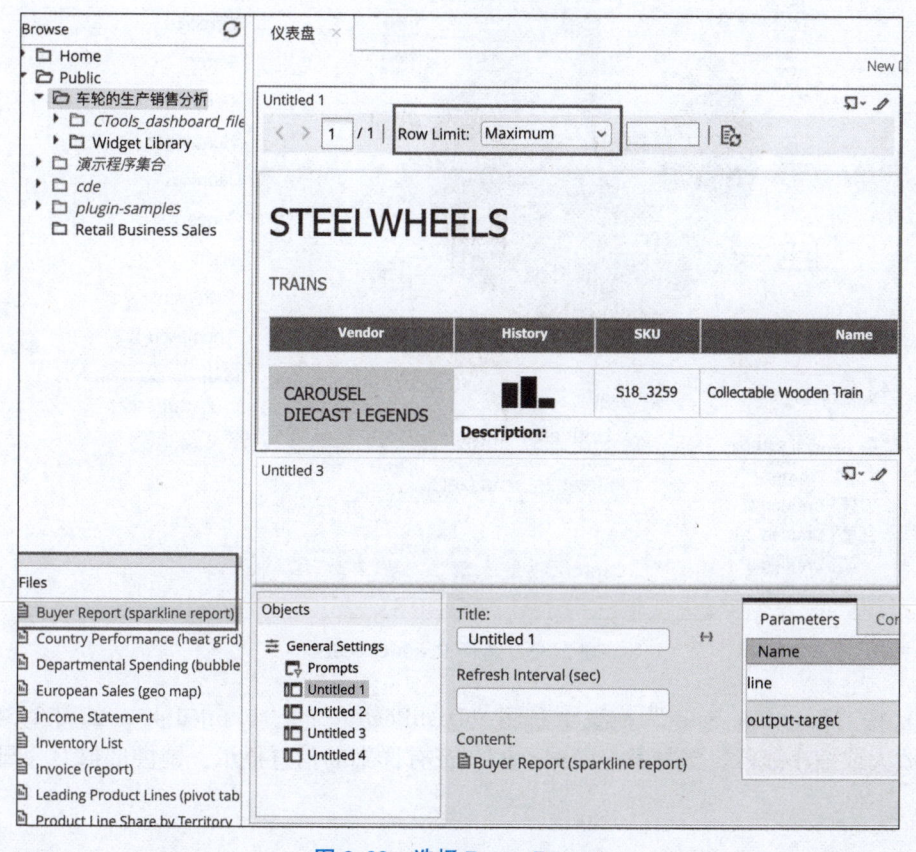

图 3.33　选择 Buyer Report

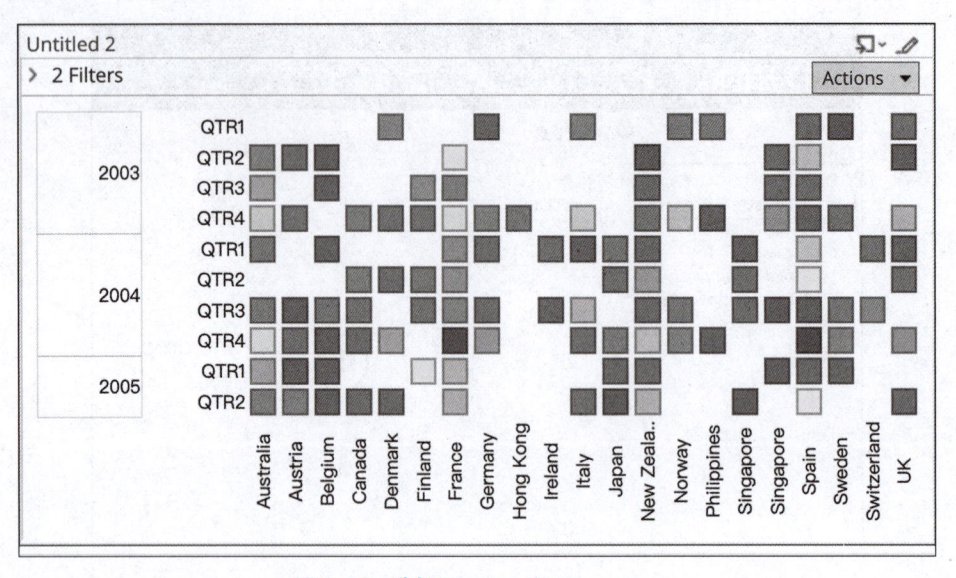

图 3.34 选择 Country Performance

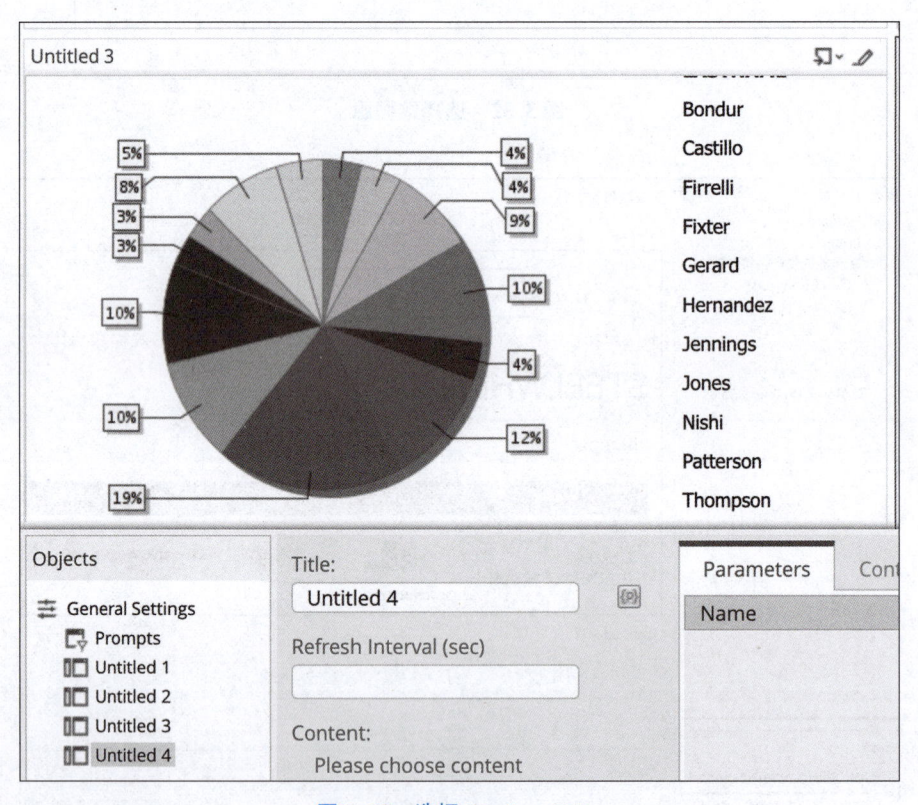

图 3.35 选择 Product Sales

(4) 将"European Sales"拖曳至右侧"DashBoard"的"Untitled 4",如图 3.36 所示。地图可放大或缩小显示,鼠标移至每个点时,都有详细的信息提示,销售量越大,圆圈的范围越大。

＊注意：每个"Untitled"区域右上角的"Actions"可以修正显示区域的显示形式，"Show Report as Table/Chart"选择显示柱状图、饼图等。

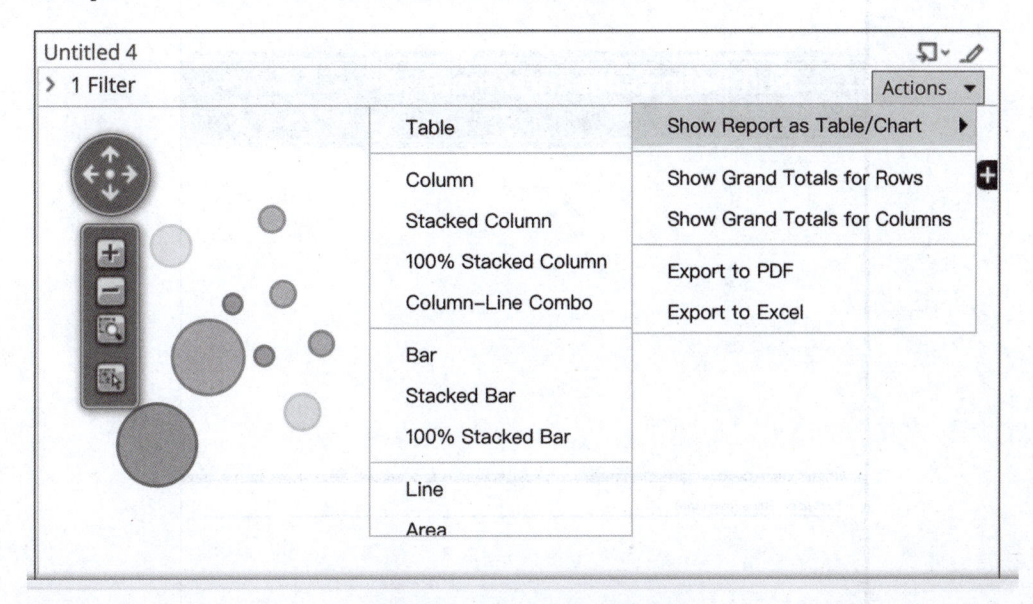

图 3.36 选择 European Sales

4. 选择"Actions"→"Export to PDF"，将显示区域的内容导出到 PDF 文件中，如图 3.37 所示。

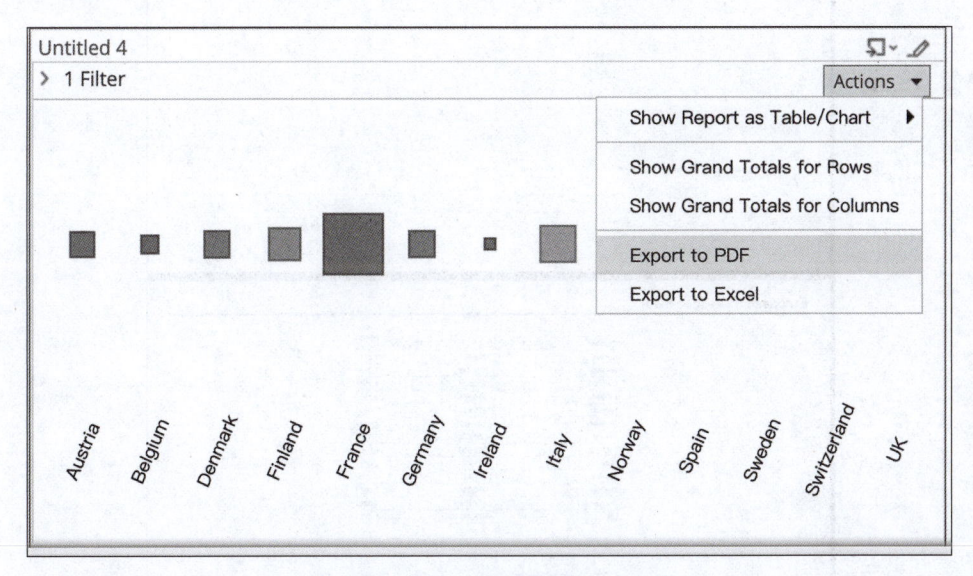

图 3.37 导出实验结果的 PDF 文件

5. 单击浏览器右上角的"Pop-up Blocked"，会重新显示一页 PDF 格式的网页，如图 3.38 所示。

6. 右击 PDF 页面可以对文件实现下载、打印、保存等操作，如图 3.39 和图 3.40 所示。

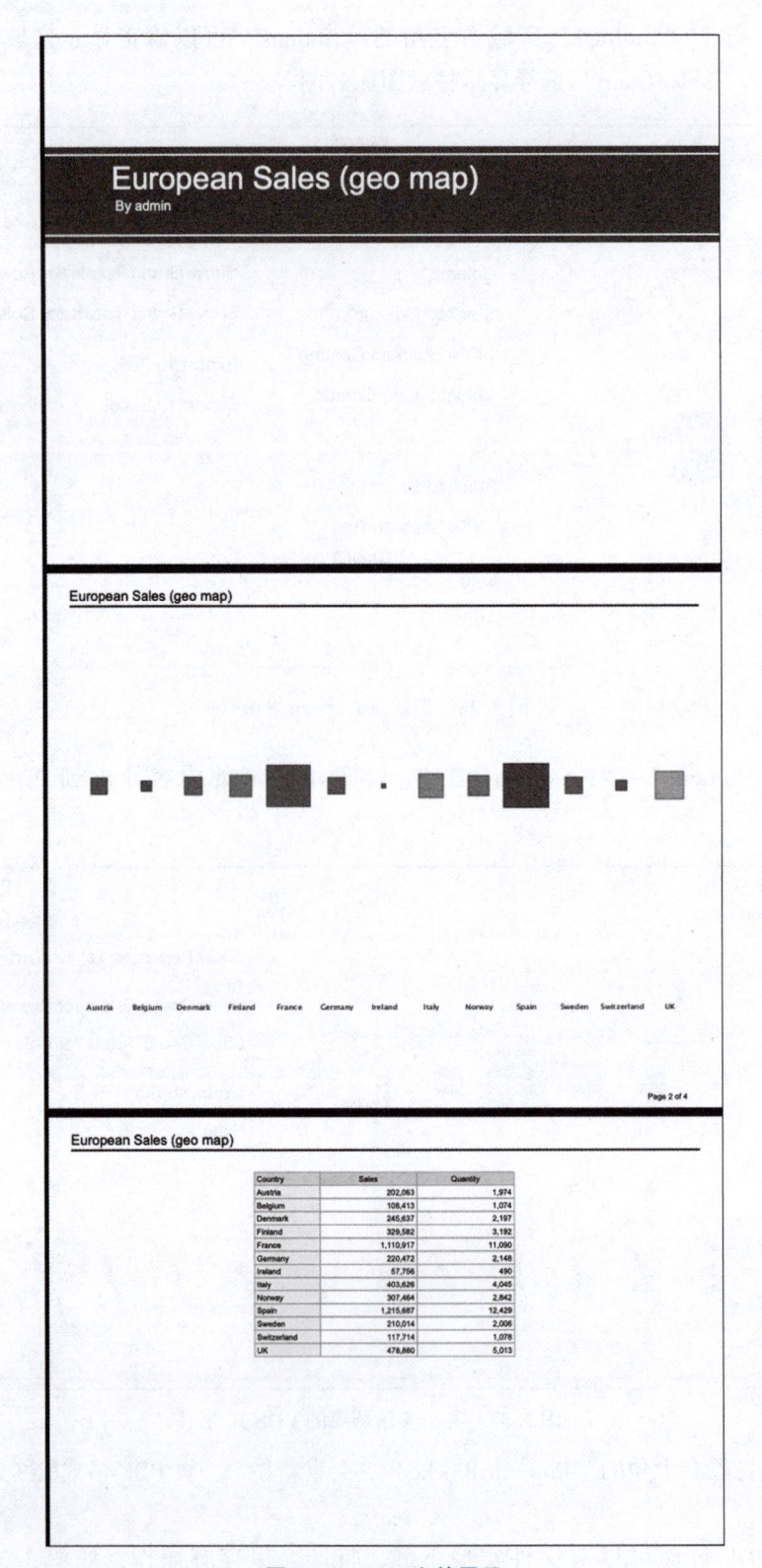

图 3.38　PDF 文件展示

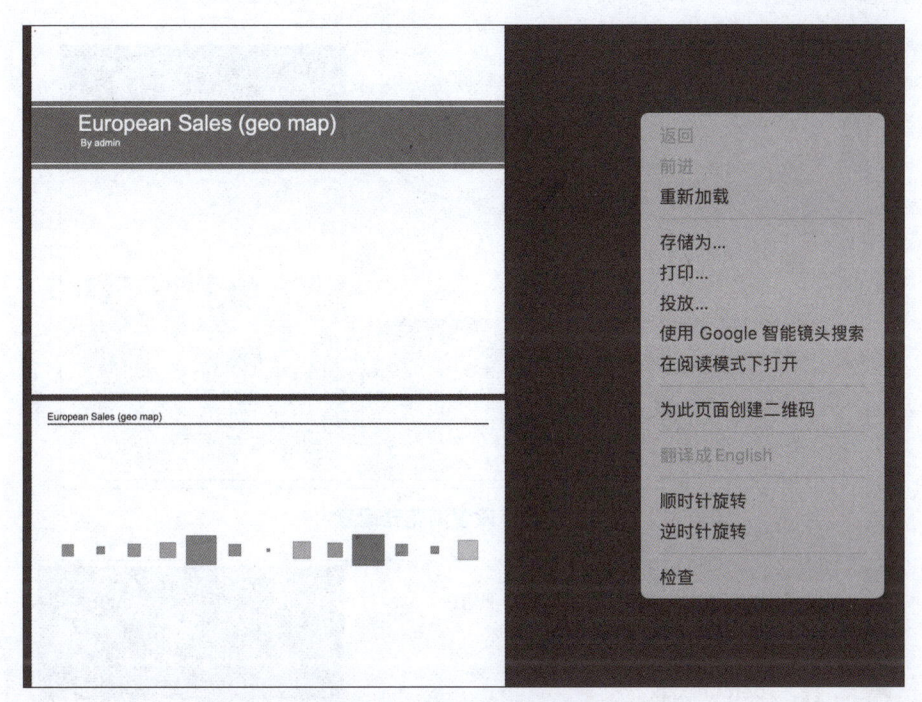

图 3.39　PDF 网页文件操作

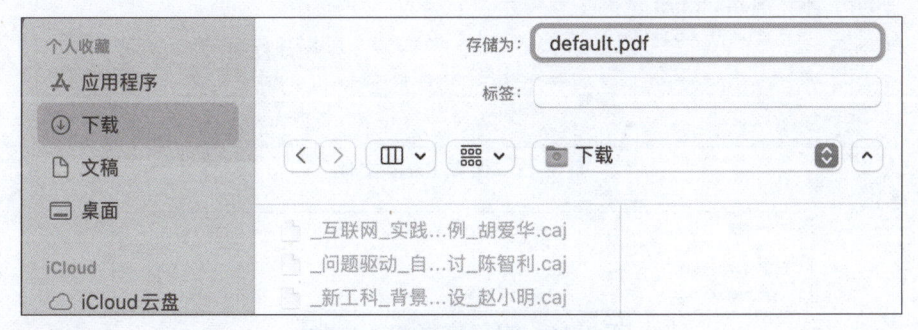

图 3.40　另存为 PDF 格式文件

*注意：在自己的保存目录下可查看到 default.pdf，如图 3.41 所示。

图 3.41　查看保存的 PDF 文件

7. 也可将文件导出为 Excel 表。选择"Actions"→"Export to Excel"，将显示区域的内容导出到 Excel 文件中，弹出的页面被浏览器拦截，如图 3.42 所示。

保存完成后如图 3.43 所示，不同的系统显示会略有不同。在自己选择的保存文件目录下可以查看文件，如图 3.44 所示。

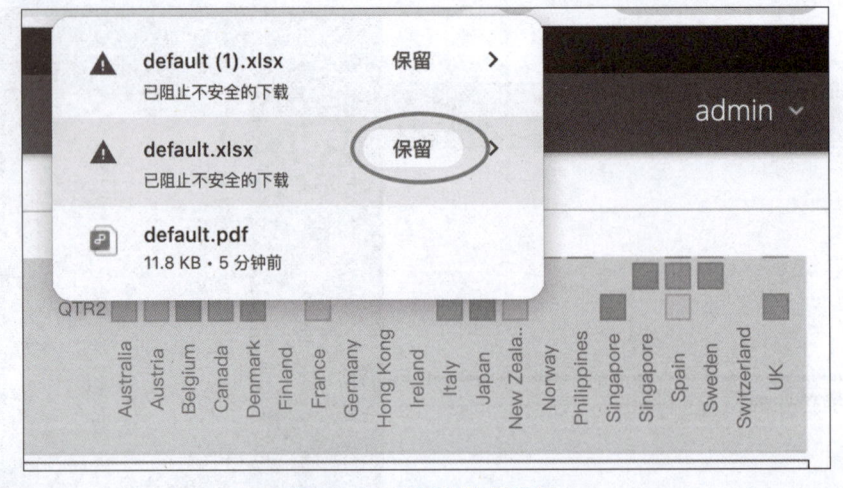

图 3.42 设置浏览器配置

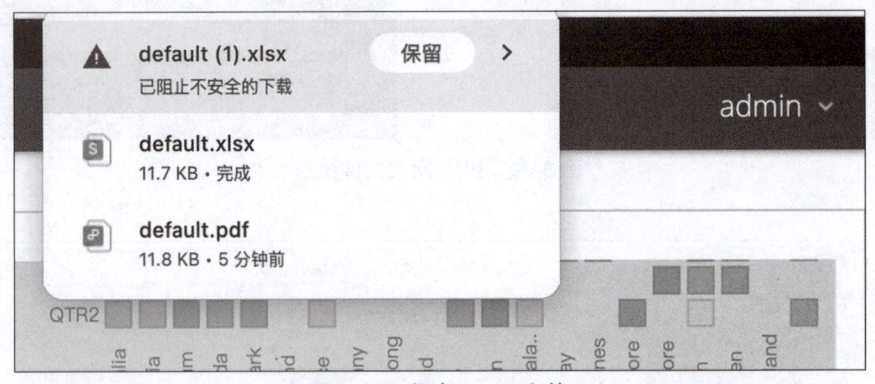

图 3.43 保存 Excel 文件

图 3.44 查看保存的 Excel 文件

3.1.2 实验二：使用 Schema Workbench 创建 Cube（立方体）

【实验目的】
1. 熟悉并学会使用 Schema Workbench。
2. 学会创建 Cube。

【实验原理】
利用 Schema Workbench 创建 Cube，Schema 定义了一个多维数据库，包含了一个逻辑模型，其用于书写 MDX（multi-dimensional expressions，多维表达式）语言的查询语句。这个逻辑模型包括几个概念：Cubes（立方体）、维度（Dimensions）、层次（Hierarchies）、级别（Levels）和成员（Members）。一个 Schema 文件就是编辑这个 Schema 的一个 xml 文件，在这个文件中形成逻辑模型和数据库物理模型的对应，利用 Schema Workbench 工具创建 xml 文件的操作非常简单。一个 Cube 是一系列维度（Dimension）和度量（Measure）的集合区域，在 Cube 中，Dimension 和 Measure 的共同地方就是共用一个事实表。本实验将会用到两个软件：Schema Workbench 和 MySQL 数据库，且这两个软件都已安装并配置好。

【实验环境】

1. Schema Workbench。

2. MySQL。

3. 实验前需要将数据库环境准备好，将 footmart2008.sql 导入所使用环境的 MySQL 数据库中，连接数据库服务。用户名：root，密码：123456。

【实验步骤】

1. 实验准备。先要完成数据抽取，从数据库抽取数据，首先将 sql 文件导入数据库 MySQL 中。

（1）下载 sql 文件。

```
sudo -i
wget http://10.90.3.2/HUP/BI/4/foodmart2008.sql
wget http://10.90.3.2/HUP/BI/4/foodmart2008.xml
```

（2）启动数据库服务，如图 3.45 所示。

```
sudo -i
service mysql start
mysql -uroot -p123456
show databases;
```

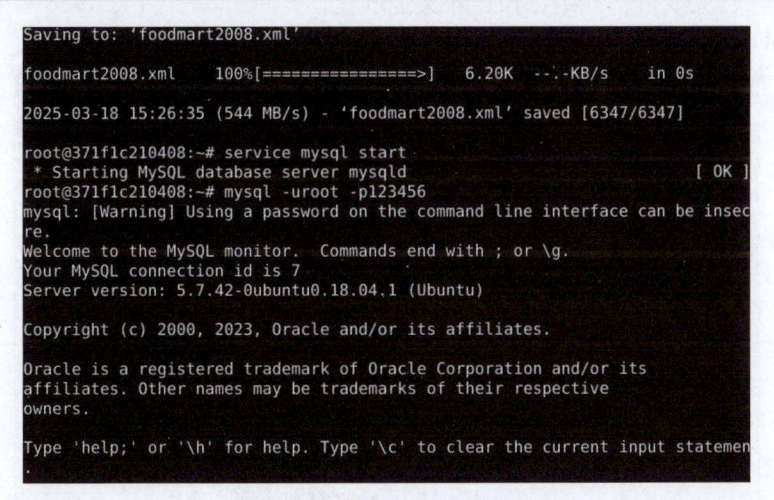

图 3.45　启动并查看数据库

（3）新建数据库 foodmart2008，如图 3.46 所示。

```
CREATE DATABASE foodmart2008;
```

（4）使用数据库 foodmart2008，如图 3.47 所示。

```
use foodmart2008;
```

```
mysql> CREATE DATABASE foodmart2008;
Query OK, 1 row affected (0.00 sec)
mysql>
```

图 3.46 新建数据库

```
mysql> use foodmart2008;
Database changed
mysql>
```

图 3.47 选定数据库

（5）导入 sql 文件，如图 3.48 所示。

source foodmart2008.sql;

```
mysql> use foodmart2008;
Database changed
mysql> source foodmart2008.sql;
Query OK, 0 rows affected (0.00 sec)

Query OK, 0 rows affected (0.00 sec)

Query OK, 0 rows affected (0.00 sec)

Query OK, 0 rows affected (0.00 sec)

Query OK, 0 rows affected (0.00 sec)

Query OK, 0 rows affected (0.00 sec)

Query OK, 0 rows affected (0.00 sec)
```

图 3.48 导入数据库文件

以上准备工作完成后，开始正式进入实验过程。

2. 启动 Workbench 程序，新建一个数据库链接，如图 3.49 所示。

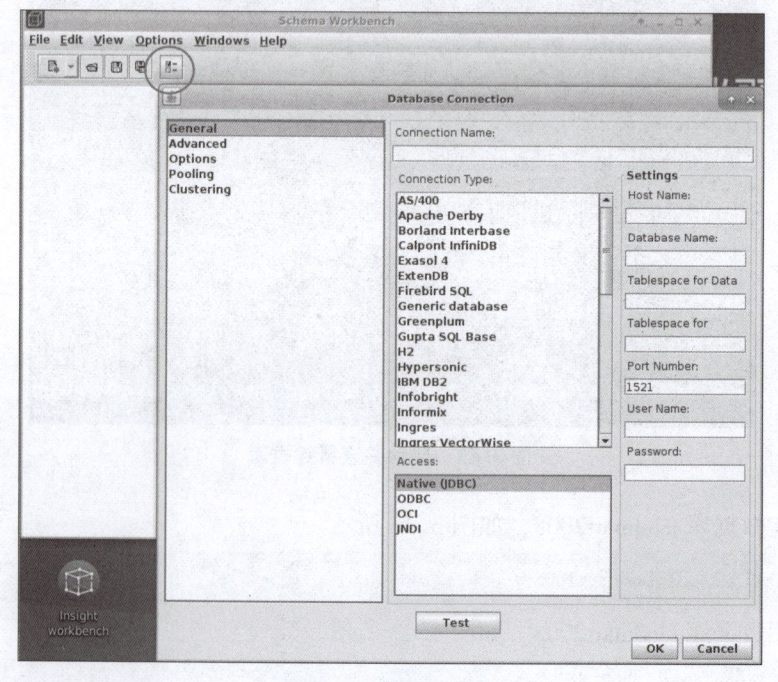

图 3.49 连接数据库

*注意：链接的具体参数可以自己进行配置，示例数据库参数如图 3.50 所示。

图 3.50　数据库连接配置

3. 在"File"→"New"→"Schema"中新建一个 Schema 文件，如图 3.51 所示。

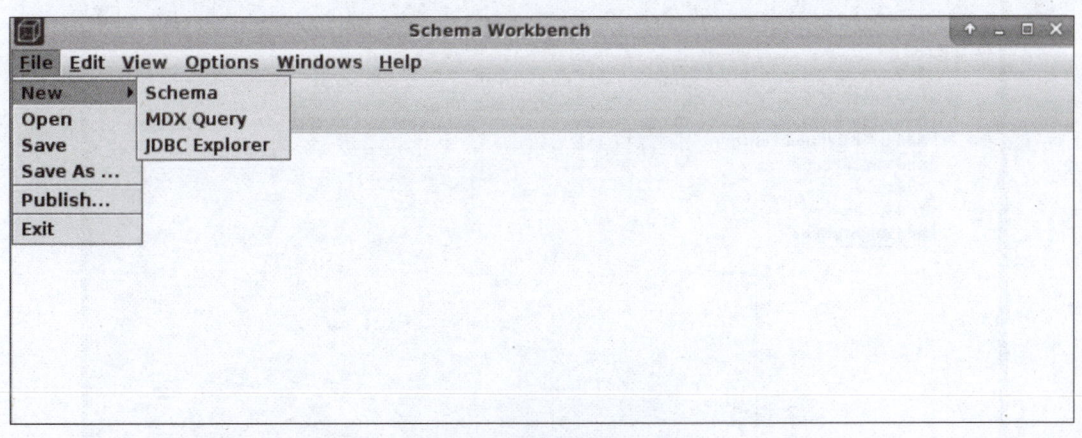

图 3.51　新建 Schema 文件

4. 为 Schema 填写相应的名称，如图 3.52 所示。

5. 在 Schema 上右击，新建一个 Cube（立方体），如图 3.53 所示，并将这个立方体命名为 foodmart2008，如图 3.54 所示。

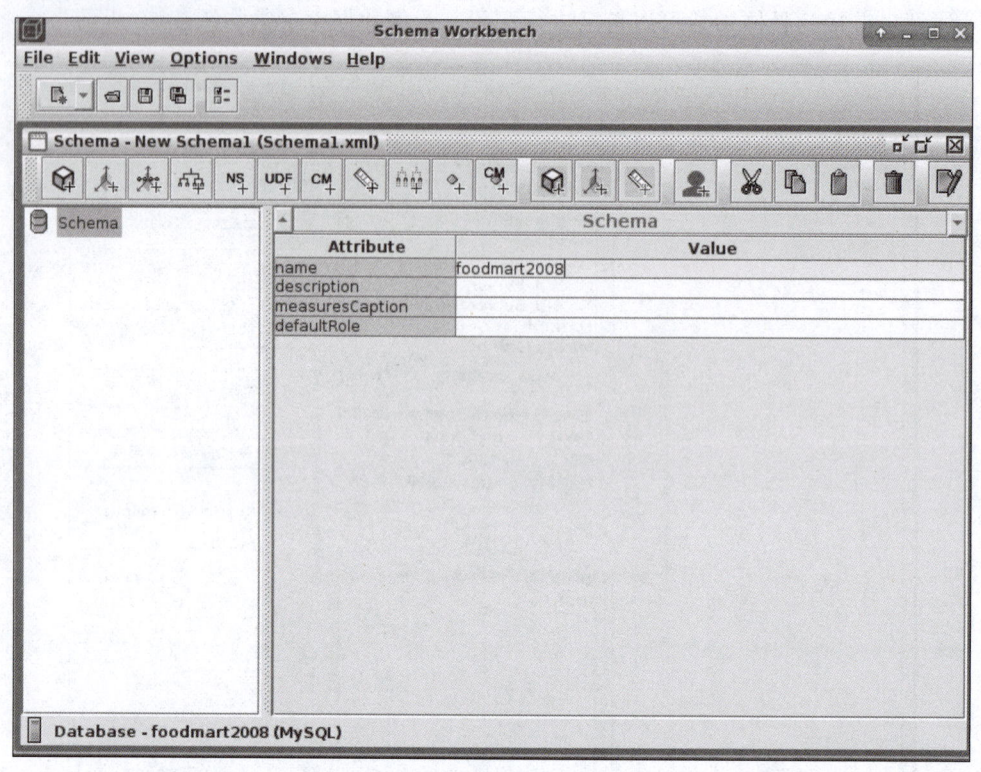

图 3.52　Schema 命名

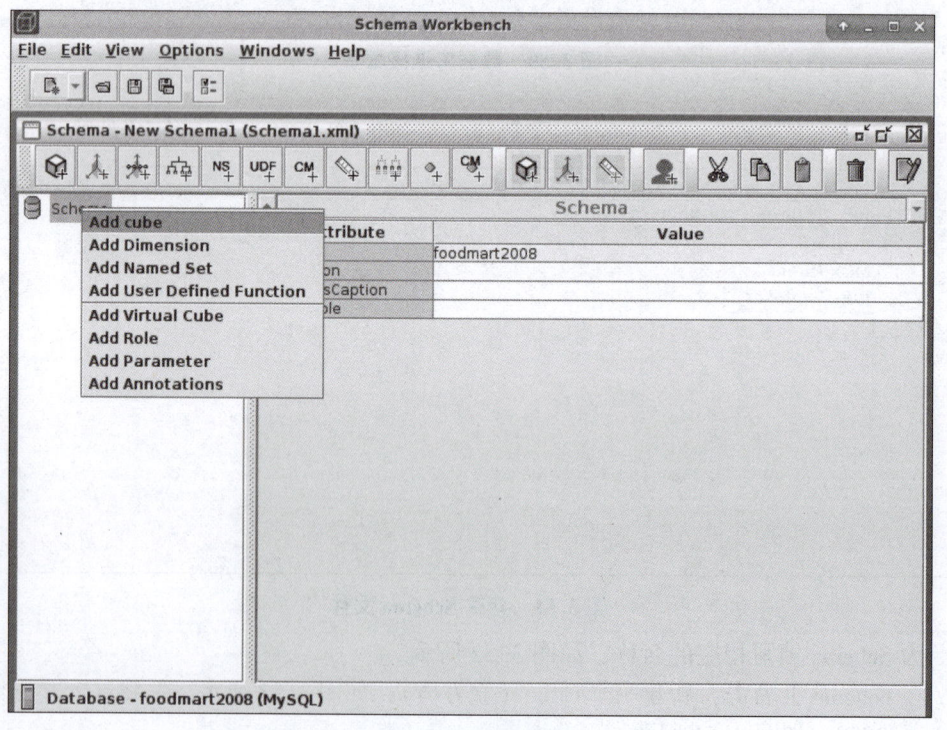

图 3.53　新建 Cube

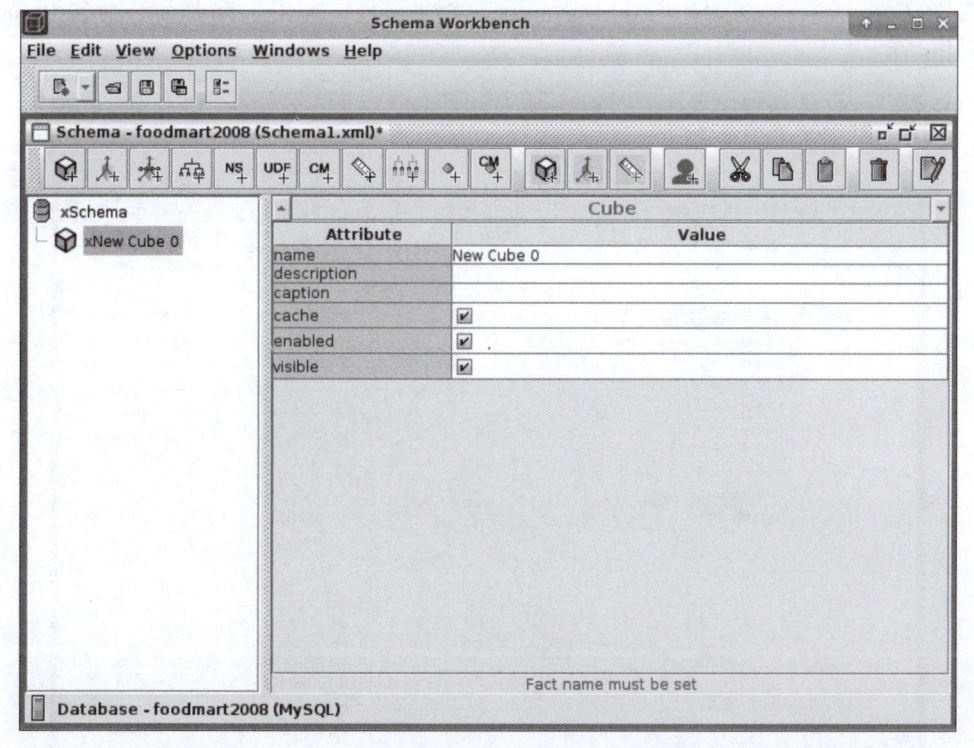

图 3.54　Cube 命名

6. 在 Cube 节点上右击，选择"Add Table"，选择相应的事实表，如图 3.55 所示。

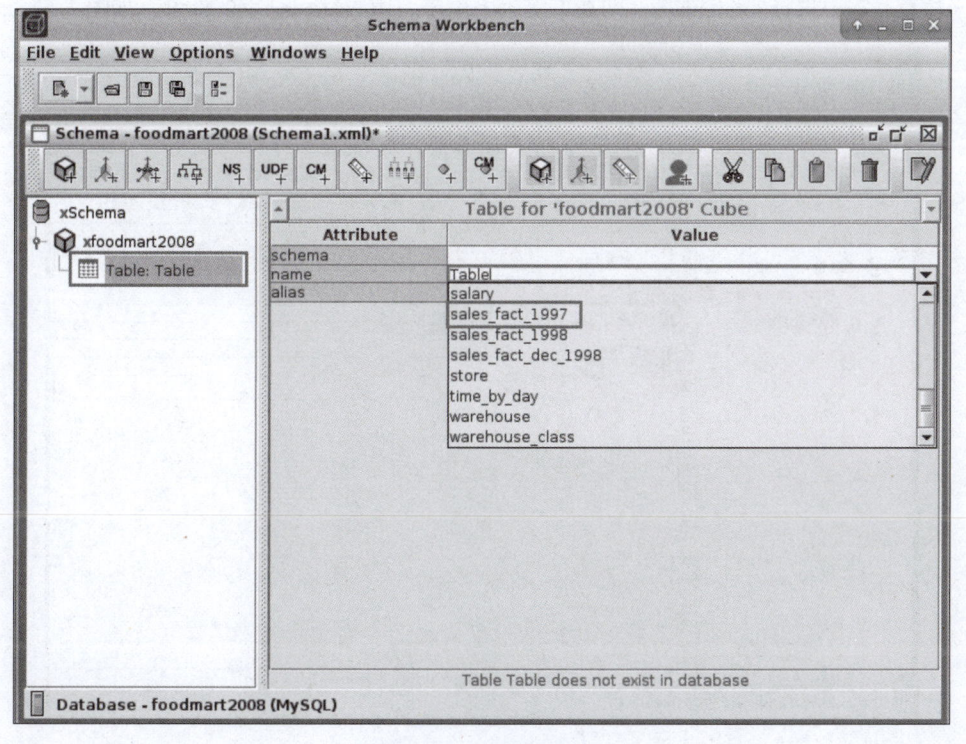

图 3.55　增加事实表

7. 在 Cube 上右击，选择 "Add Dimension" 增加维度，如图 3.56 所示，命名为 dimCustomer 并保存。

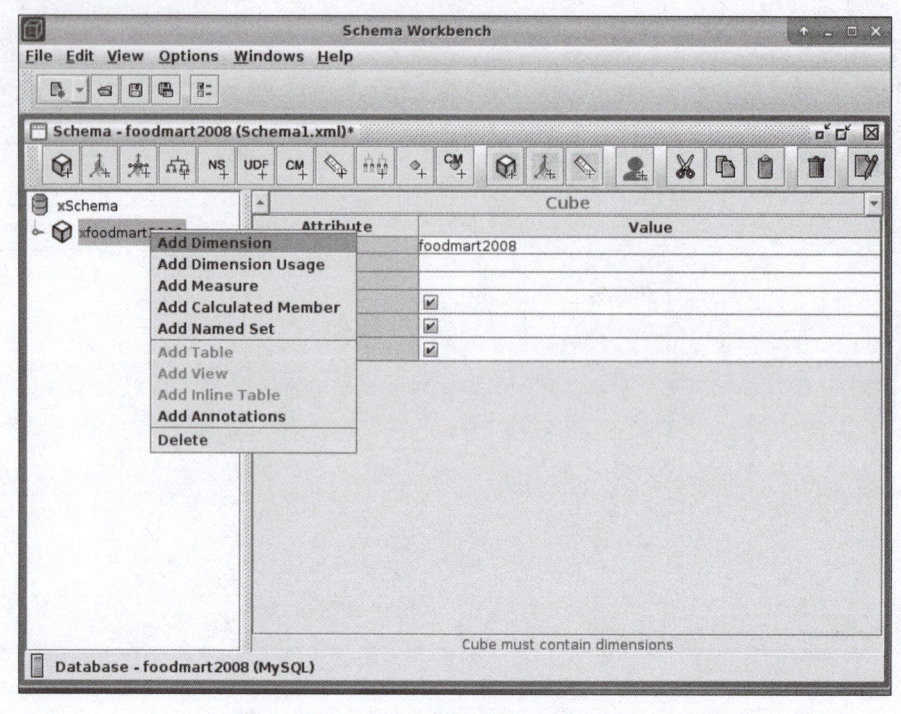

图 3.56　增加维度 Dimension

*注意：需要选择 foreignKey，即在事实表中用于引用 customer 表的外键，如图 3.57 所示。

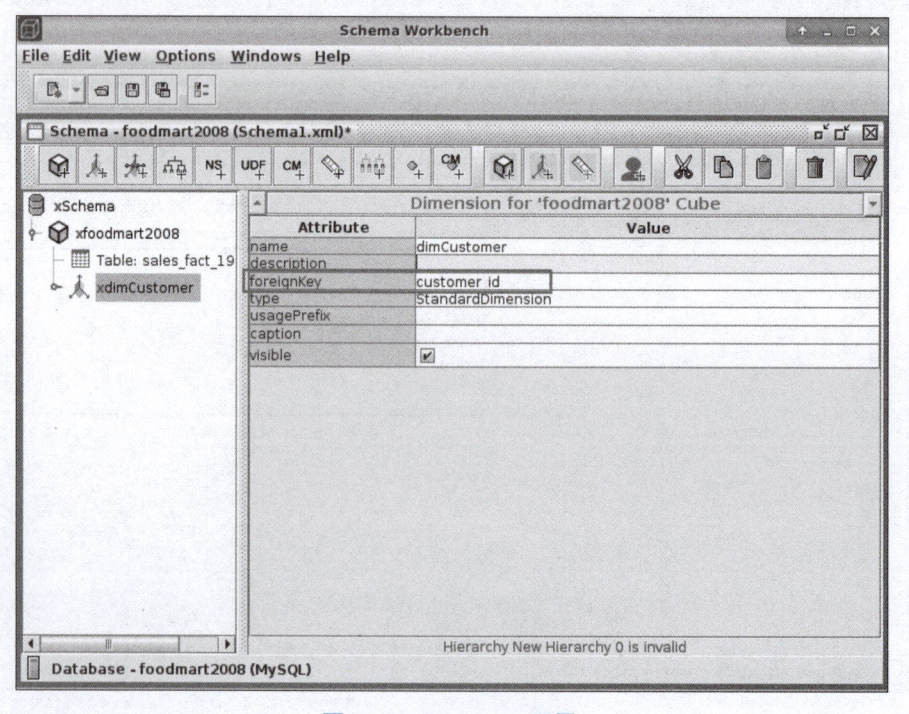

图 3.57　Dimension 配置

8. 展开"dimCustomer"维度，在其下的"Hierarchy"（层次）上右击，选择"Add Table"添加维度表数据，单击"table"的"name"属性的"value"，选择维度数据表，如图 3.58 所示。

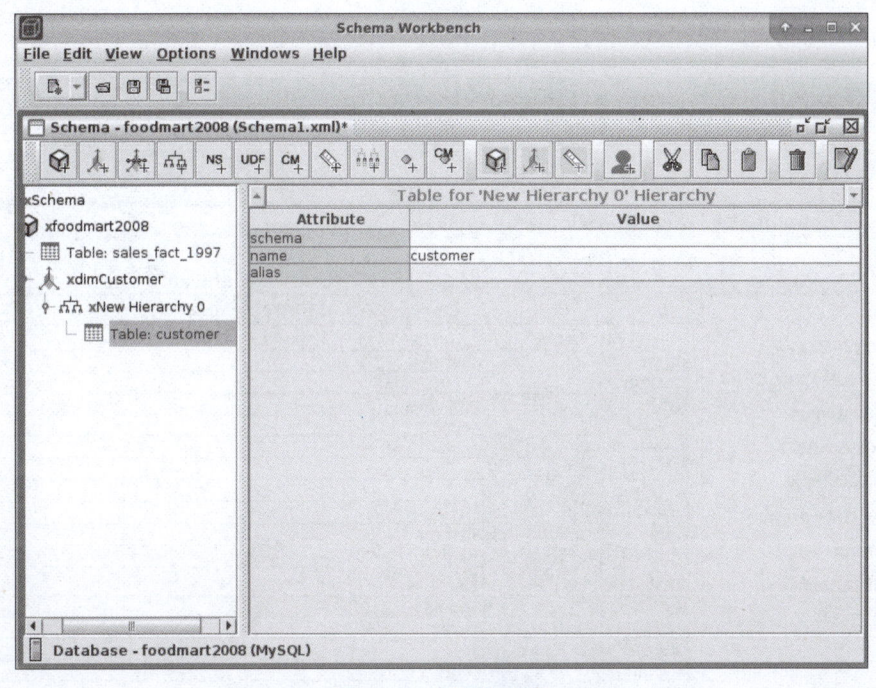

图 3.58 添加维度表

9. 在 Hierarchy（层次）上右击，选择"Add Level"并设置 Level 的相关属性，如图 3.59 所示。

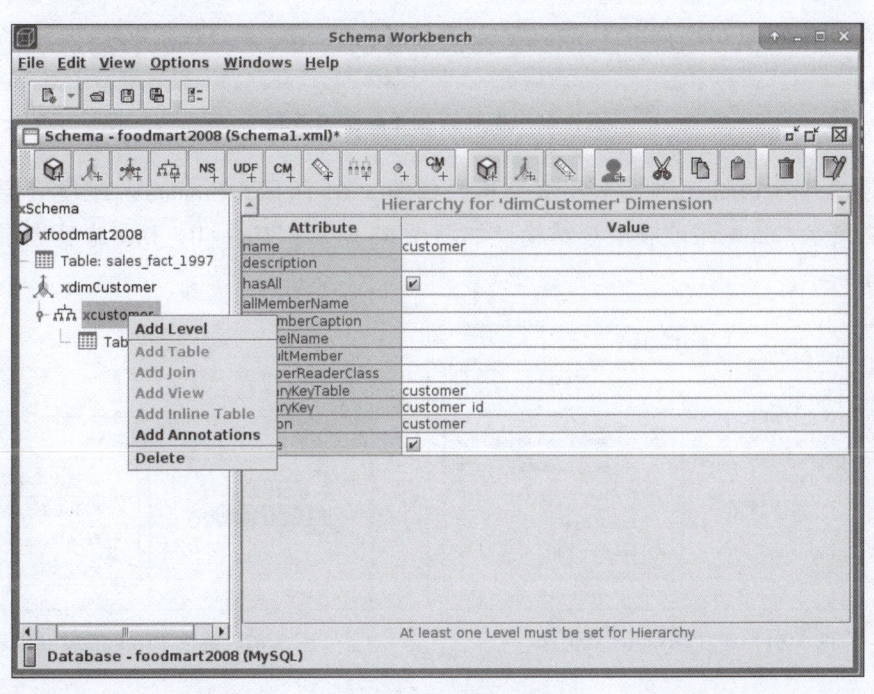

图 3.59 添加 Level

10. Level 是组成 Hierarchy 的部分，属性很多，并且是 Schema 编写的关键，使用它可以构成一个结构树。Level 的先后顺序决定了 Level 在这棵树上的位置，最顶层的 Level 位于树的第一级，依此类推，再创建出 state province、city、customer id 三个级别。如图 3.60 所示，customer 维度表已经建好。

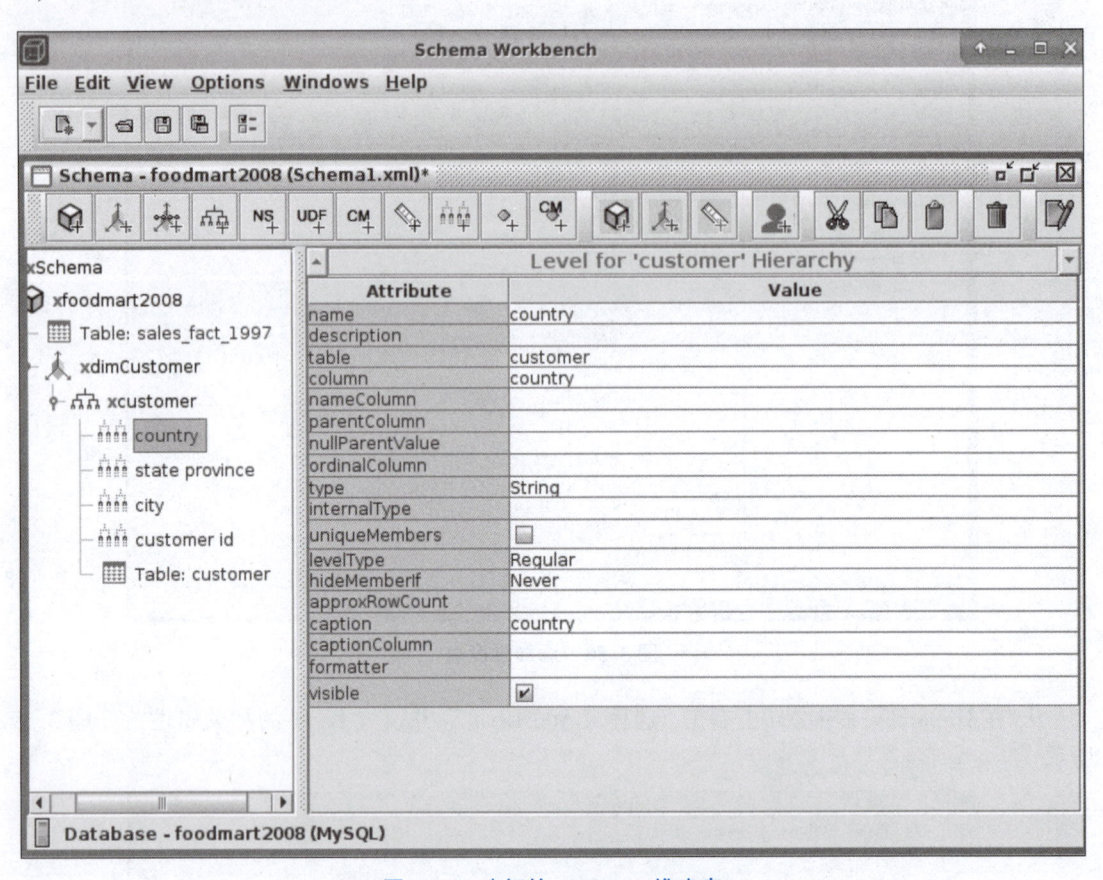

图 3.60　建好的 customer 维度表

11. 依次建立 Product 维度表层级结构，如图 3.61 所示；Promotion 维度表层级结构，如图 3.62 所示；Store 维度表层级结构，如图 3.63 所示；Time_By_Day 维度表层级结构，如图 3.64 所示。

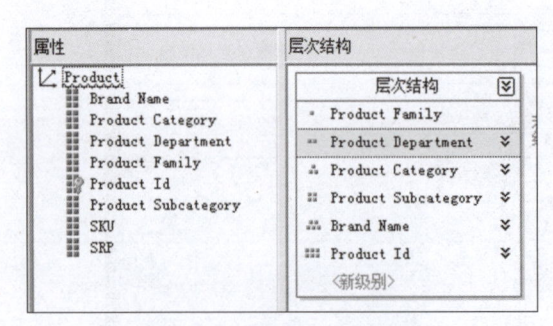

图 3.61　建立 Product 维度表 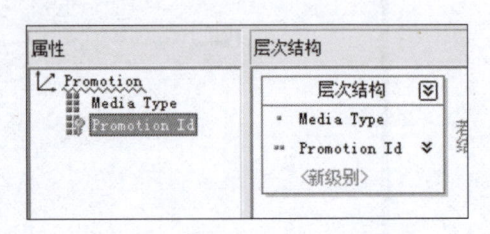　　　　图 3.62　建立 Promotion 维度表

图 3.63　建立 Store 维度表

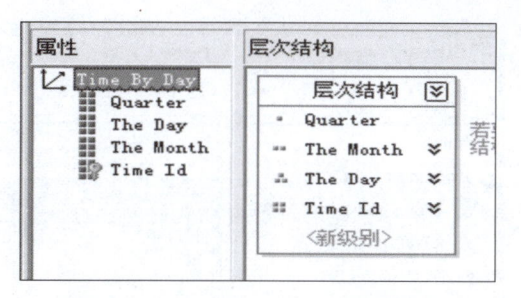

图 3.64　建立 Time_By_Day 维度表

◆ Product 维度表：单击 "Product Family" → "Product Department" → "Product Category" → "Product Subcategory" → "Brand Name" → "Product Id"。

◆ Promotion 维度表：单击 "Media Type" → "Promotion Id"。

◆ Store 维度表：单击 "Store Country" → "Store State" → "Store City" → "Store Id"。

◆ Time_By_Day 维度表：单击 "Quarter" → "The Month" → "The Day" → "Time Id"。

*注意：这里要着重说一下 Product 维度表，因为这张维度表是由两个表链接而成的，操作上依然是先新建维度，如图 3.65 所示，修改维度名称，再指定和事实表关联的外键，如图 3.66 所示。

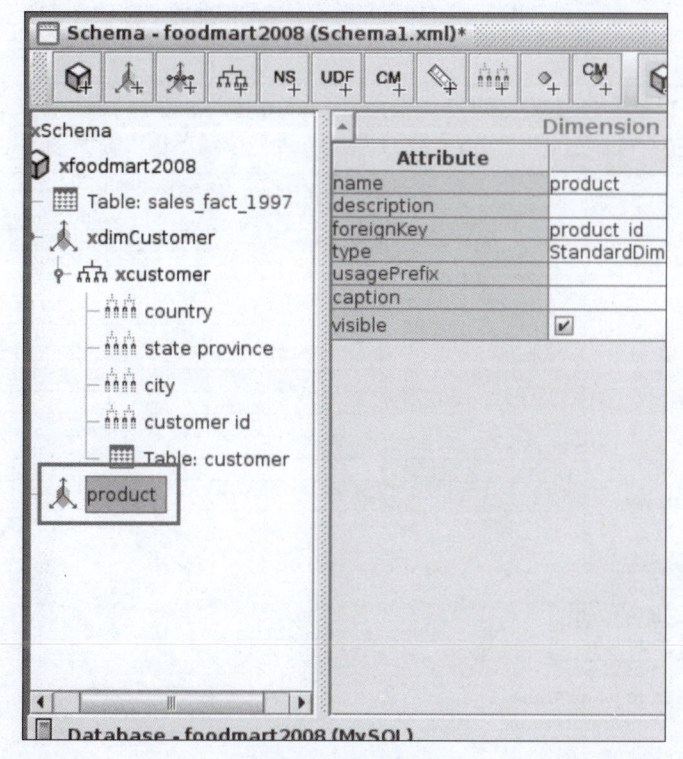

图 3.65　新建维度

12. 修改默认添加的维度信息，在此维度节点上右击，选择 "Add Join"，如图 3.67 所示。

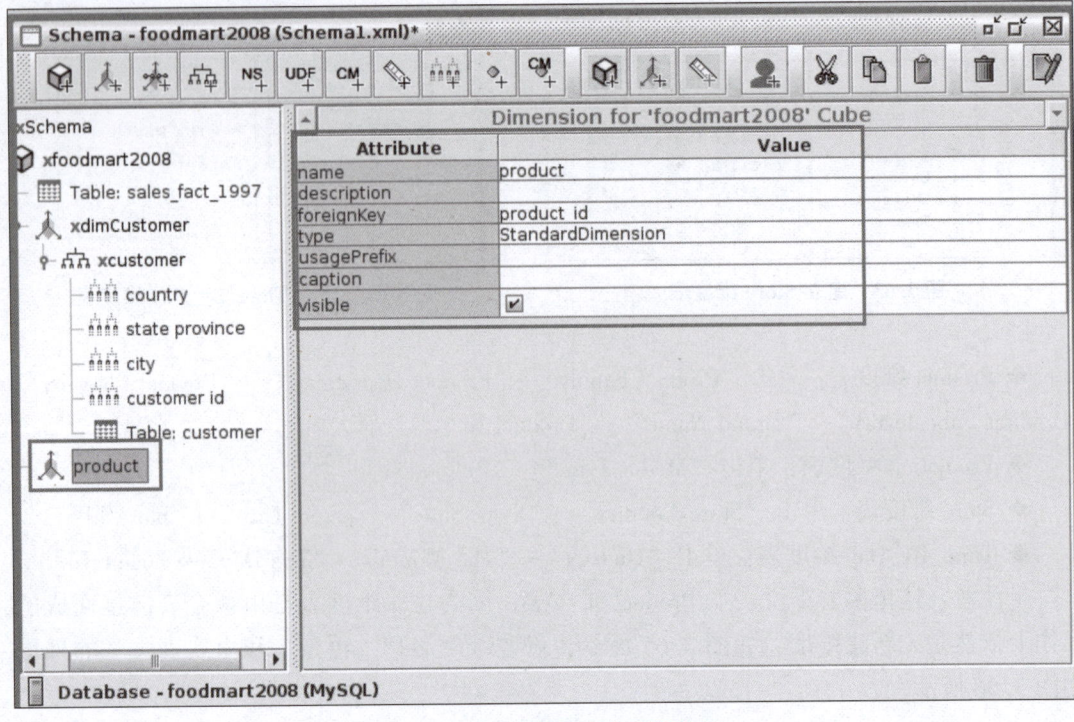

图 3.66 指定和事实表关联的外键

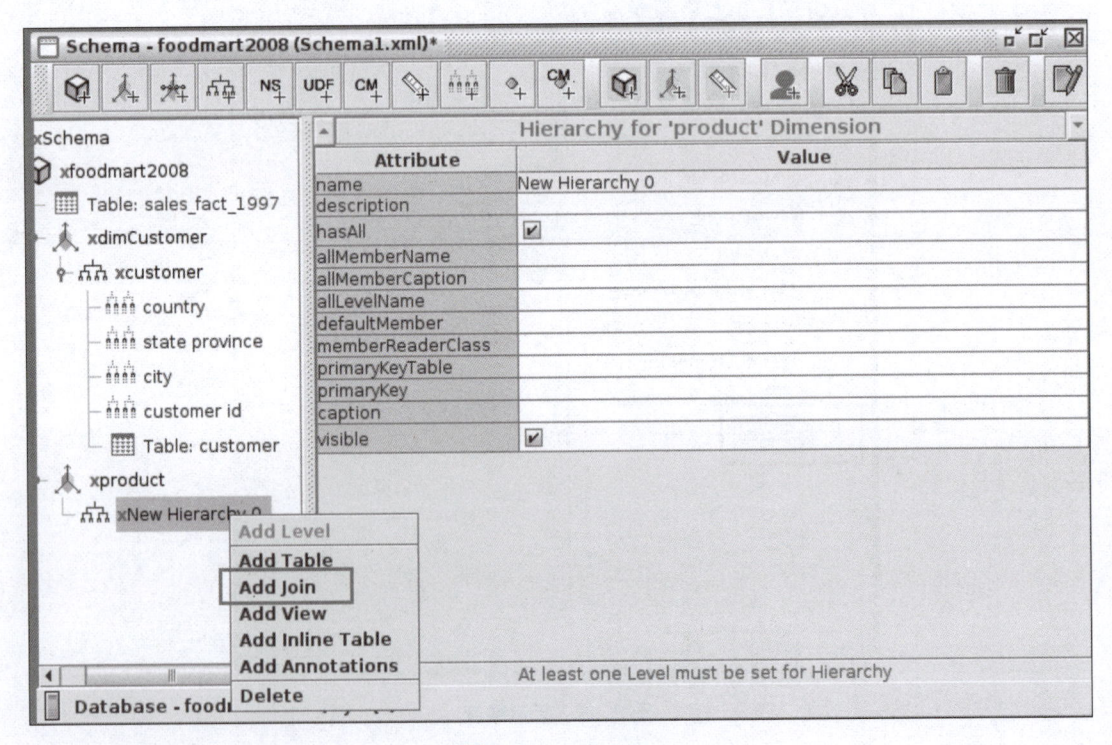

图 3.67 Add Join

13. 设置左表为 product，右表为 product_class，如图 3.68 所示。
14. 在 Join 中设置左、右表关联键，如图 3.69 所示。

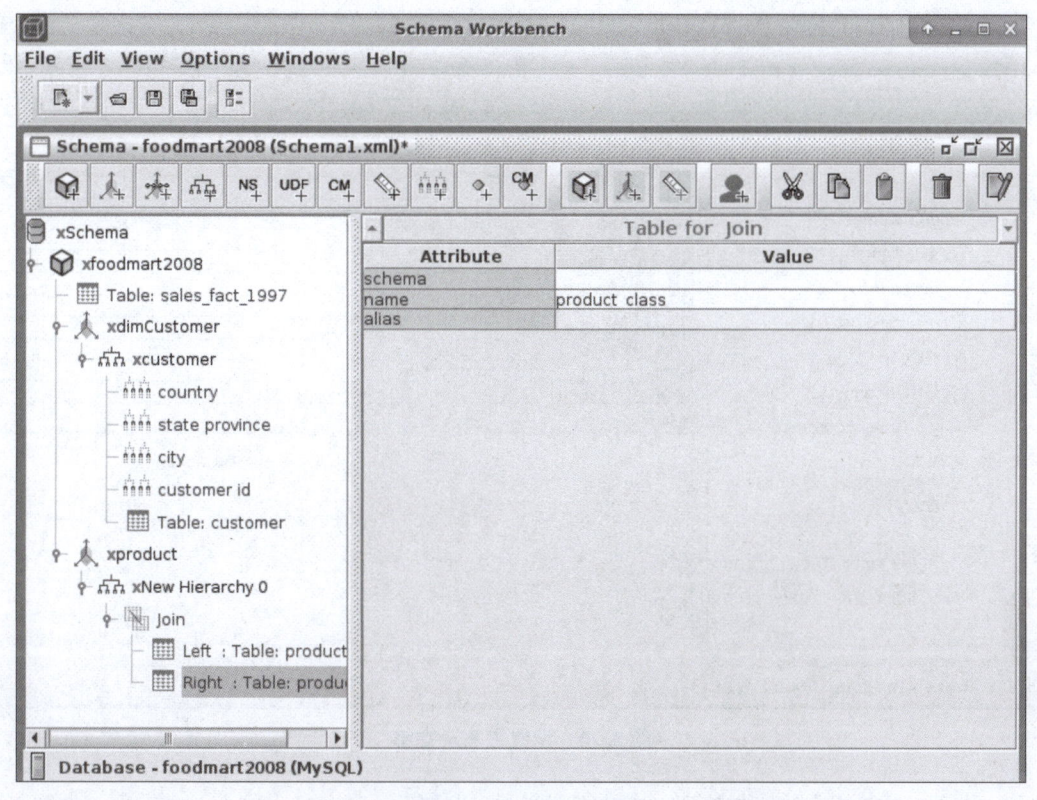

图 3.68　设置左、右表

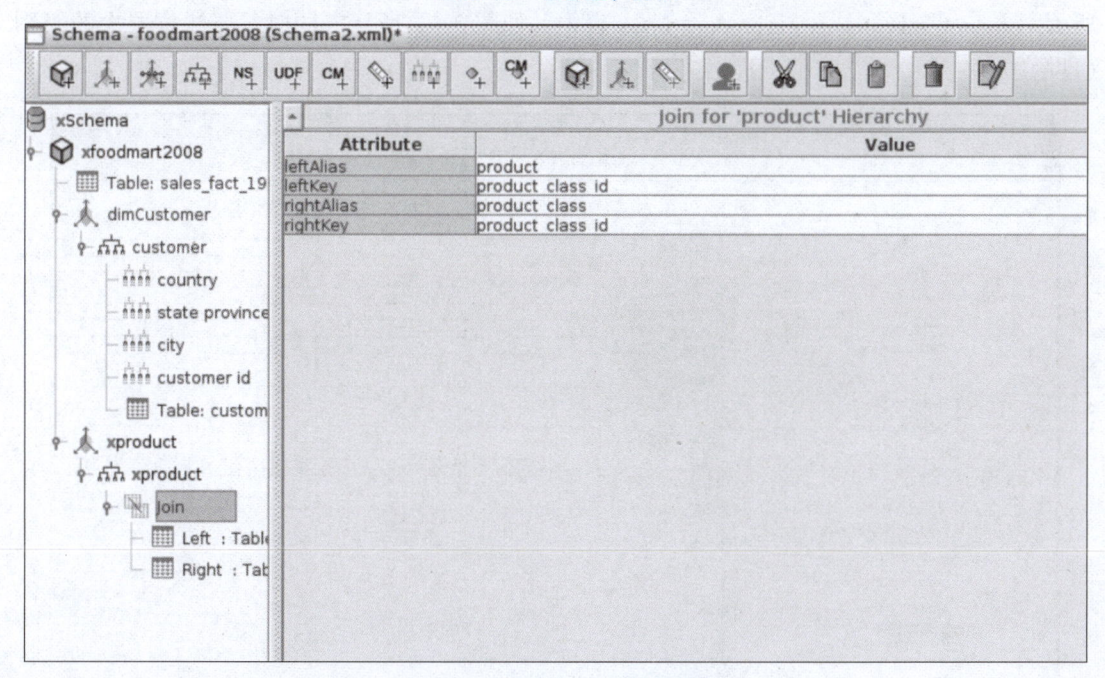

图 3.69　设置左、右表关联键

15. 在 Hierarchy 中设置主表及主键，如图 3.70 所示。
16. 接下来依次建立 Level（级别）。

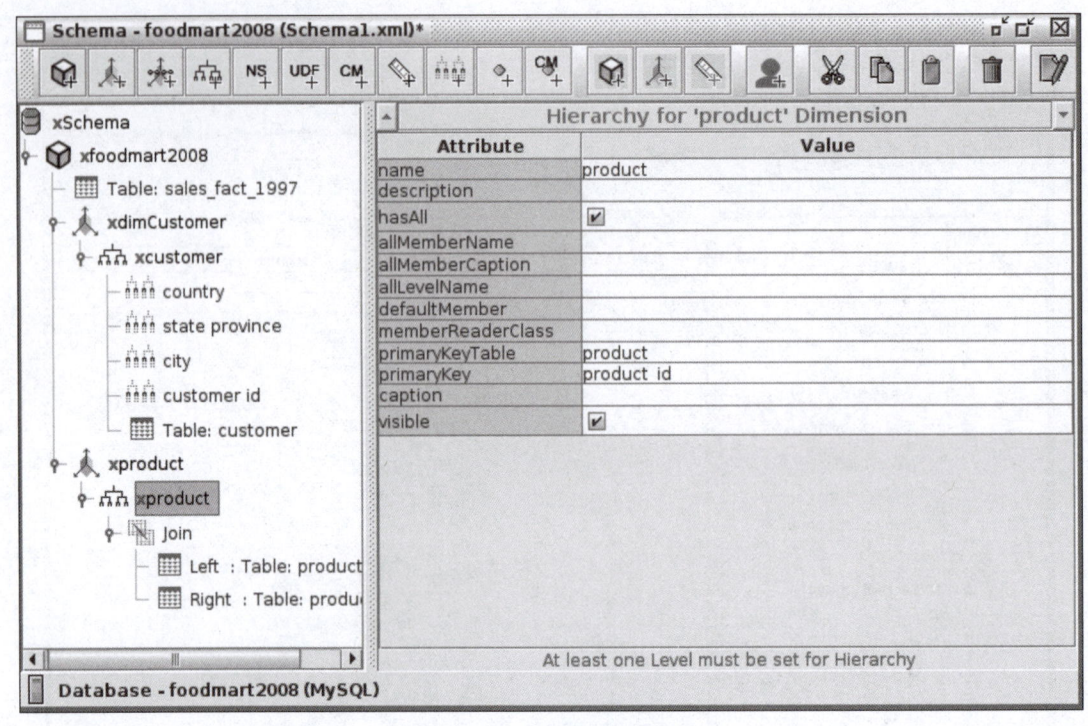

图 3.70 设置主表及主键

*注意：要在相应的表中找到对应的级别字段，例如，product_id 在 product 表中，如图 3.71 所示；product_subcategory 在 product_class 表中，如图 3.72 所示。同时，要注意层次的级别（即顺序）。

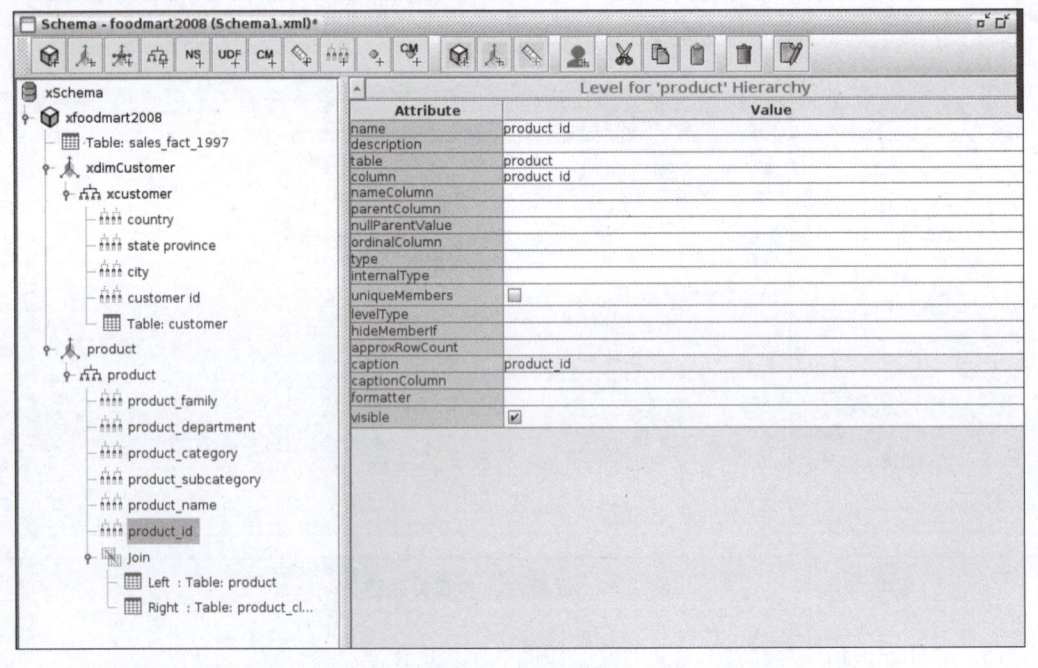

图 3.71 建立层级

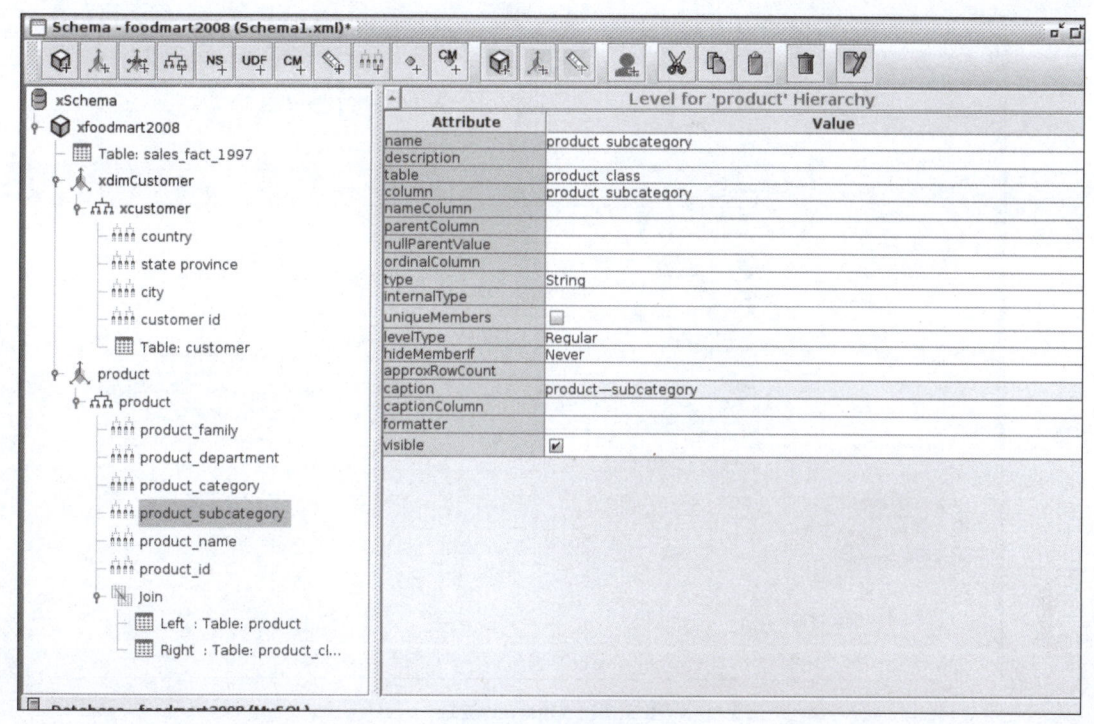

图 3.72　设置示例

17. 依此类推，建立其他三张维度表，最终如图 3.73 所示。

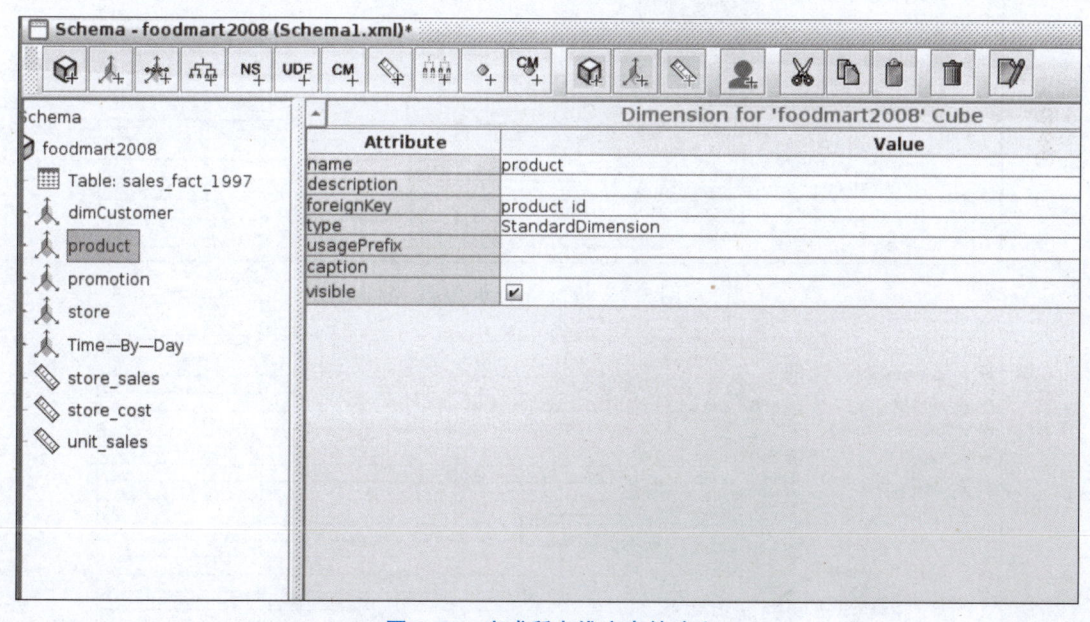

图 3.73　完成所有维度表的建立

其中，Time_By_Day 维度表在建立层级时要注意层级的 levelType 不是 Regular，要改成相应的时间等级类型，共四个时间等级：Quarter、The Month、The Day 和 Time Id，分别如图 3.74~图 3.77 所示。

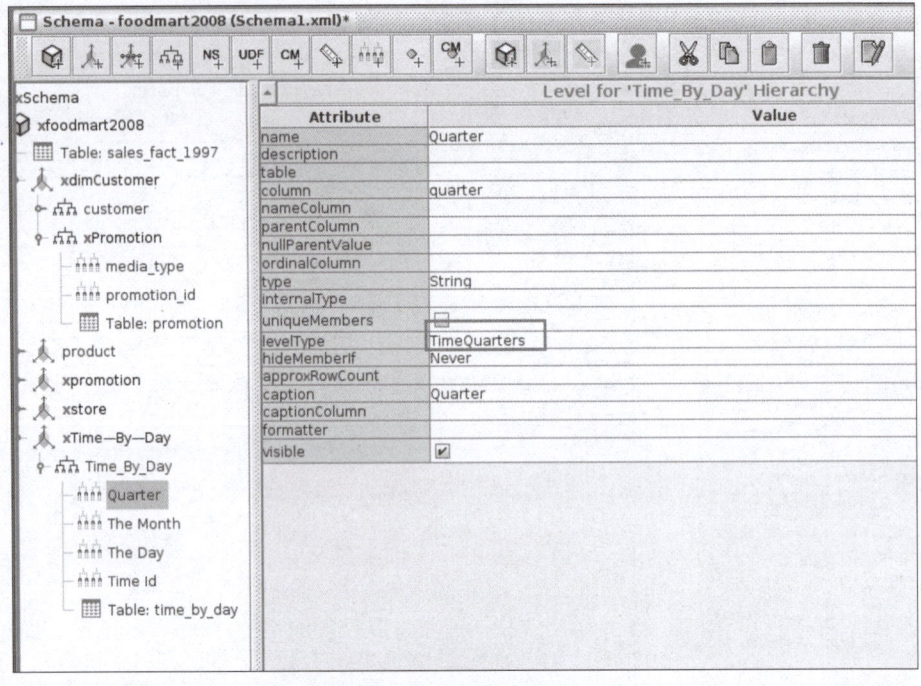

图 3.74　Quarter 层级

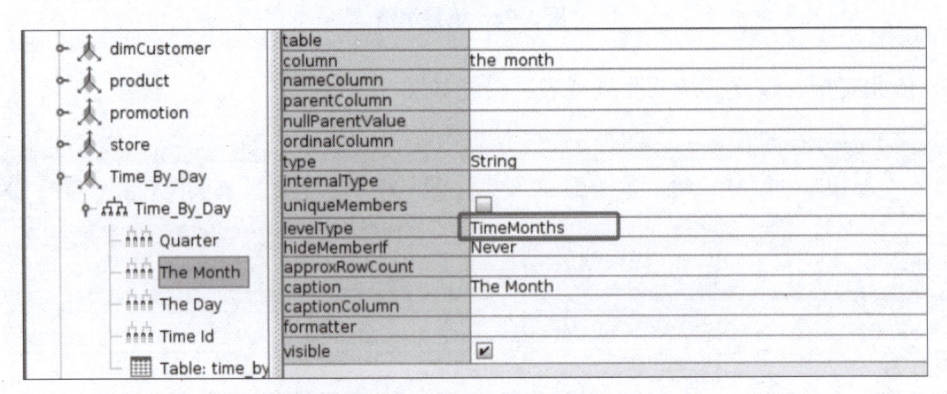

图 3.75　The Month 层级

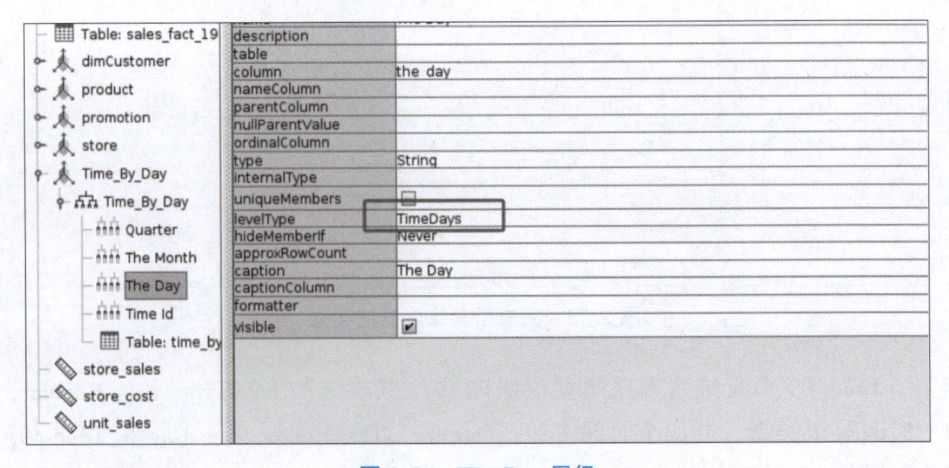

图 3.76　The Day 层级

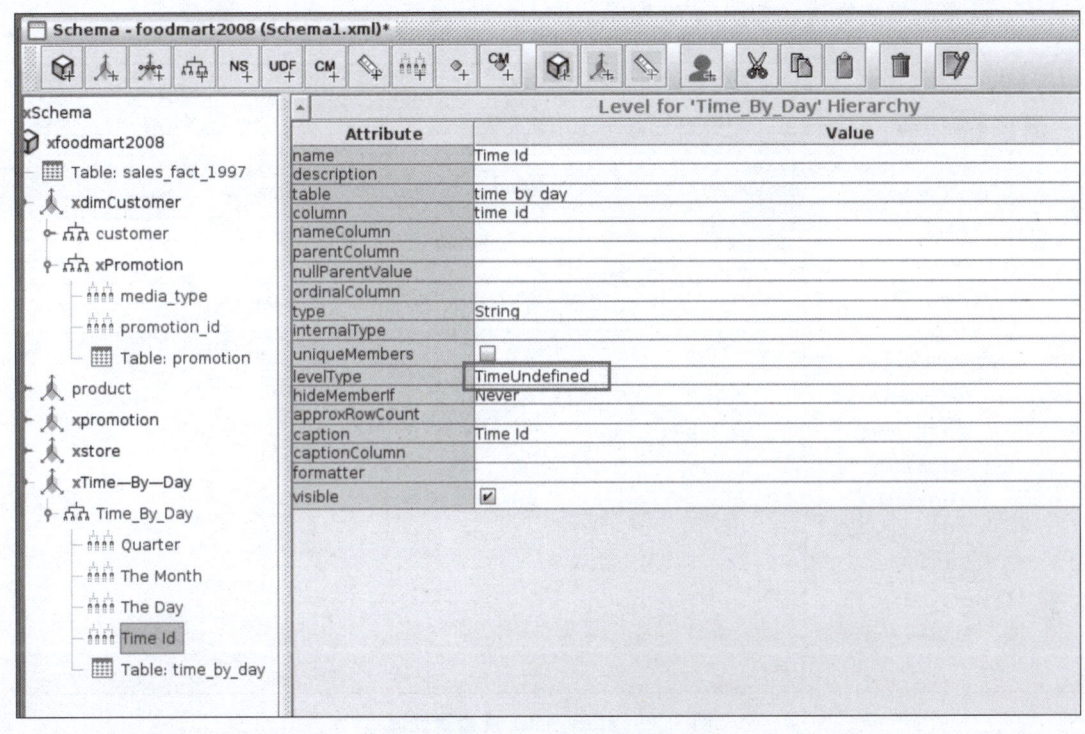

图 3.77　Time Id 层级

18. 还需要添加 Measure（度量）。右击 Cube，选择"Add Measure"增加度量，如图 3.78 所示。

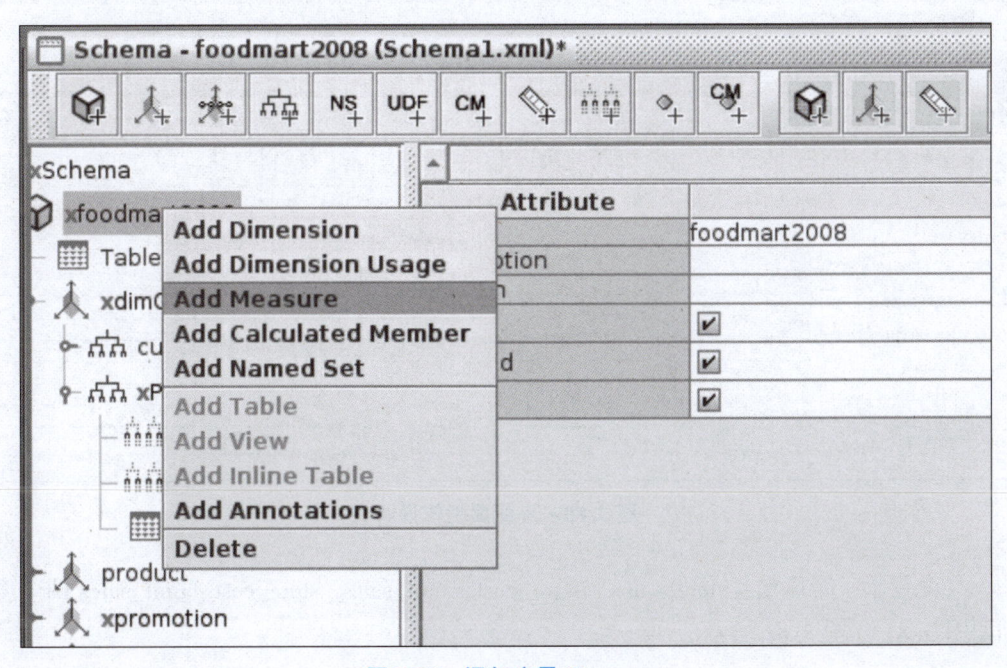

图 3.78　添加度量 Measure

19. 设置度量属性值，如图 3.79 所示。

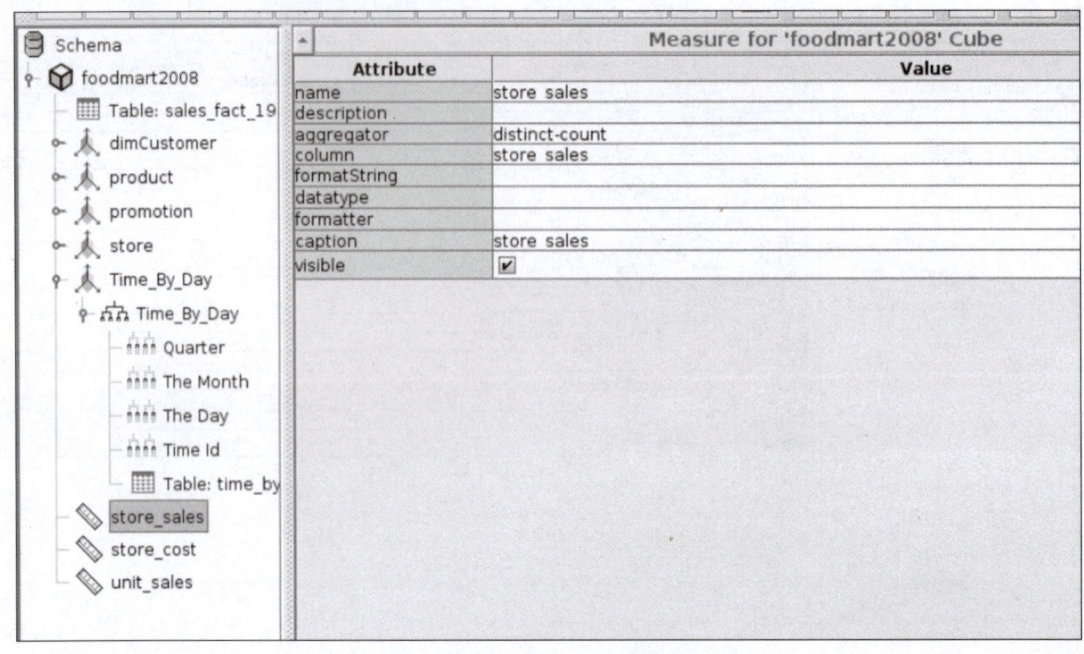

图 3.79　store_sales 度量属性值

其中，度量设置中属性值的详细含义如图 3.80 所示。

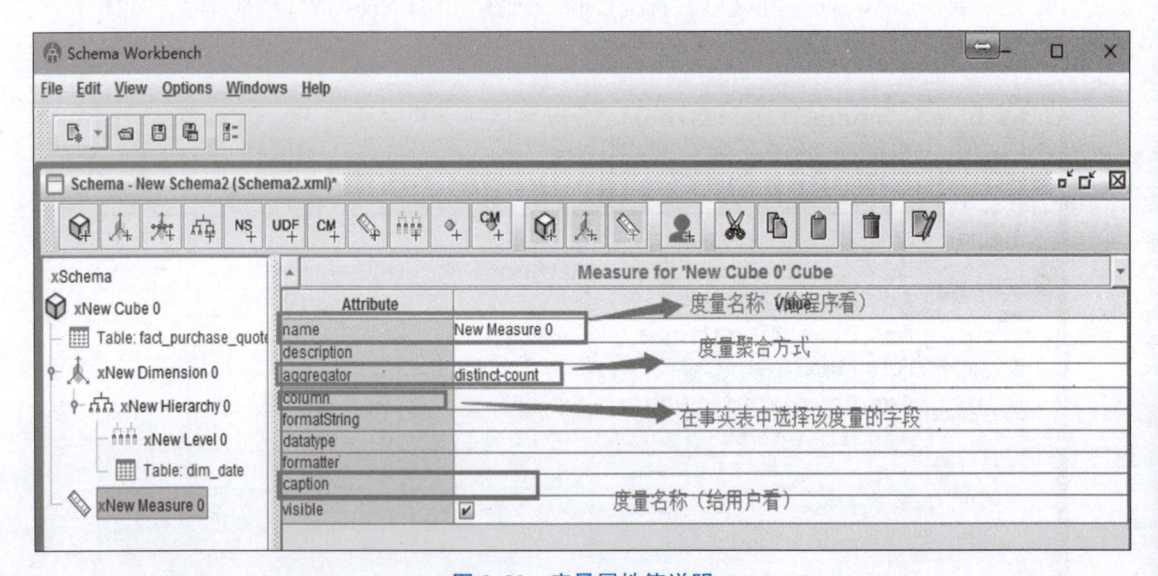

图 3.80　度量属性值说明

一共设置了三个度量：store_sales、store_cost、unit_sales。store_cost、unit_sales 两个度量分别如图 3.81 和图 3.82 所示。

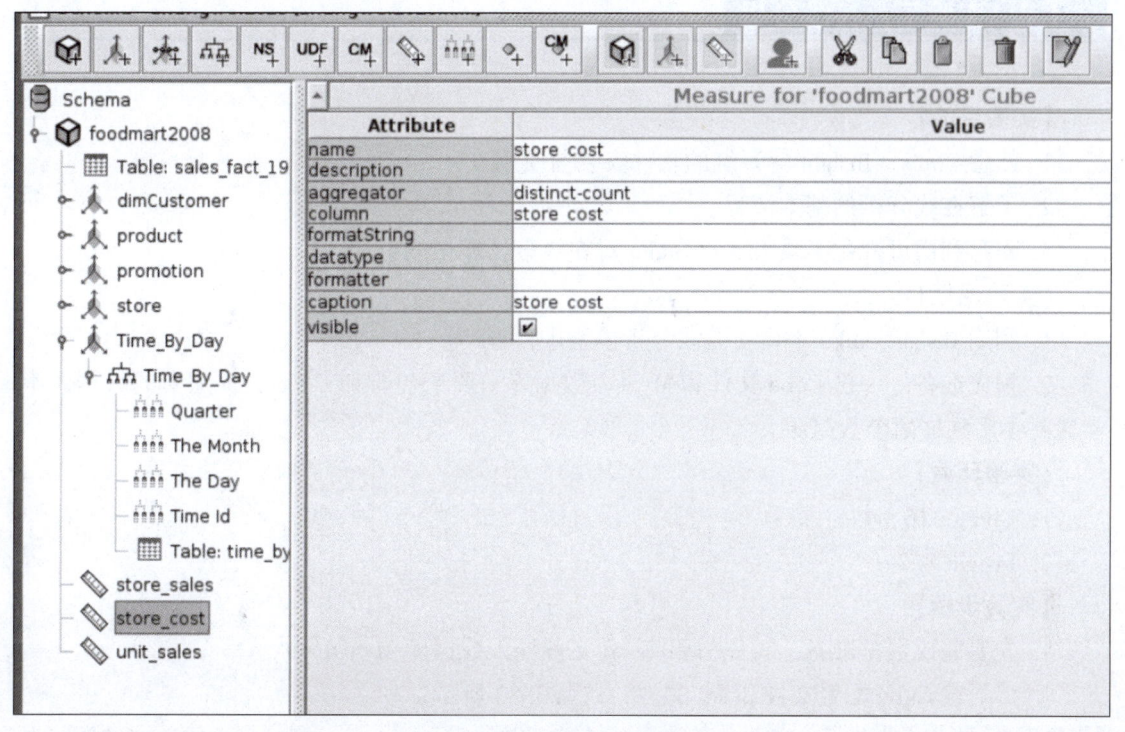

图 3.81　store_cost 度量

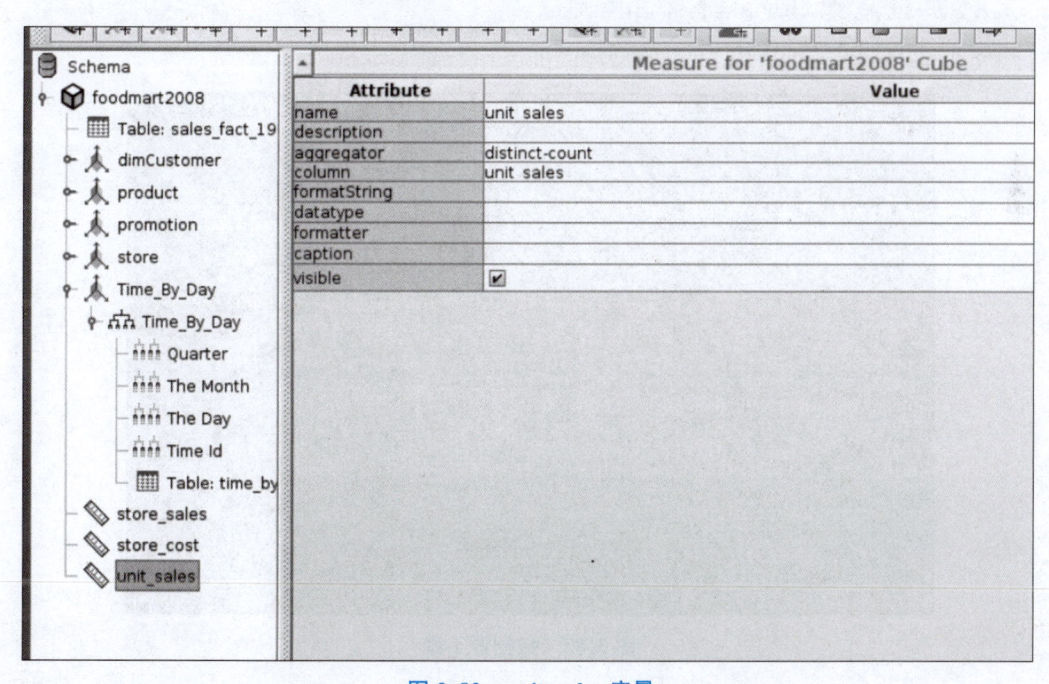

图 3.82　unit_sales 度量

至此，完成了一个数据立方体 Cube。

3.1.3 实验三：在线分析

【实验目的】

1. 熟悉 Linux、Insight 等系统的软件安装与使用。
2. 了解在线分析的基本流程。
3. 熟悉利用可视化工具 Insight Saiku 对在线分析模型的查询。

【实验原理】

1. 利用 Insight Saiku 平台对在线分析模型进行查询。
2. 预先准备好一份 Cube 文件和 MySQL 数据库，要求包含和 Cube 文件配套的数据，本实验将会用到这两个数据源。

【实验环境】

1. Ubuntu 16.04。
2. Insight 8.2。

【实验步骤】

1. 先要完成数据准备，首先需要将 sql 文件导入数据库 MySQL 中。

（1）下载 Cube 配置文件和 sql 文件，如图 3.83 所示。

```
wget http://10.90.3.2/LMS/BI/4/foodmart2008.sql
wget http://10.90.3.2/HUP/BI/4/foodmart-indexes.sql
wget http://10.90.3.2/LMS/BI/4/foodmart2008.xml
```

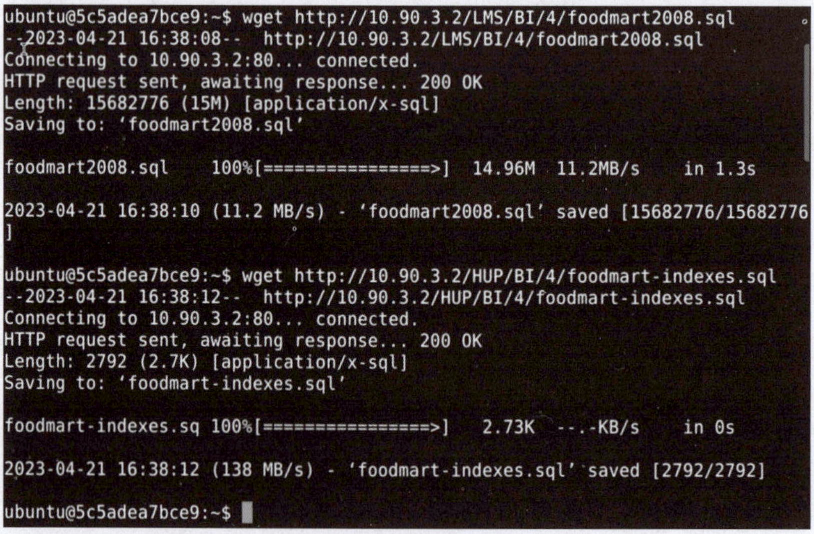

图 3.83 数据源下载

为保证后续连接文件时，不因为名称相同而困扰，在这里需要将 xml 文件中的 schema 属性和 Cube 中的 name 属性进行修改，如图 3.84 所示。为避免重复，建议使用学号+姓名首字母，例如：201802021wxm，如图 3.85 所示。

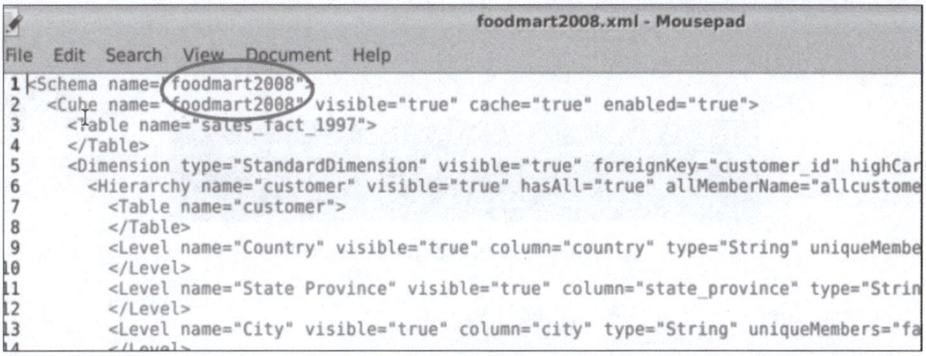

图 3.84　立方体名字

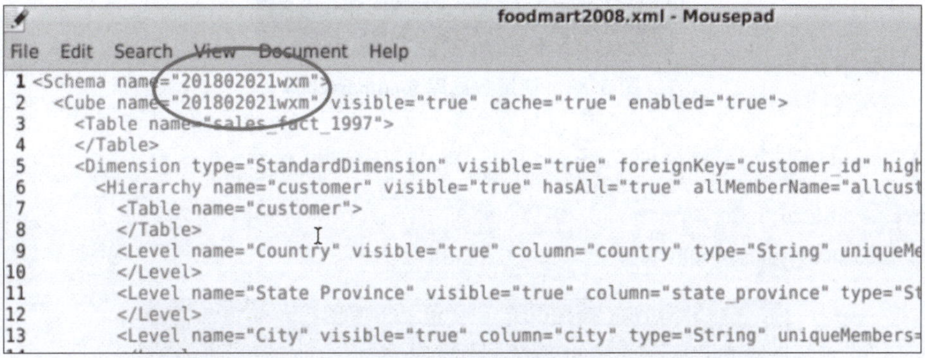

图 3.85　立方体文件

（2）启动数据库服务，如图 3.86 所示。

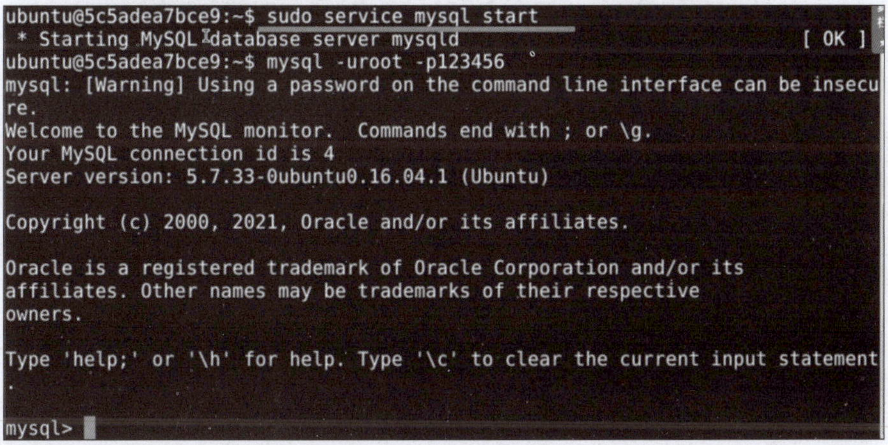

图 3.86　启动数据库

sudo service mysql start

mysql-uroot-p123456

show databases;

(3) 新建数据库 foodmart2008，如图 3.87 所示。

CREATE DATABASE foodmart2008;

图 3.87　新建数据库 foodmart2008

(4) 使用数据库 foodmart2008，如图 3.88 所示。

use foodmart2008;

图 3.88　使用数据库 foodmart2008

(5) 将 sql 文件导入数据库 foodmart2008 中，如图 3.89 所示。

source foodmart2008.sql;

source foodmart-indexes.sql;

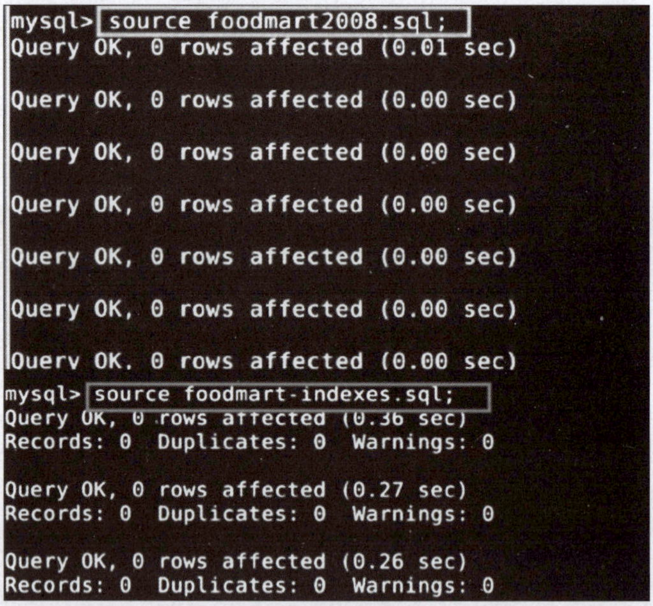

图 3.89　导入实验文件

以上准备工作完成后，开始正式进入实验过程。

2. 打开 Google Chrome 浏览器，输入 122.204.216.17:7012，按 Enter 键进入该网址（此地址为北京服务器的地址，请各项目部根据自己的 IUC 平台地址进行修改），如图 3.90 所示。

3. 在 Insight 登录窗口，输入用户名和密码，如图 3.91 所示。

图 3.90　登录地址

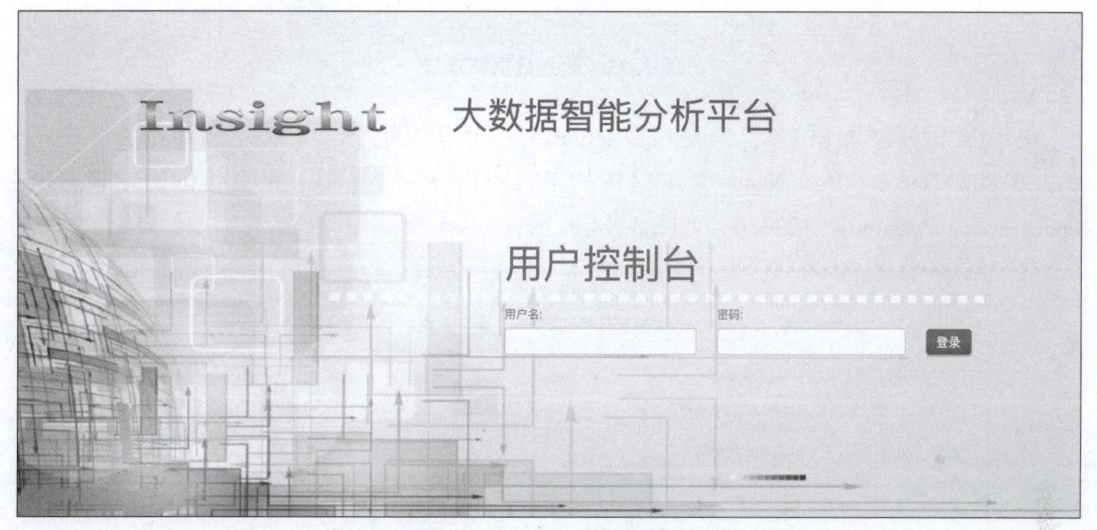

图 3.91　Insight 登录界面

4. 登录成功后，单击"管理数据源"按钮，如图 3.92 所示。

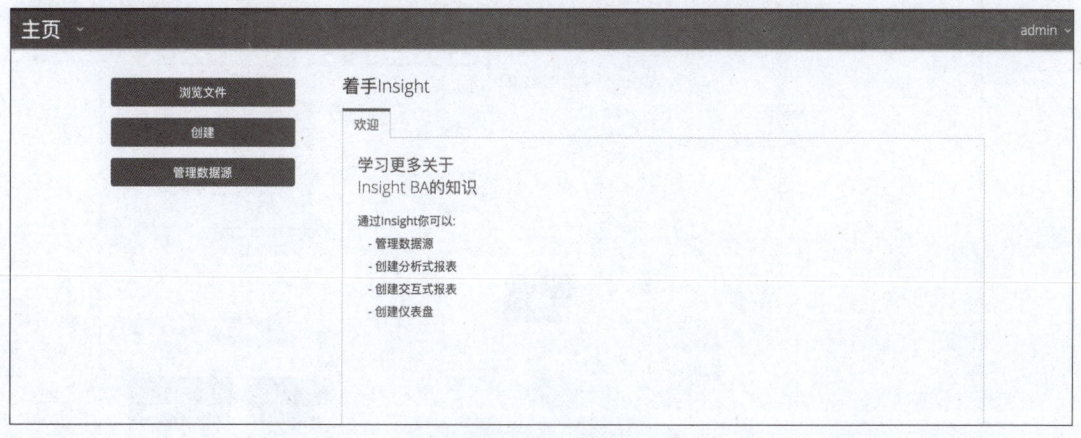

图 3.92　管理数据源

5. 单击"设置"图标，选择"New Connection"建立数据源连接，如图 3.93 所示。

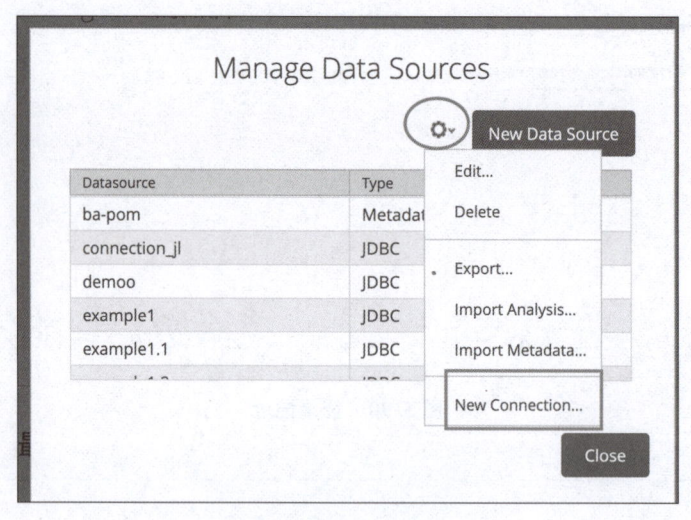

图 3.93 建立数据源连接

6. 设置相关数据库信息,修改 Connection Name。建议使用学号+姓名首字母的形式,比如:201802021wxm。Host Name 为实验机的 IP 地址,Port Number 为实验机的端口,User Name:root,Password:123456,如图 3.94 所示。

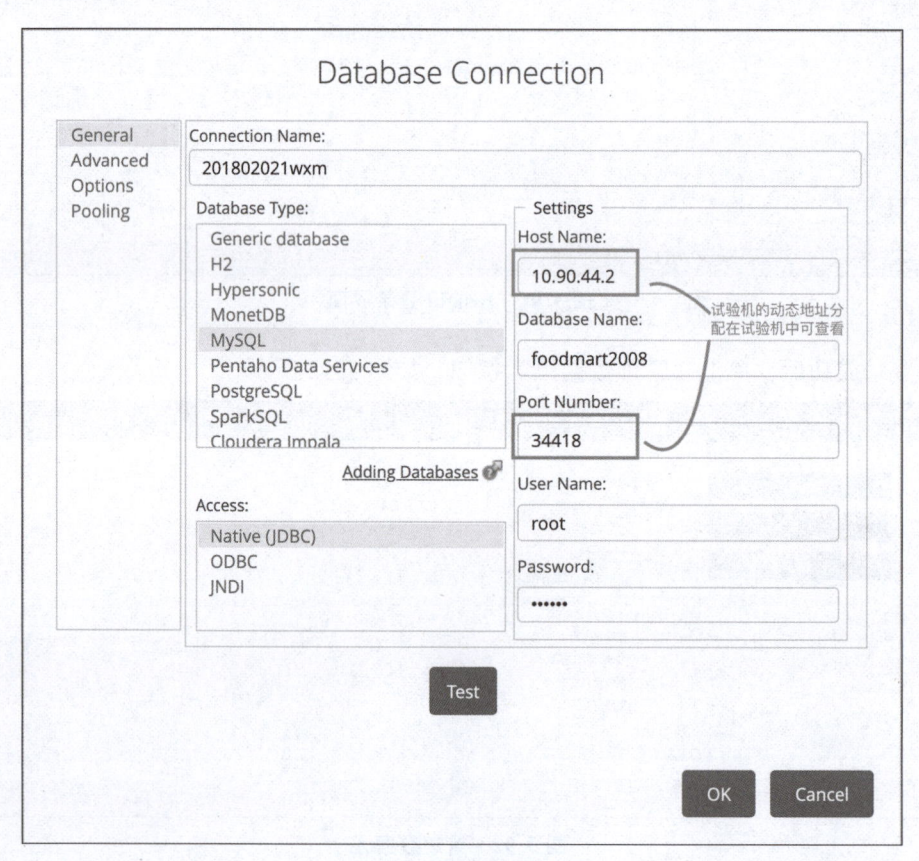

图 3.94 数据库连接测试

7. 单击"设置"图标,选择"Import Analysis"导入分析,如图 3.95 所示。

图 3.95 选择"Import Analysis"

8. 选择 Cube 文件 foodmart2008.xml 和刚刚建立的数据源 201802021wxm,如图 3.96 所示。

＊注意：对于这个数据源连接,每个人的都不一样。

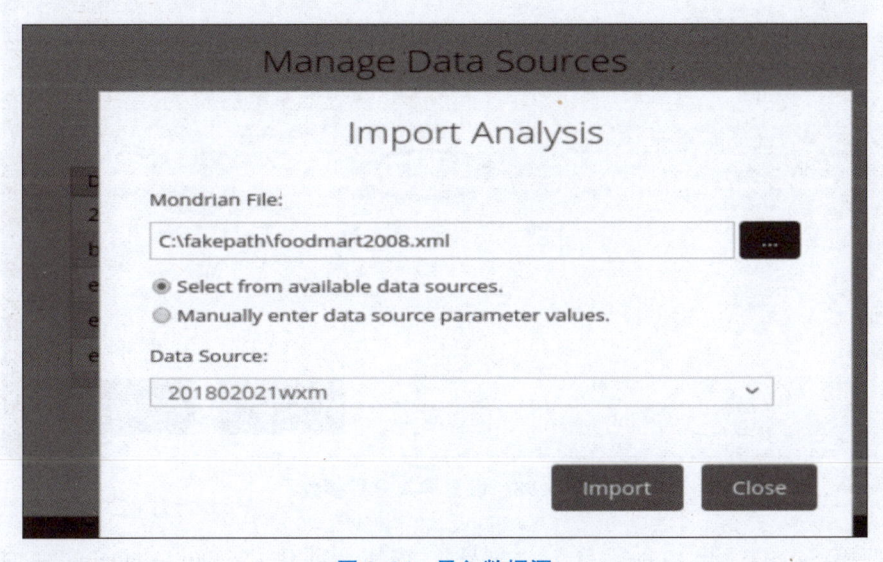

图 3.96 导入数据源

9. 选择需要上传的 Cube,单击"设置"图标,选择"Edit",编辑上传的 Cube,如图 3.97 所示。

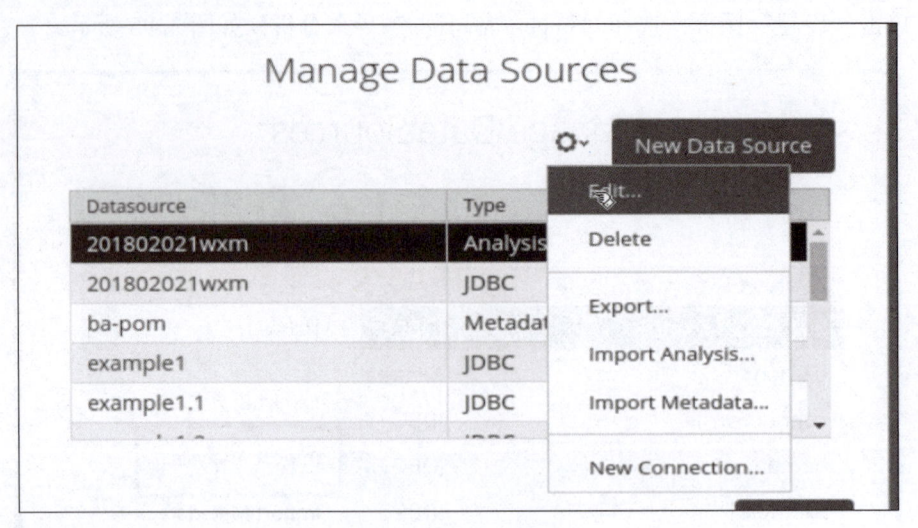

图 3.97 选择"Edit"

10. 将 EnableXmla 的 Value 设置为 true，单击"Save"按钮保存，如图 3.98 所示。

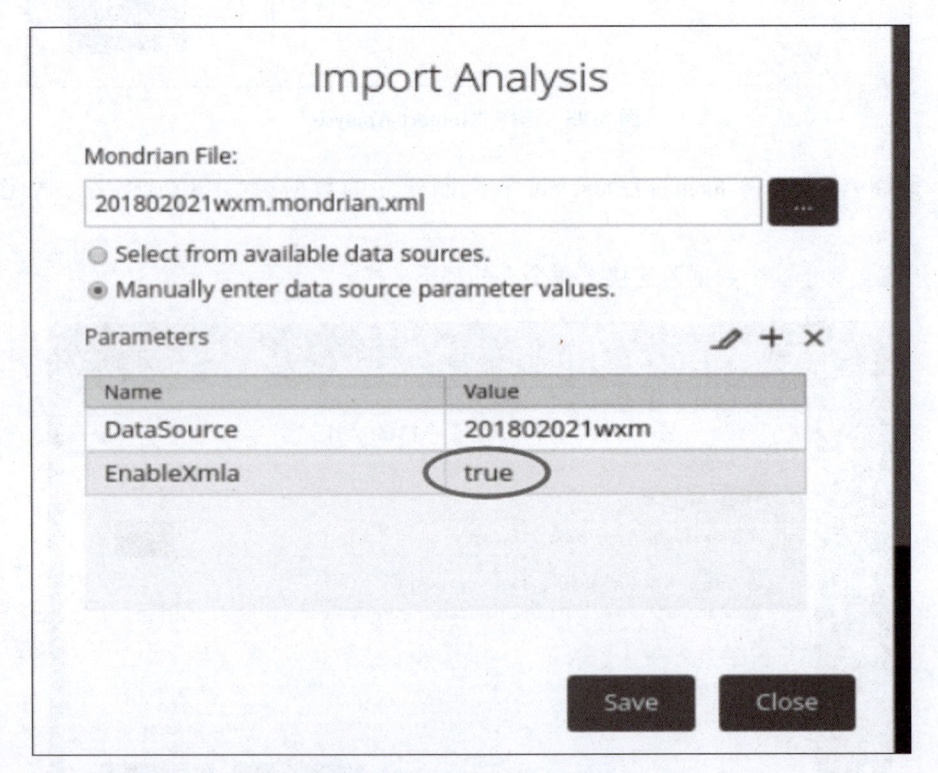

图 3.98 设置导入分析参数

11. 使用 Saiku 打开 Cube，单击"创建"按钮，创建"Saiku Analytics"，如图 3.99 所示。
12. 单击"Create a new query"按钮创建新的队列，如图 3.100 所示。
13. 选择刚刚建立的分析文件，如图 3.101 所示。

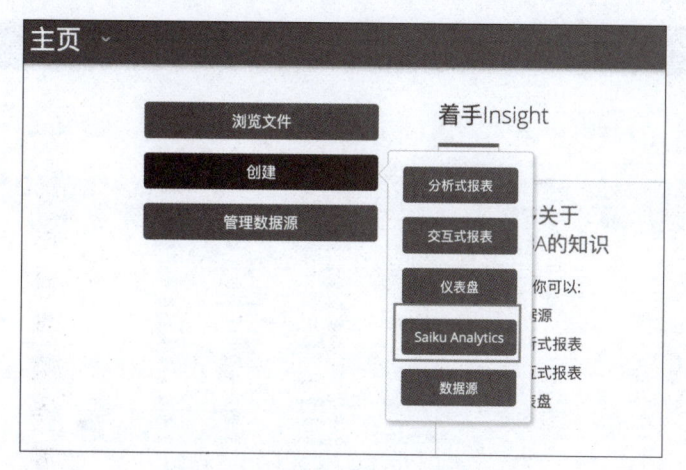

图 3.99　创建新的 Saiku Analytics

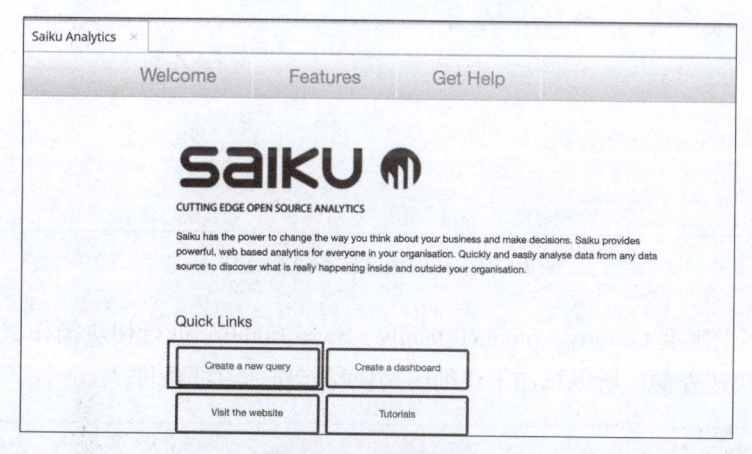

图 3.100　创建新队列

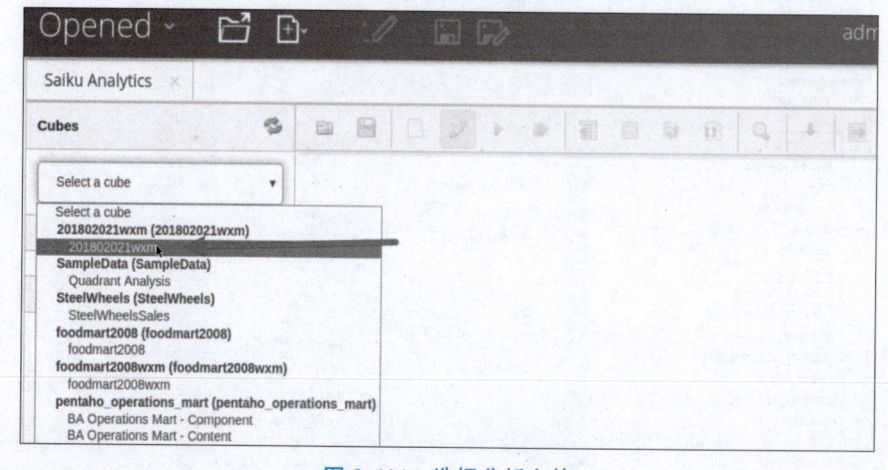

图 3.101　选择分析文件

14. 首先进行数据筛选，度量值选择的是单个商店销售额 store_sales，行选择的是月份 The Month，列选择的是商店地区 Store State，也就使用商店地区维和时间维进行了切片，如图 3.102 所示。

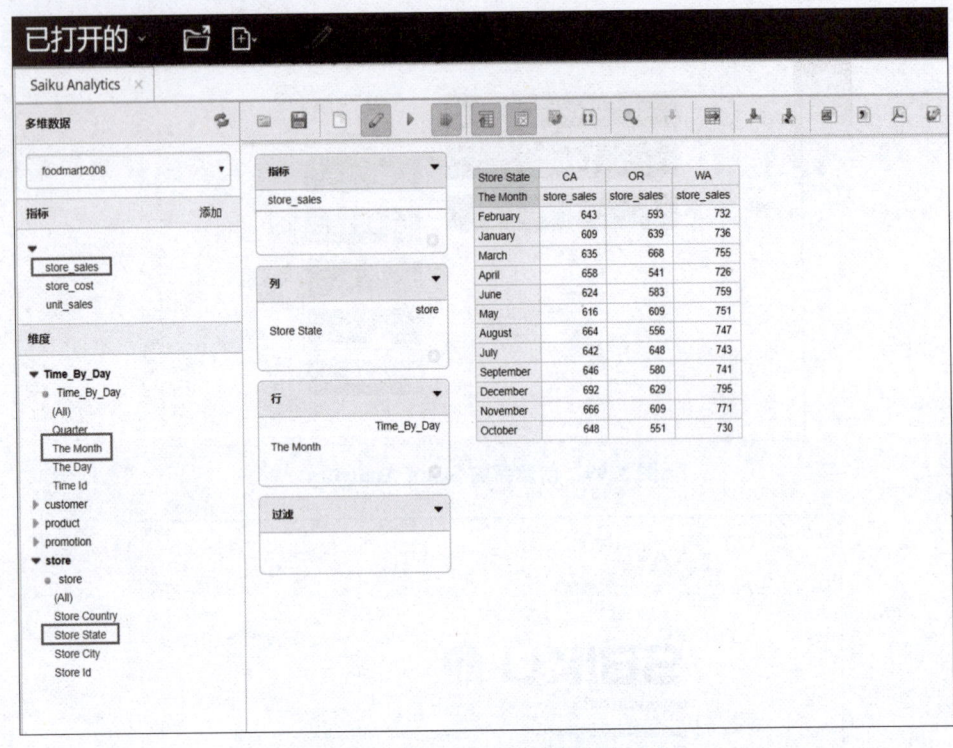

图 3.102　商店地区维和时间维切片

15. 选择多个维度 Country、product_family、Store Country 进行切块操作，如图 3.103 所示。这里为了快速查询，所以添加了详细的切块操作作为过滤条件。

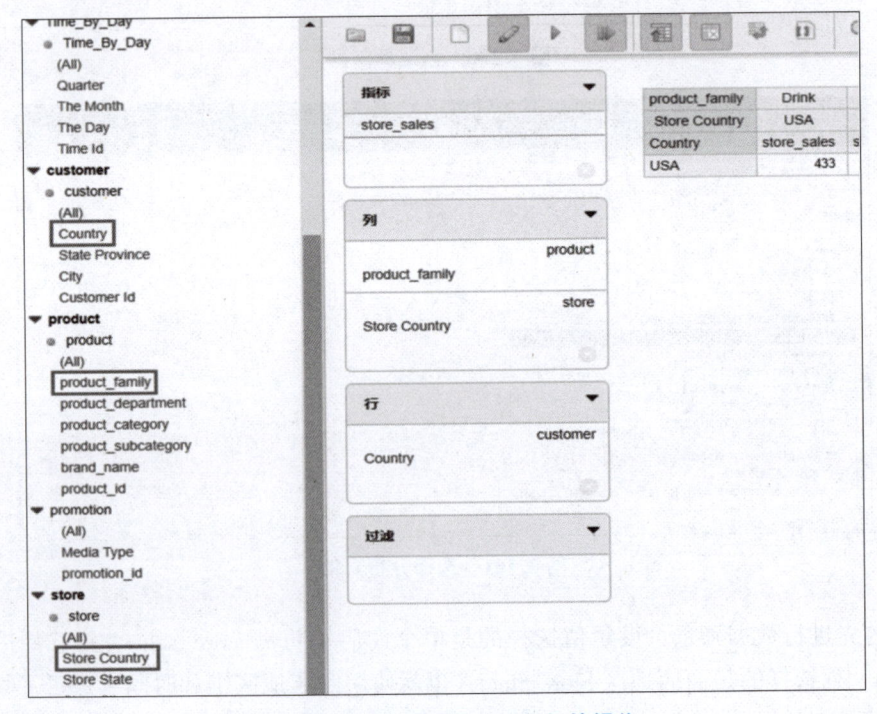

图 3.103　选择多个维度进行切块操作

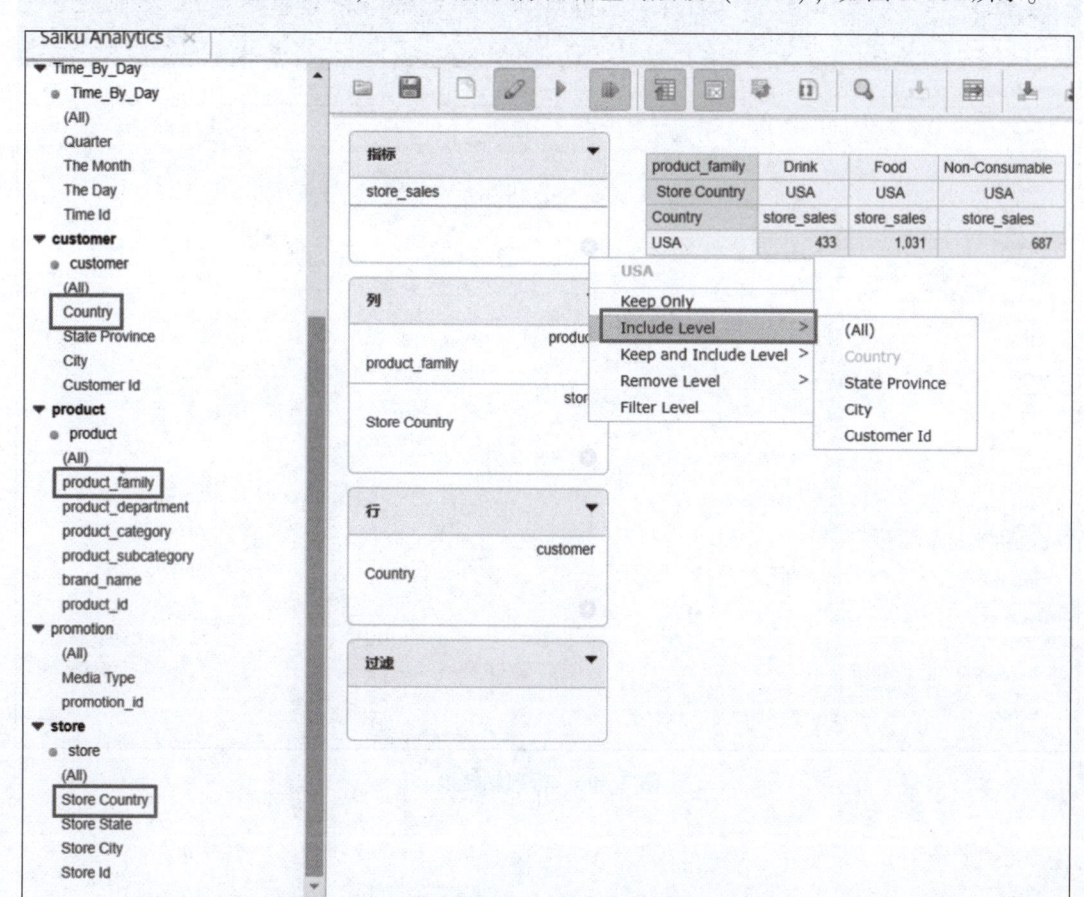

16. 在维度的表头上右击，选择去除或保留相应的层级（Level），如图 3.104 所示。

图 3.104　选择去除或保留相应的层级

可以进行相应的上卷和下钻操作，界面上方也有相应的按钮，如图 3.105 所示。

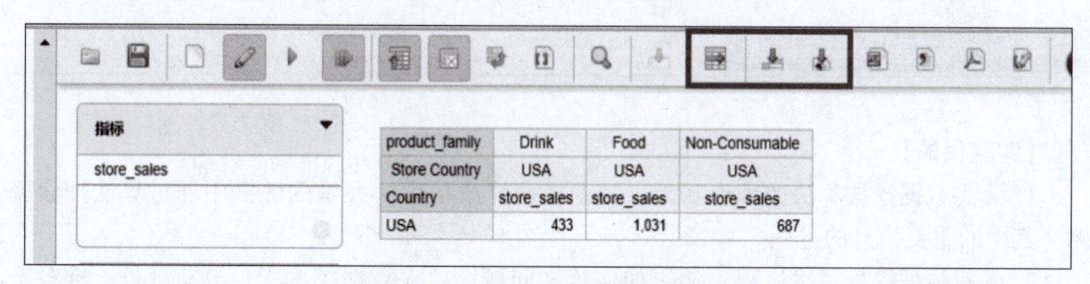

图 3.105　进行相应的上卷和下钻操作

17. 单击"行列轴转换"按钮，可以进行行列轴转换，如图 3.106 所示。

【实验总结】

本实验利用 Insight Saiku 平台对在线分析模型进行查询，数据源使用 Insight Workbench 建立的数据 Cube 和 MySQL。通过 Insight Saiku 平台，可以使用可视化的操作对数据进行查询、分析和图形化显示。

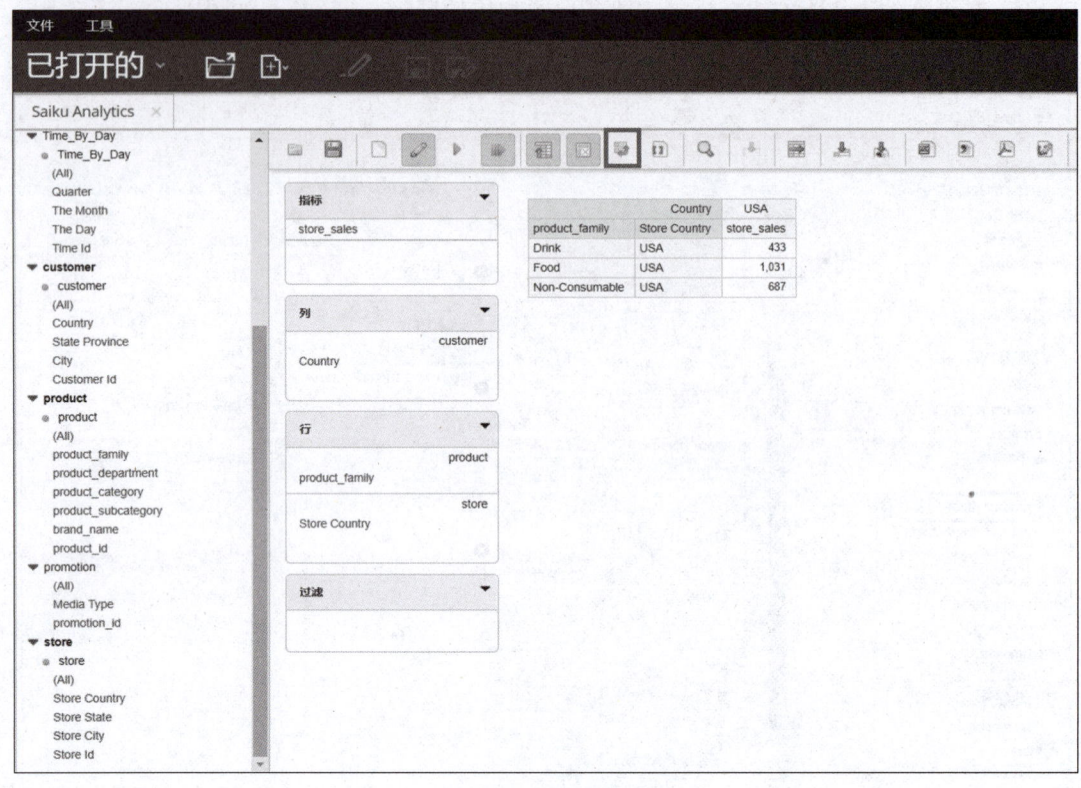

图 3.106　行列轴转换

3.2　数据挖掘

实验：数据挖掘算法初识

【实验目的】

1. 熟悉数据挖掘算法的理论基础。数据挖掘算法是指从大量的数据中通过算法搜索隐藏于其中的重要信息的过程。

2. 了解数据挖掘算法流程。学习如何定义问题、建立数据挖掘库、分析数据、准备数据、建立模型、评价模型和实施挖掘。

3. 学习 Mining 平台中经典算法的使用。

【实验原理】

数据挖掘即使用计算机工具从海量的数据中挖掘出有价值的模式和规律，并用这些模式和规律去预测和指导未来的行为。在当今的互联网背景之下，最为常用的数据挖掘算法有频繁模式挖掘、聚类分析、决策树和贝叶斯网络等。Mining 大数据挖掘平台是一款基于组件的数据挖掘、机器学习和数据分析的工具。它包括一系列可视化、探索、预处理和建模组件。

除了以 Python 模块使用之外，Mining 大数据挖掘平台还提供了 GUI（Graphical User Interface），可以用预先定义好的多种模块组成工作流来完成复杂的数据挖掘工作。本实验中利用开放数据集——"鸢尾花"数据及分类作为示例，简要介绍如何利用 Mining 大数据挖掘平台中的常用算法进行数据挖掘和分析的流程。

【实验环境】

1. Ubuntu 16.04。
2. Python 3.6.5。
3. Mining。

【实验步骤】

1. 环境准备。

本实验在大数据平台 Mining 上进行实践，打开 Mining 的界面进入平台，如图 3.107 所示。

图 3.107　Mining 界面

2. Mining 数据的导入。

（1）导入 flare1（file）、flare2（file（1））文件，导入结果分别如图 3.108 和图 3.109 所示。

（2）对这两个文件数据进行合并处理，合并结果如图 3.110 所示。

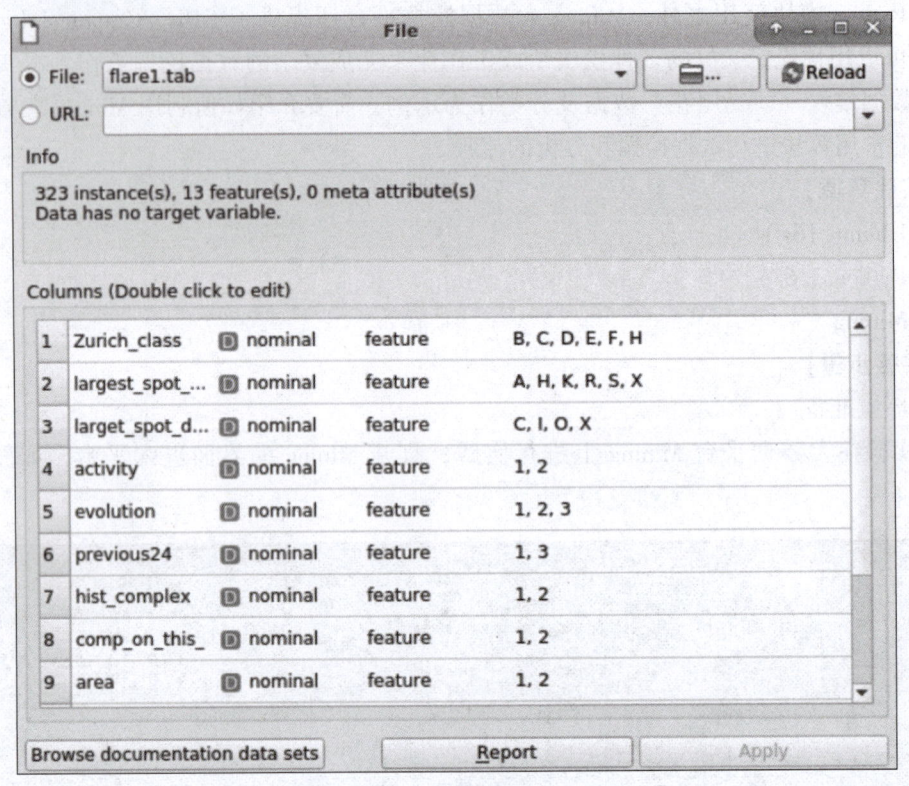

图 3.108　flare1 数据导入结果

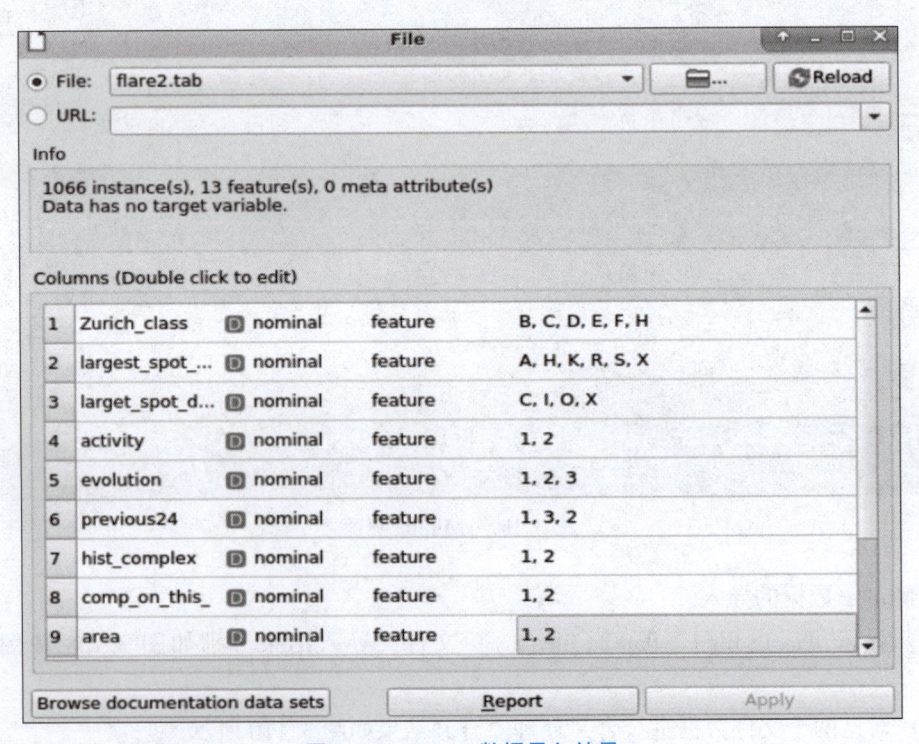

图 3.109　flare2 数据导入结果

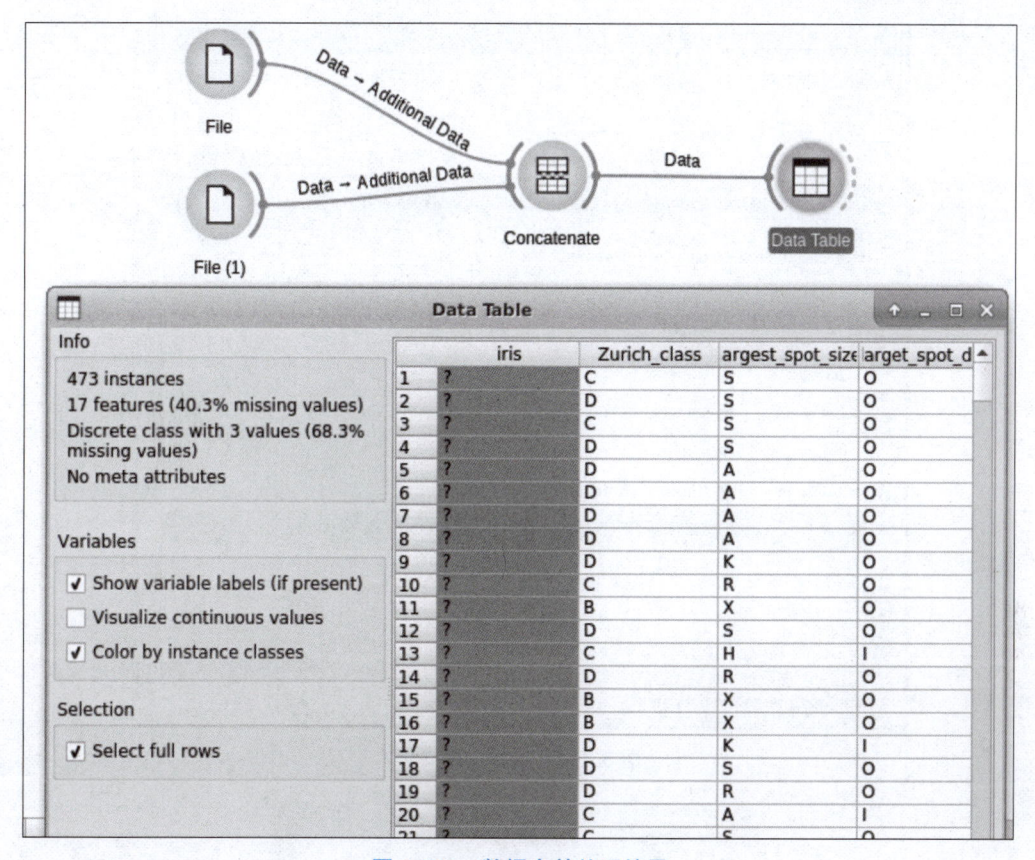

图 3.110　数据合并处理结果

3. Mining 数据的可视化分析。

（1）创建流程图，数据可视化组件如图 3.111 所示。

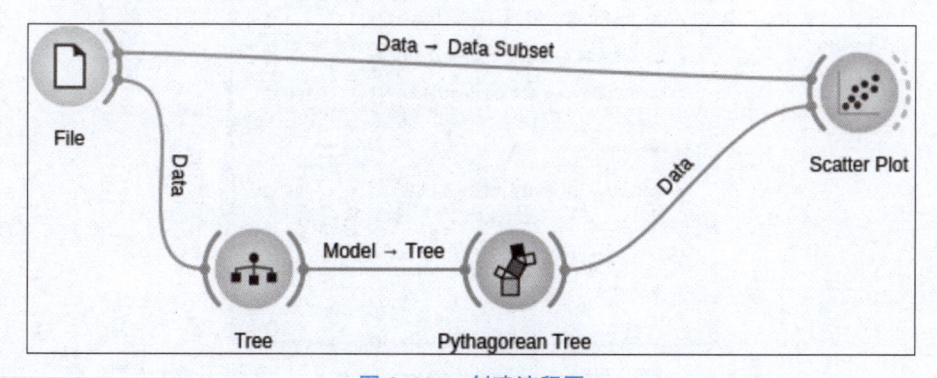

图 3.111　创建流程图

（2）双击"File"组件，选择 iris（鸢尾属植物）文件，如图 3.112 所示。
（3）选择"Tree"组件（决策树算法），对 iris 中的文件进行分类。Tree 组件配置如图 3.113 所示。

* 决策树算法：又称为判定树，是一种树形结构。其中的每个节点代表对某一属性的判断，每条分支代表一个判断结果，每个叶节点代表一种分类结果。

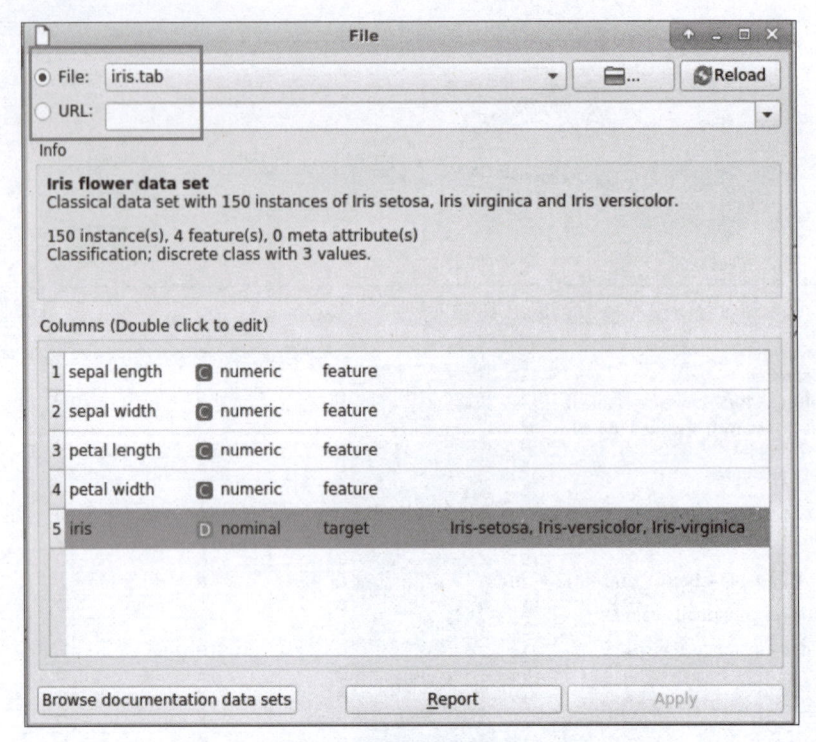

图 3.112　选择 iris 文件

图 3.113　决策树组件配置

（4）Pythagorean Tree 组件向 Scatter Plot 组件重置一次信号（Data 连接 Data）。File 的选择不同，使毕达哥拉斯树的结构也不同。Pythagorean Tree 组件配置如图 3.114 所示。

（5）选择 iris 类别中的"Axis Data"，选择不同的花瓣宽度（petal width）和花萼宽度（sepal width），或者花瓣长度（petal length）和花萼宽度（sepal width），可以得到不同的分类结果，分别如图 3.115 所示和图 3.116 所示。

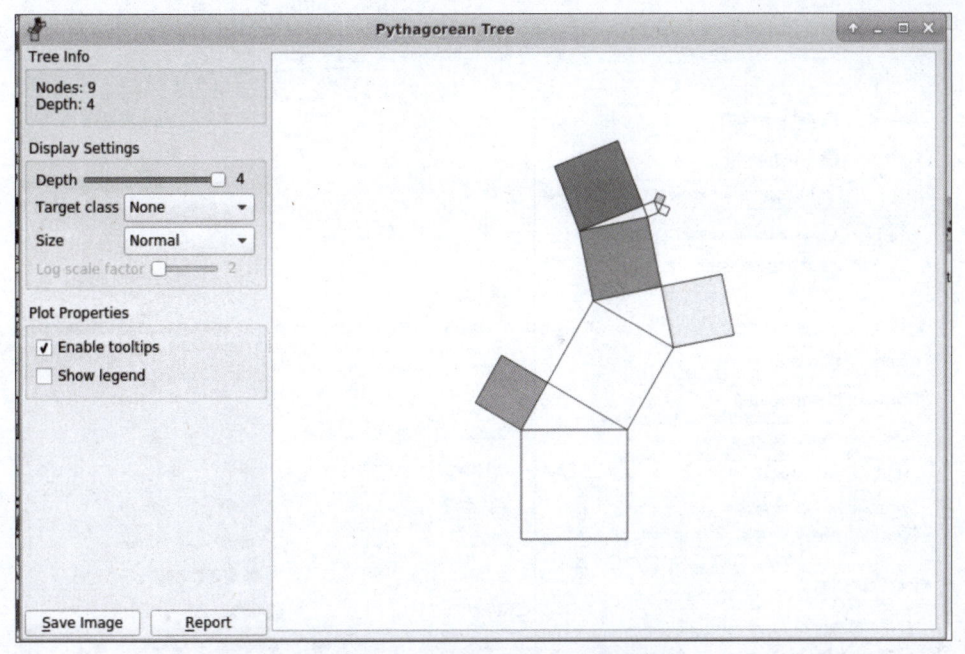

图 3.114　Pythagorean Tree 组件配置

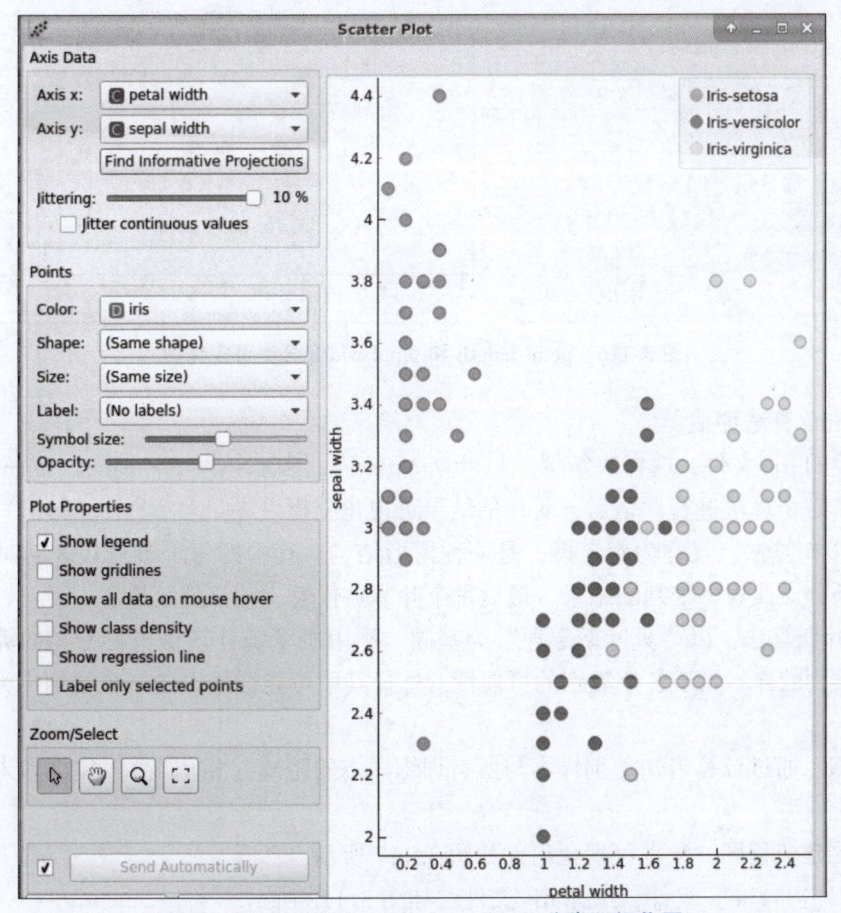

图 3.115　petal width 和 sepal width 分类可视化图

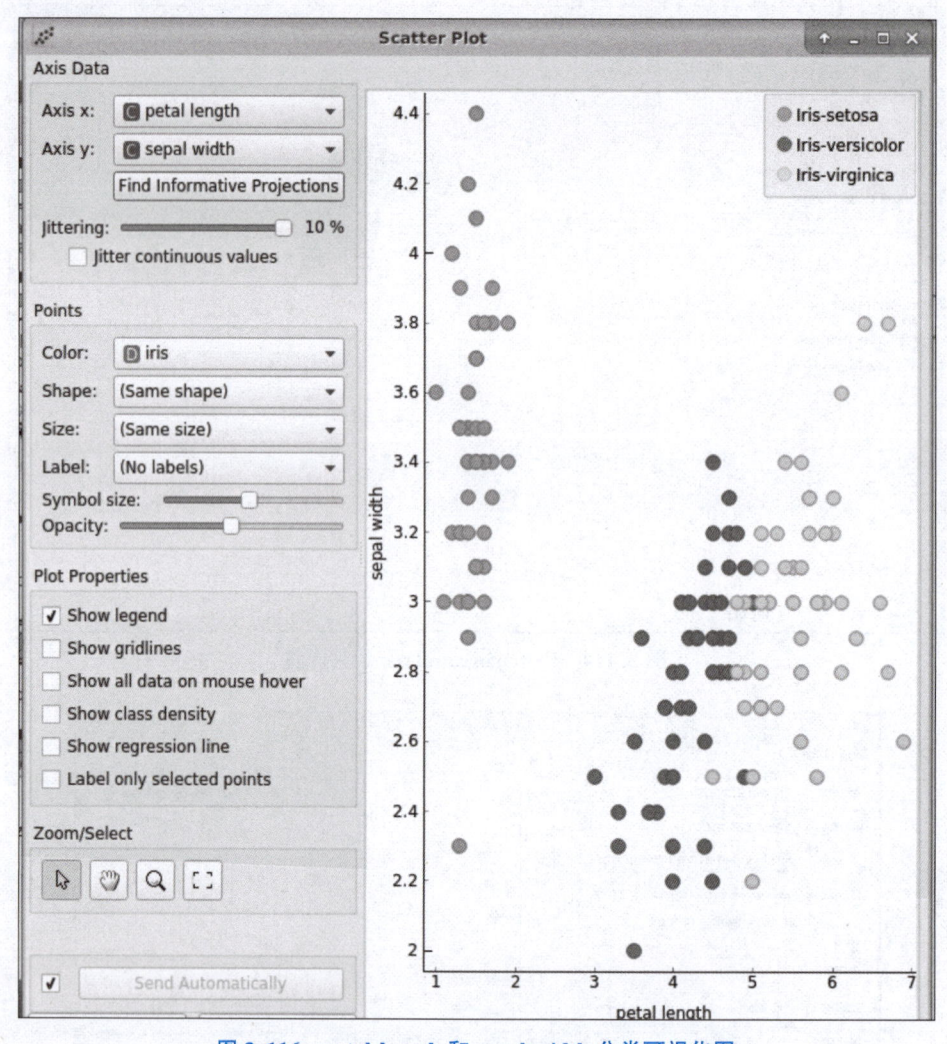

图 3.116　petal length 和 sepal width 分类可视化图

4. Mining 算法评估。

对实验的 iris 文件，选择决策树、贝叶斯（Bayes）和 kNN（k-Nearest Neighbor，k-最近邻算法）三个算法进行评估后，对评估结果可视化分析。

◆ 决策树算法：又称为判定树，是一种树形结构。其中的每个节点代表对某一属性的判断，每条分支代表一个判断结果，最后每个叶节点代表一种分类结果。

◆ 贝叶斯算法：以"贝叶斯定理"为基础，利用概率统计知识进行分类的算法，预测一个未知类别的样本属于各个类别的可能性，选择其中可能性最大的一个类别作为该样本的最终类别。

◆ kNN：通过计算未知类别样本与所有训练样本的距离（相似度），找出和未知类别样本最接近的一类。

（1）创建流程图，数据可视化组件如图 3.117 所示。

（2）双击"File"组件，选择 iris 文件，如图 3.118 所示。

（3）选择决策树算法，决策树算法配置如图 3.119 所示。

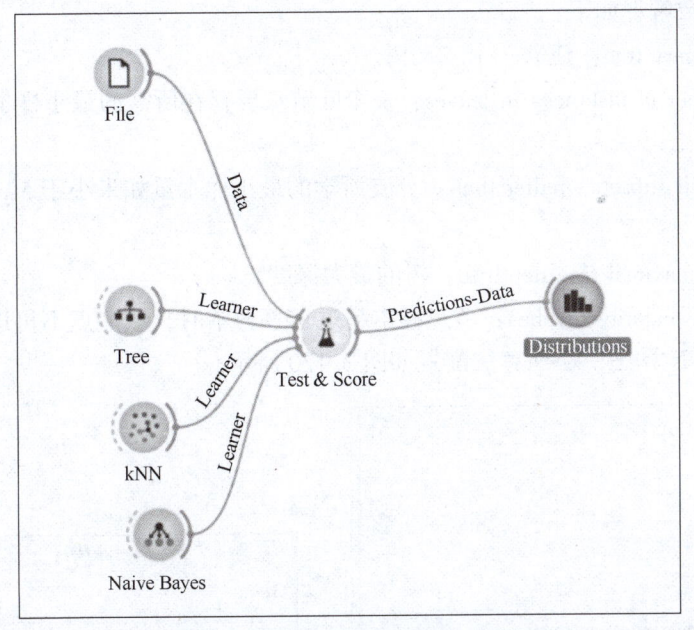

图 3.117　算法评分可视化流程图

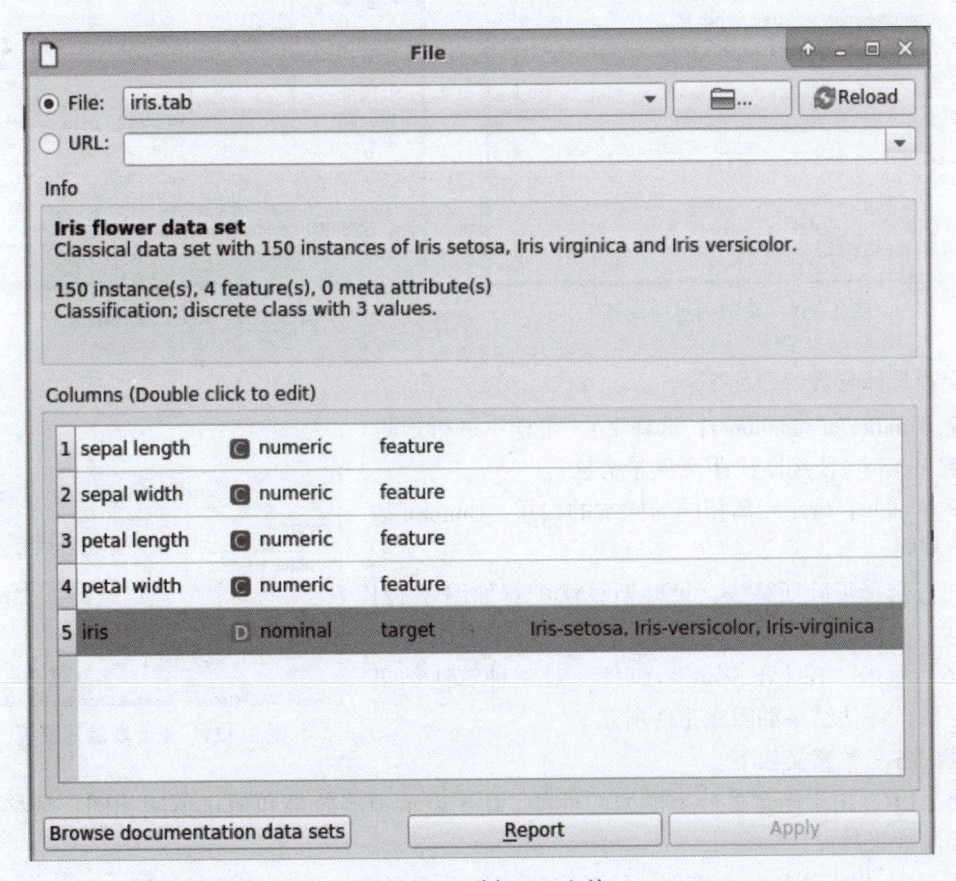

图 3.118　选择 iris 文件

配置具体参数解释如下：

◆ Induce binary tree：建立一个二叉树。

◆ Min. number of instances in leaves：一个叶节点要存在所需的最小样本量。至少包含 2 个样本。

◆ Do not split subsets smaller than：分支所学的最小样本量如果小于 5，那么这个节点是叶子节点。

◆ Limit the maximal tree depth to：树的最大深度。

◆ Stop when majority reaches：节点样本超过 95%样本时，该节点不再进行下一步。

（4）选择 kNN 算法，kNN 算法配置如图 3.120 所示。

图 3.119　决策树算法配置

图 3.120　kNN 算法配置

配置具体参数解释如下：

◆ Number of neighbors：选择 k=5 个样本进行预测。

◆ Metric：使用欧氏距离度量方法。

◆ Weight：确定距离相同的样本的权重。Uniform 表示权重相同。

（5）选择贝叶斯算法，贝叶斯算法配置如图 3.121 所示。

（6）双击"Test & Score"组件，对三种算法结果进行评估，评估结果如图 3.122 所示。

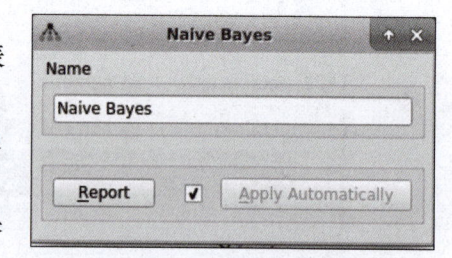

图 3.121　贝叶斯算法配置

其中各参数意义如下：

◆ AUC：用于衡量二分类模型的性能。0.5 表示预测效果和随机猜测相同；越接近 1，表示预测效果越好。

◆ CA：用于评估分类模型性能的指标。如果 90 个样本与预测结果相同，则分类准确率为 90%。

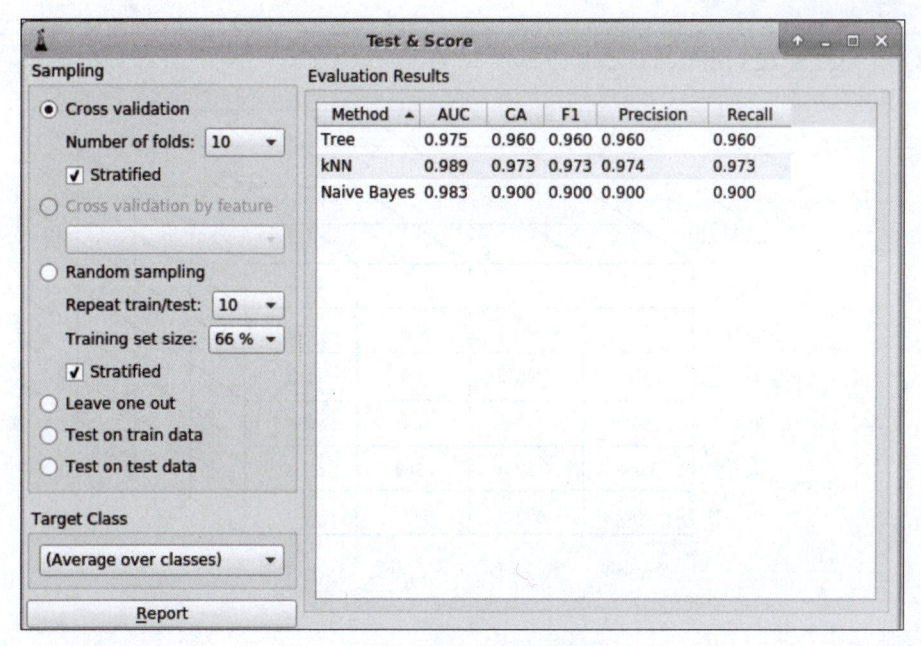

图 3.122 评测结果

◆ F1：一种综合考虑了精确率和召回率的评估指标，取值为 0~1，值越大，表示模型性能越好。

◆ Precision：准确率。

◆ Recall：召回率。

可以看到，在此类数据分类中，kNN 算法结果最佳。

【实验总结】

本实验通过开放数据集"iris"作为示例，简要介绍了 Mining 平台中数据挖掘中三种常用分类算法——决策树算法、kNN 算法和贝叶斯算法的使用。Mining 数据挖掘平台支持多种高效实用的机器学习算法，包括分类、回归、聚类、预测、关联这五大类机器学习的成熟算法。其中包含了多种可训练的模型：逻辑回归、决策树、随机森林、朴素贝叶斯、支持向量机、线性回归、K 均值、DBSCAN、高斯混合模型。

马克思主义物质与意识的辩证关系：

1. 物质决定意识，意识是客观存在的反映。

2. 意识对物质具有能动作用。

大数据是人类活动的客观存在，通过对客观存在事实规律的潜在逻辑分析，又可以形成高级意识认知，对人类活动起指导作用。

小检测

1. 简述商务智能的定义（从数据、信息、知识三个角度分析）。

2. 商务智能产生的原因是什么？淘宝的"猜你喜欢"功能是商务智能产生的什么原因的具体应用？

3. 有如图 3.123 所示的数据立方体。

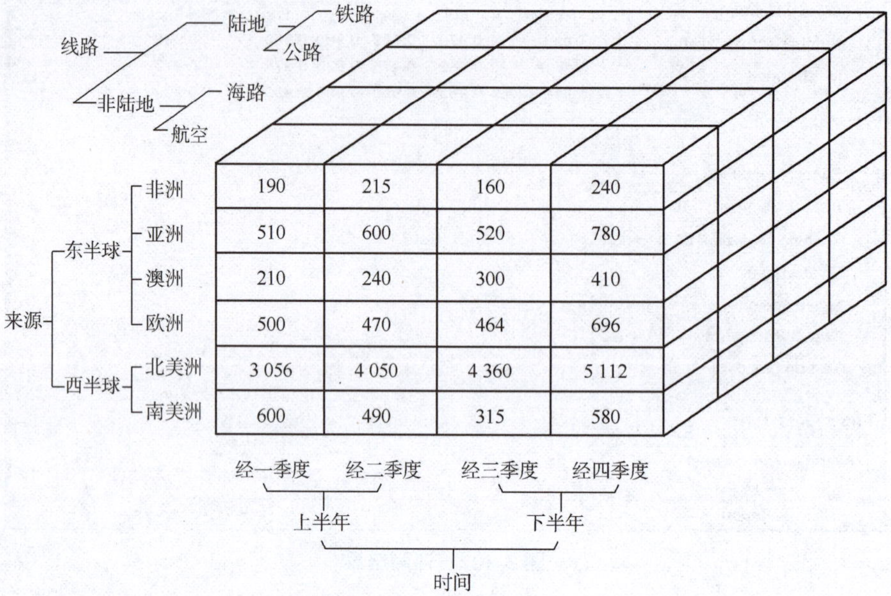

图 3.123 数据立方体

（1）请描述 OLAP 的定义及目标。

（2）数据立方体 Cube 是 OLAP 中的重要结构，上述立方体中，包括哪些维度、维层次及维成员？

4. 考虑表 3.1 中的一维数据集，根据 1-最近邻、3-最近邻、5-最近邻和 9-最近邻对数据点 M（x=5.0）进行 KNN 算法的分类，请列出计算过程。

表 3.1 一维数据集

序号	A	B	C	D	E	F	G	H	I	J
X	0.5	3.0	4.5	4.6	4.9	5.3	5.3	5.5	7.0	9.5
类别	蓝	蓝	红	红	红	蓝	蓝	红	蓝	蓝

第4章 大数据分析的应用

【学习目标】

- 熟悉和学会使用 Weka 智能分析工具；
- 熟练掌握根据数据源建立数据模型的方法；
- 熟练掌握各类数据模型算法的精确性分析和优化。

本章利用三个行业应用场景来引导读者学习利用大数据处理和分析的知识与原理解决实际问题。在实验过程中，需要使用到以下常用的智能分析工具和环境。

1. Weka——怀卡托智能分析环境（Waikato Environment for Knowledge Analysis）是一款免费的、非商业化的基于 Java 环境下开源的机器学习（machine learning）以及数据挖掘（data mining）软件。Weka 作为一个公开的数据挖掘工作平台，集合了大量能承担数据挖掘任务的机器学习算法，包括对数据进行预处理、分类、回归、聚类、关联规则以及在新的交互式界面上的可视化。

2. Insight 产品是一个综合平台，无论数据是存储在平面文件、关系数据库、Hadoop 集群、NoSQL 数据库、分析数据库、社交媒体流、操作型存储中还是存储在云中，用户都可以通过该平台对数据进行访问、集成、操作、可视化以及分析。

3. Saiku 是一个模块化的分析套件，它提供轻量级的 OLAP（On Line Analytical Processing，联机分析处理），并且可嵌入、可扩张、可配置。Saiku 作为分析平台，提供可视化的操作，能够方便地对数据进行查询、分析，并提供图形化显示。

4.1 教育行业的应用

实验：学生兴趣爱好分析

【实验目的】
1. 熟悉并学会使用 Weka 智能分析环境。

2. 根据数据源建立数据模型。

3. 根据数据模型对学生进行分类。

4. 比较各类算法的准确程度,优化数据模型。

【实验原理】

使用信息技术来辅助教师的教学和学生的自适应学习是现代教育中使用最广泛的方法之一,本实验利用 Weka 智能分析软件实现对学生的兴趣爱好进行分析,利用大数据分析技术实现教育的个性化分析和辅助。现在的教育系统正在逐步融合更多的数字学习技术,数字化学习为学生提供随时随地的个人学习体验,激发学生学习的兴趣,实现学习的灵活性;也有助于教师了解学生学习的偏好,更好地设计学习材料和教学风格。本实验数据源对近 500 名本科生进行了调查,数据集中包含了 74 名学生信息,并对 3 个类别的学生进行了评估:良好、平均和优秀。数据源文件中包含了两个数据集:Data-Set.xls 是原始数据集,student.arff 是处理过后的 Weka 使用的数据集。为了方便数字化的处理,在处理过程中,字母被替换成了相应的数字,其中,A2 列是分类列,1 代表平均,2 代表良好,3 代表优秀。

【实验环境】

1. Ubuntu 16.04。
2. Weka 3.8.2。
3. Insight 8.2。

【实验步骤】

1. 数据准备。

```
wget http://10.90.3.2/LMS/BI/9/Data-Set.xls
wget http://10.90.3.2/LMS/BI/9/student.arff
```

2. 数据分析。

(1) 使用 Weka 的 Explorer 打开数据集,单击"Open file"按钮,选择"student.arff",如图 4.1 所示。

(2) 一共有 40 个左右的字段,要筛选出与分类相关的字段。选择"Select attributes",选择 A2 字段,再选取与分类最相关的几个字段,结果如图 4.2 所示,共有 7 个相关字段。

(3) 选择"Preprocess"选项卡,筛选字段为刚才的 7 个和分类字段 A2 共 8 个字段,其余的全部通过单击"Remove"按钮删除,如图 4.3 所示。

选择后的结果如图 4.4 所示。

(4) 用分类算法进行建模分析,预估模型准确度。分类字段选择 A2,一些结果相关参数的解释如下。

◆ Kappa Statistic:假设有两个相互独立的人,分别将 N 个物品分成 C 个相互独立的类别,如果双方结果完全一致,则 K 值为 1,反之,K 值为 0。

◆ Mean absolute error:是 N 次实验绝对误差的均值,绝对误差就是预测值与实际值之差的绝对值。比如:某实例的预测值就是它的正确分类标签,而实际值就是 classifier 指定给它的分类标签。

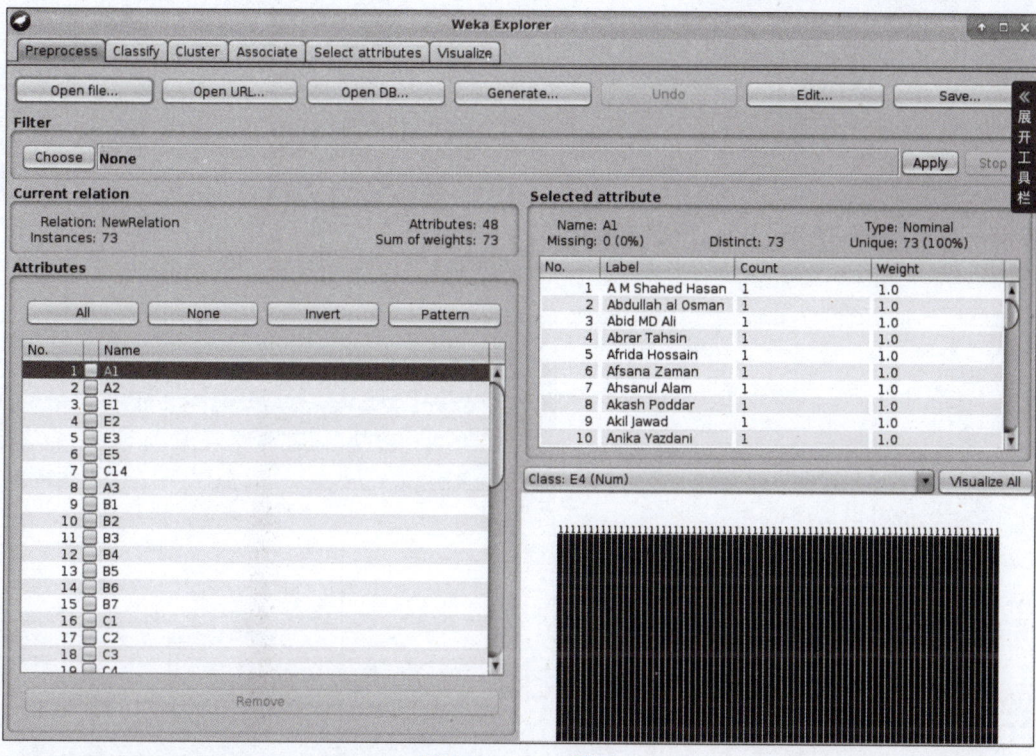

图 4.1　Weka 界面

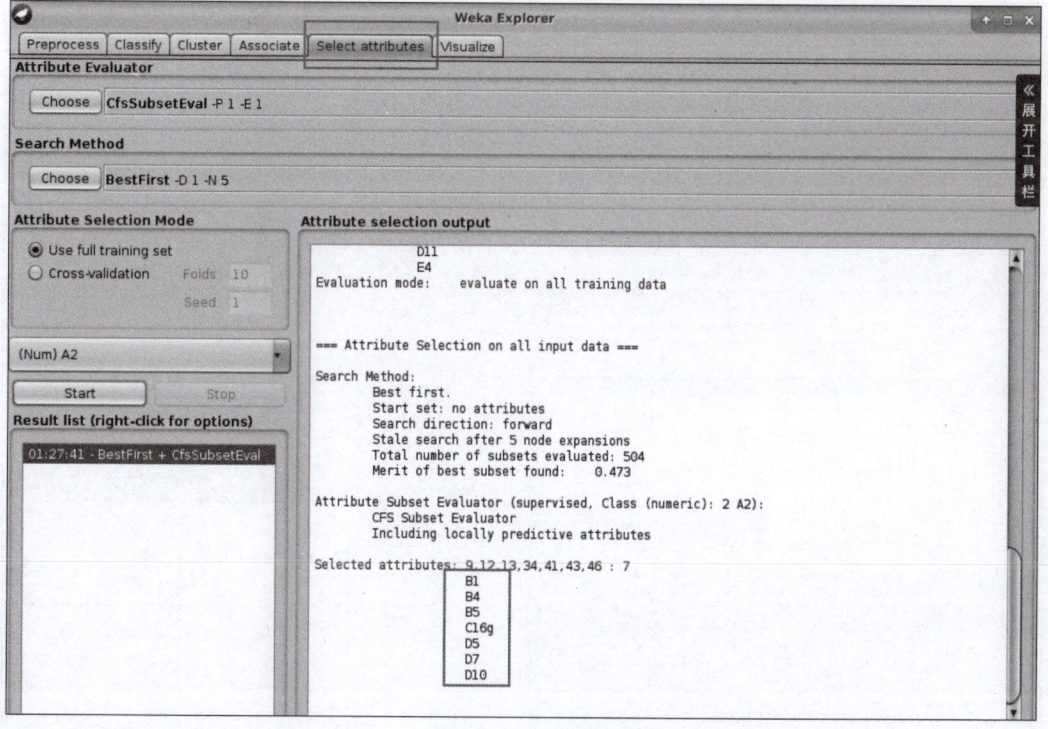

图 4.2　选择字段

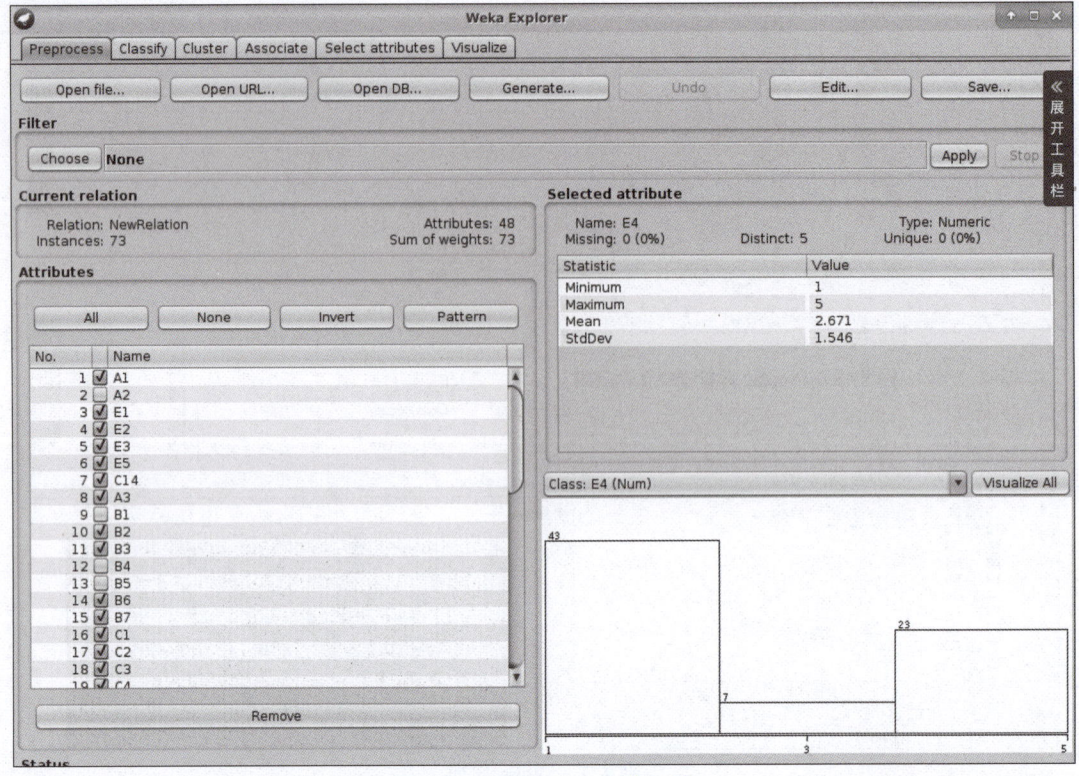

图4.3 "Preprocess"选项卡

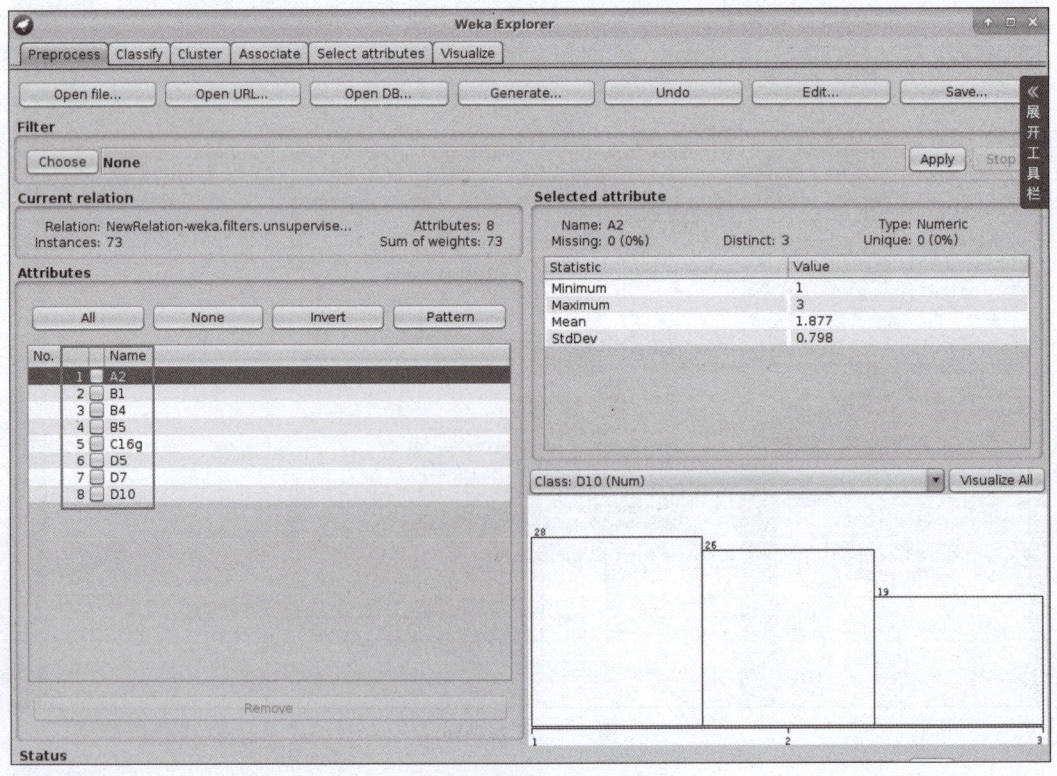

图4.4 选择8个字段

◆ Root mean squared error：即均方根误差，用来衡量样本的离散程度。也就是将 N 次实验中的实验值与平均值之差求和，除以实验次数，再求商的平方根。

◆ Relative absolute error：就是把 N 次实验的绝对误差求和，然后除以实际值与均值之差的总和。此值越小，实验越准确。

◆ Root relative absolute error：就是做完 Relative absolute error 后再求平方根。

◆ Coverage of cases：就是 classifier 使用的分类规则对所有实例的覆盖情况。值越大，说明该规则越有效。

◆ Total Number of Instances：就是样本总数。

① 首先使用了线性回归算法进行分析，结果如图 4.5 所示。

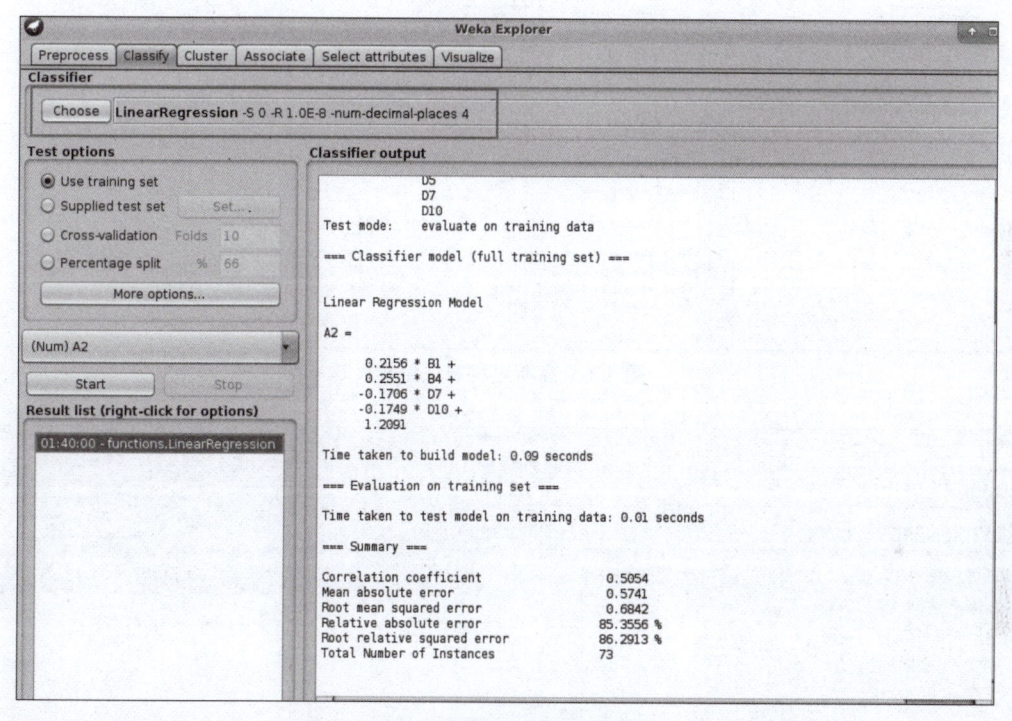

图 4.5　线性回归算法结果

从图 4.5 所示结果可以看到，相关系数 Correlation coefficient 为 0.505 4，准确率不是很高，可以切换其他算法来尝试分析，对结果进行对比，然后选择最优的算法。

② 使用高斯过程算法进行分析预测，结果如图 4.6 所示。可以看出，相关系数 Correlation coefficient 为 0.549，比线性回归算法准确率提高了一些。

③ 使用随机森林算法的结果如图 4.7 所示。可以看出，相关系数 Correlation coefficient 为 0.943 6，准确度有了大幅度提高。

在结果列表上右击，选择"Save model"，如图 4.8 所示，将结果模型保存为 RandomForest.model。

（5）再使用一些聚类算法来查看分类结果与原始结果是否相同，以预估模型准确度。单击"Cluster"选项卡进入聚类算法项，选择 KMeans 聚类算法，结果如图 4.9 所示。因为学生的成绩一共分了 3 个优秀程度评级，所以将集群数改为 3。

根据 KMeans 聚类算法结果可以看到，"0"代表一般的人数占比（为 32%），"1"代表

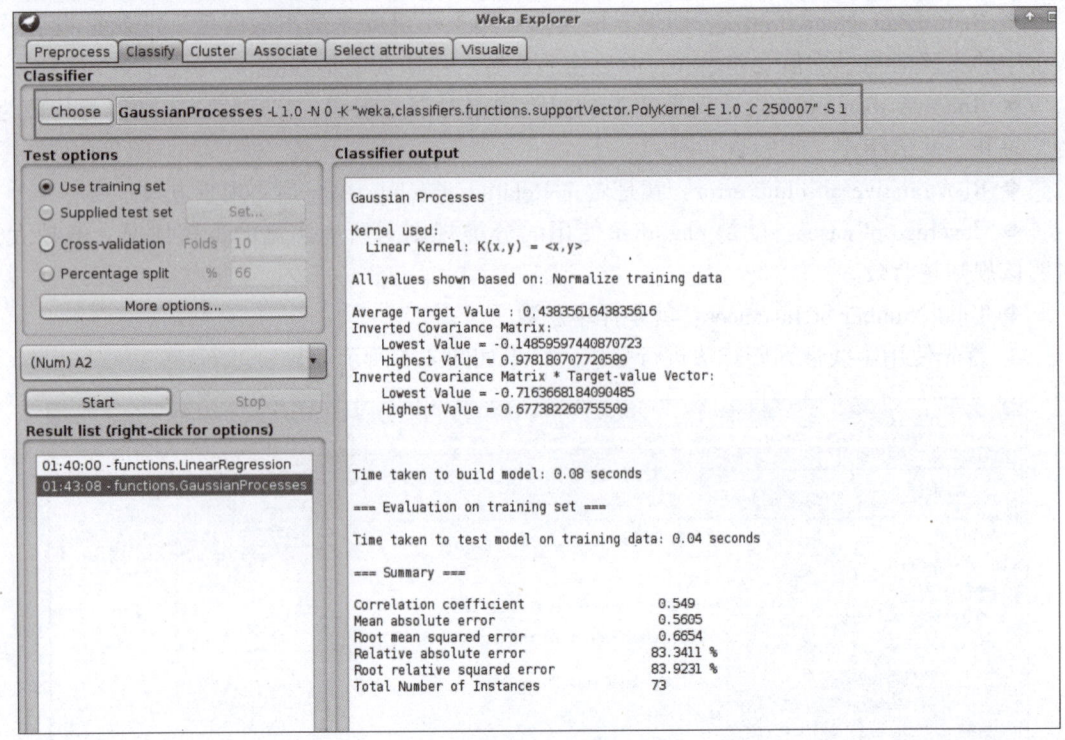

图 4.6　高斯过程算法结果

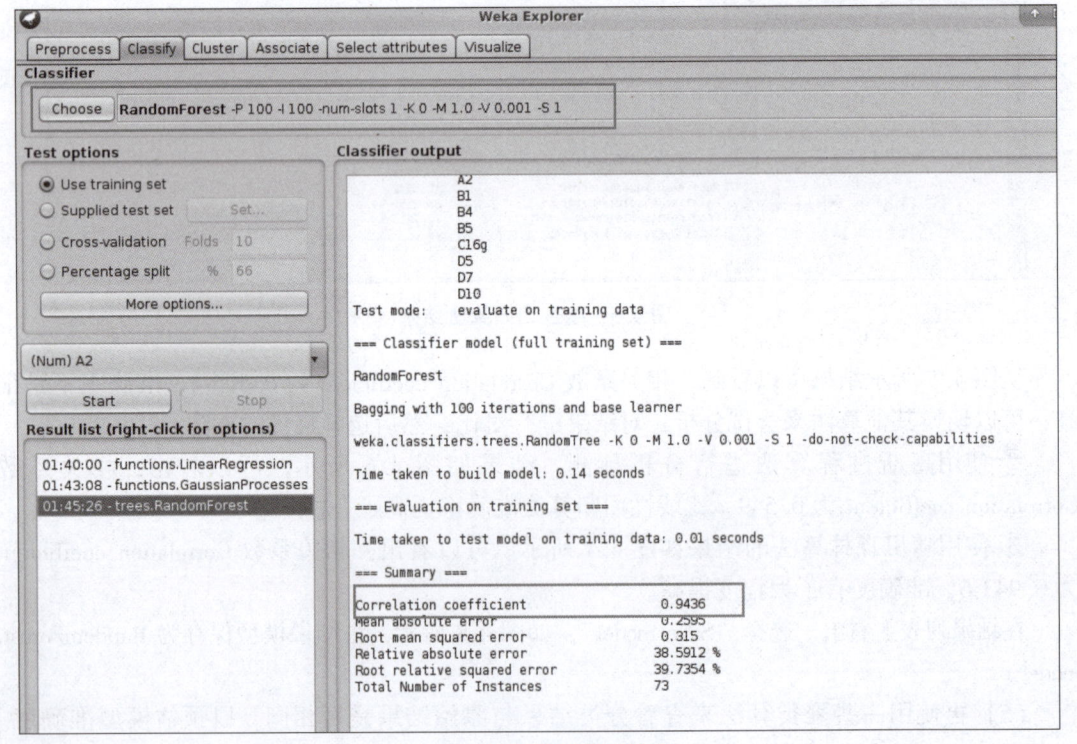

图 4.7　随机森林算法结果

良好的人数占比（为19%），"2"代表优秀的人数占比（为42%）。

3. 接下来对保存的随机森林算法模型在 Insight DI 中使用原始数据进行验证，1~1.5 归

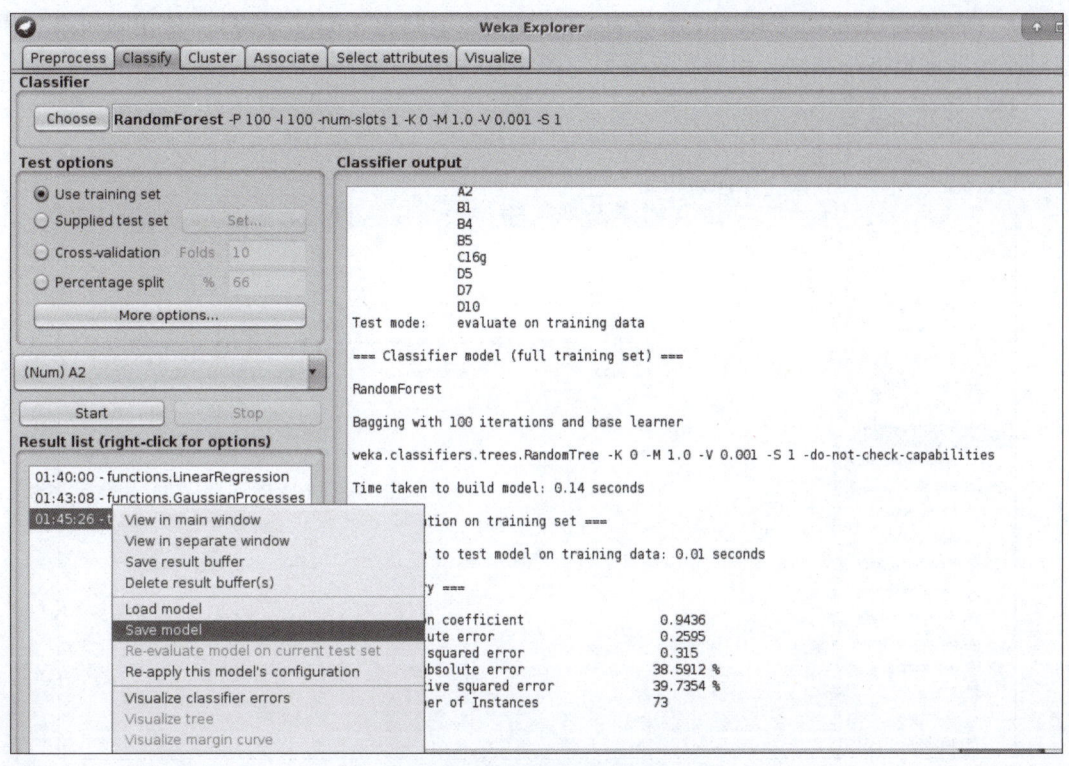

图 4.8　保存结果模型

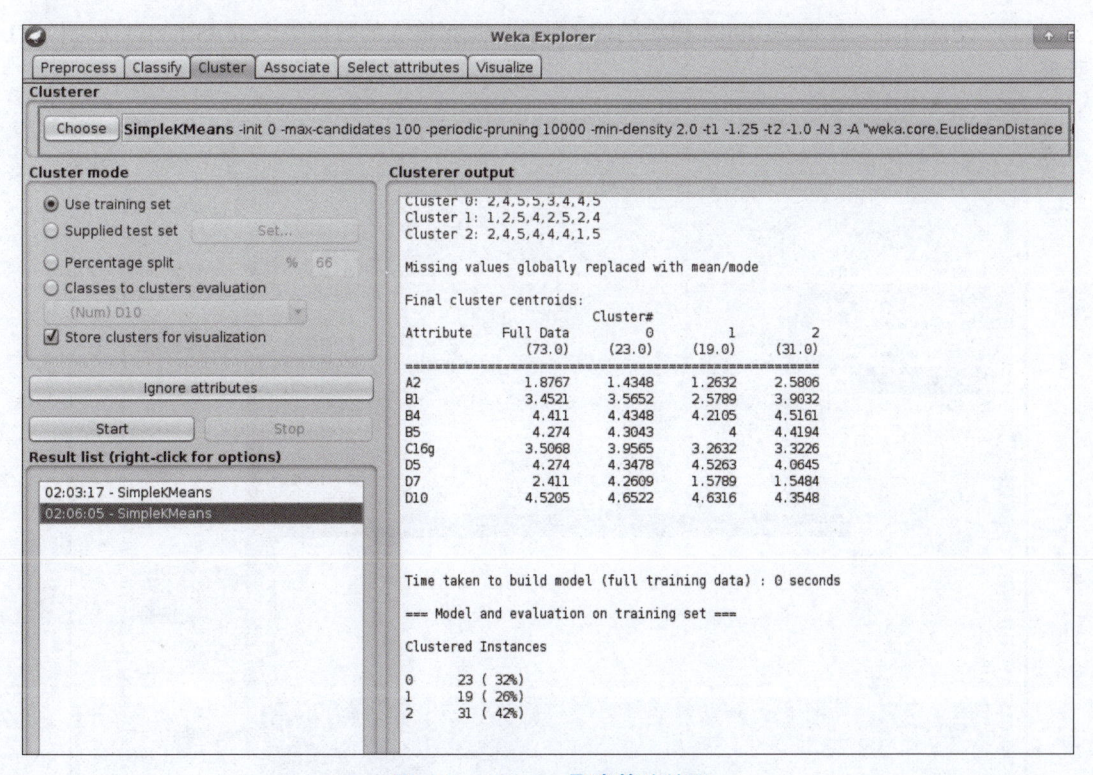

图 4.9　KMeans 聚类算法结果

为1类（一般），1.5~2.5归为2类（良好），2.5以上归为3类（优秀）。使用随机森林模型对原始数据集进行测试，预测配置流程如图4.10所示。

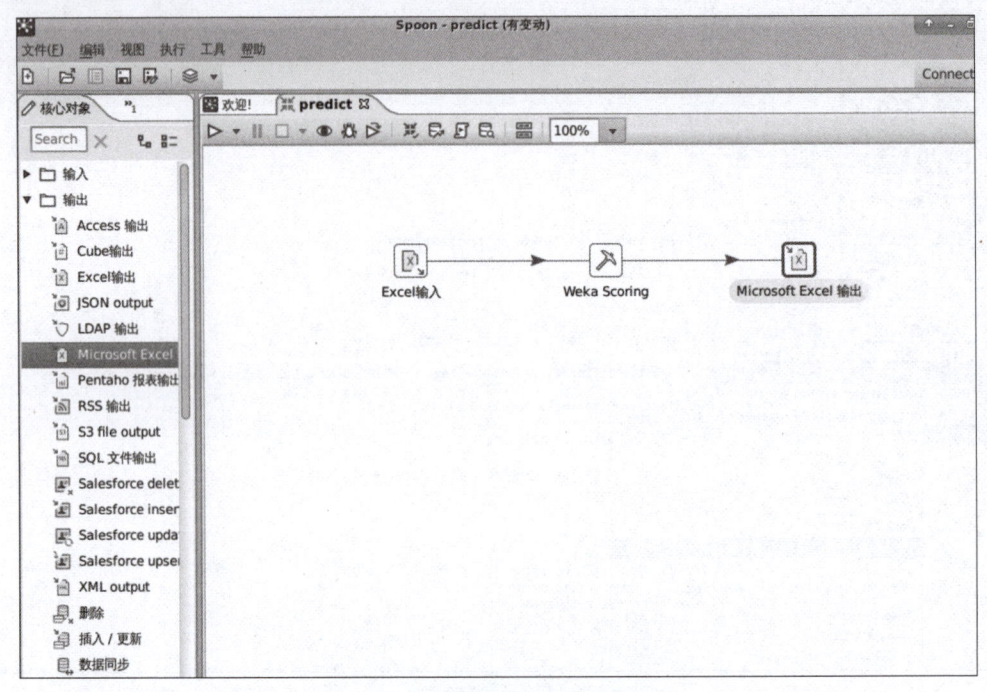

图4.10　随机森林模型预测配置

（1）设置Microsoft Excel Input模块的输入数据，选择输入的数据集Data-Set.xls，如图4.11所示。

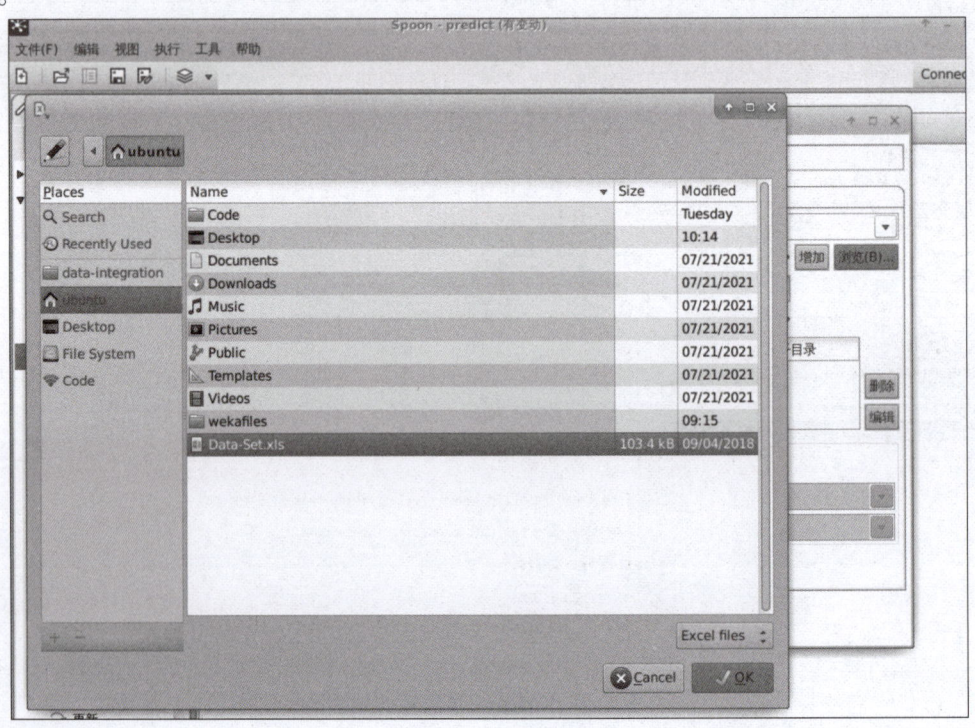

图4.11　输入数据

（2）添加工作表，如图 4.12 所示。

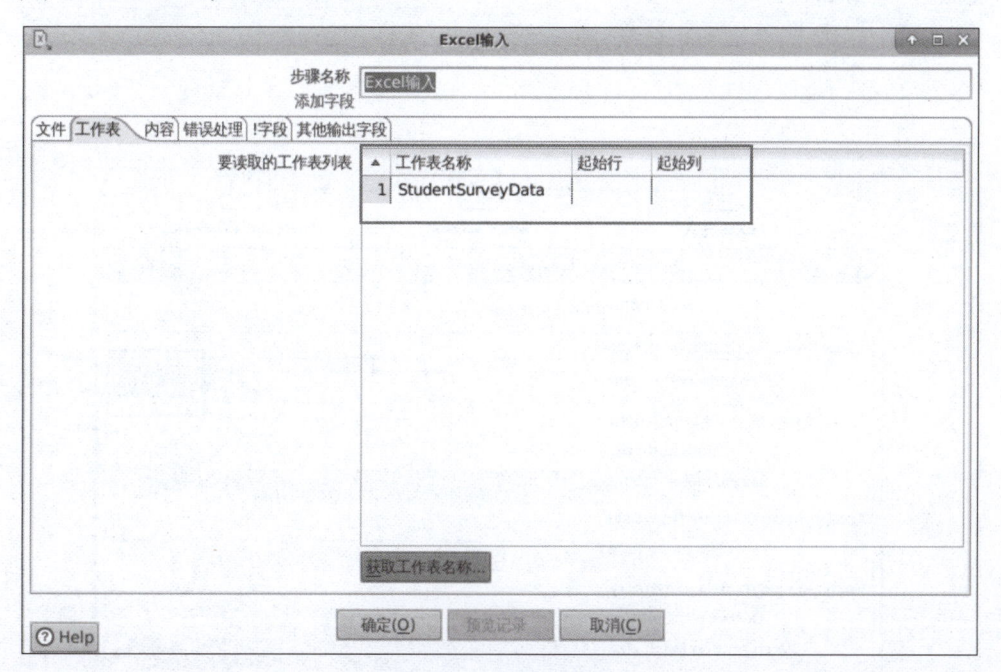

图 4.12　添加工作表

（3）获取字段，如图 4.13 所示。

图 4.13　获取字段

（4）在 Weka Scoring 模块中，先在"Load/import model"中查找需要导入的模型，如图 4.14 所示。然后导入"RandomForest. model"模型，如图 4.15 所示，并设置参数。

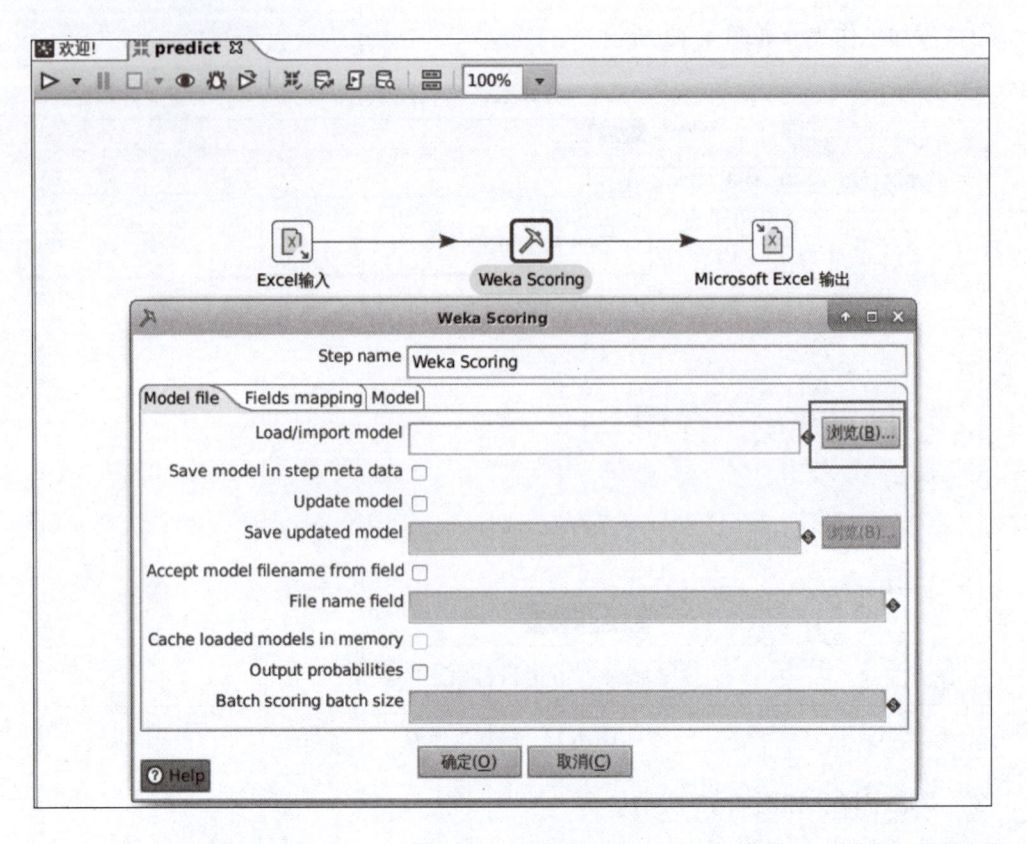

图 4.14 查找模型

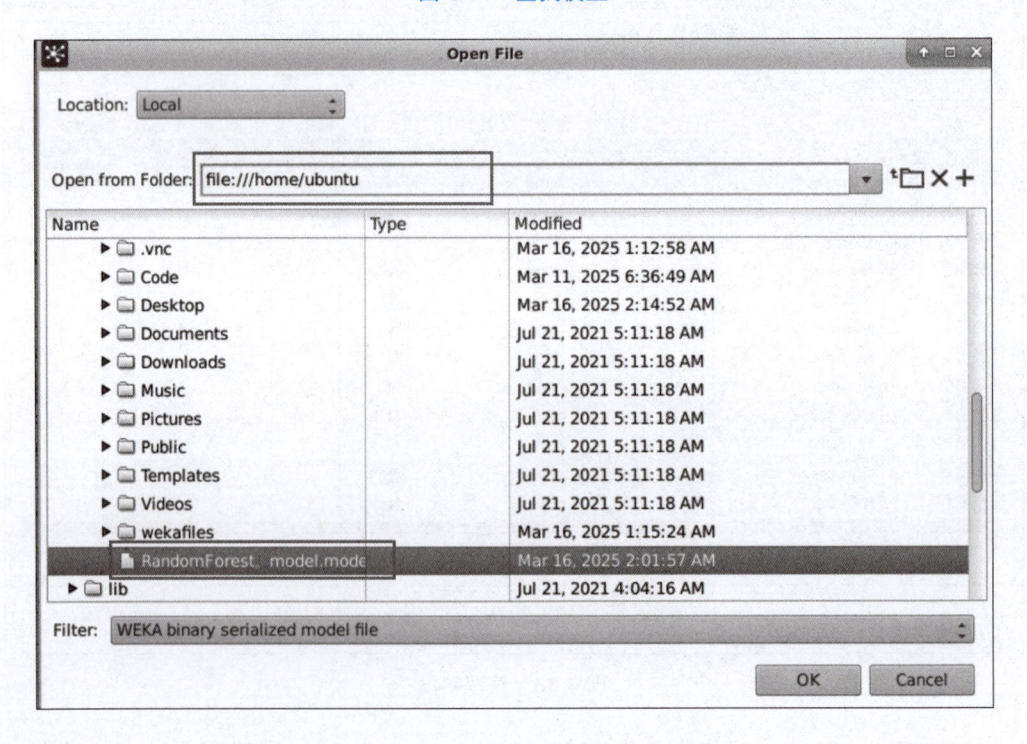

图 4.15 导入 RandomForest.model 模型

（5）设置 Microsoft Excel Output 模块的输出数据路径，如图 4.16 所示。运行转换，如图 4.17 所示。

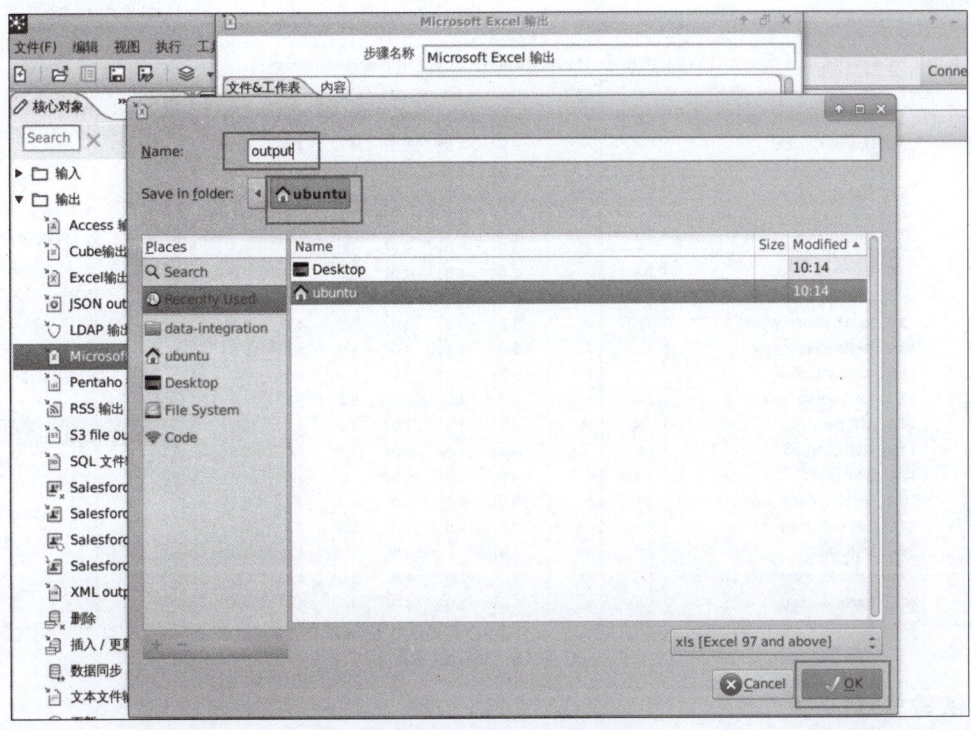

图 4.16 设置输出数据路径

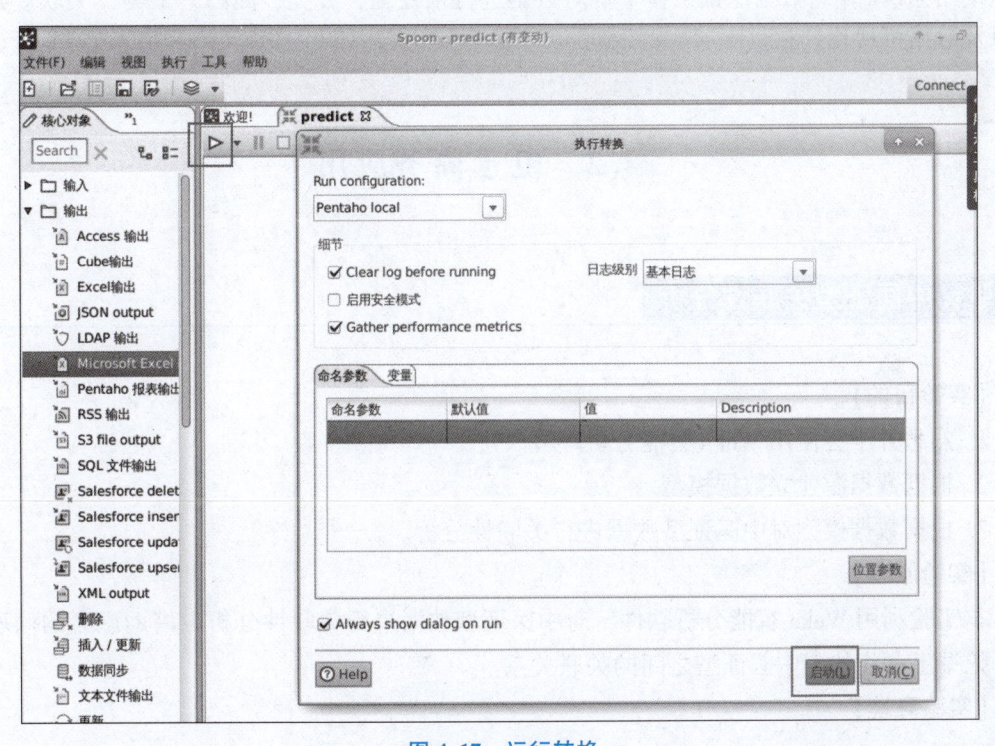

图 4.17 运行转换

(6) 运行转换后，结果如图 4.18 所示。

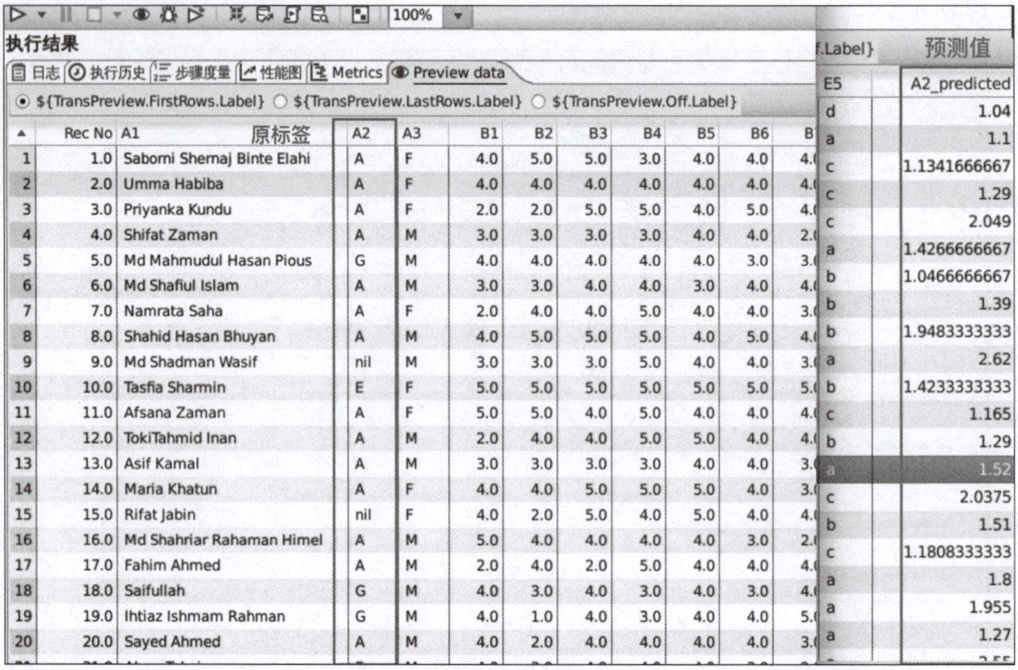

图 4.18 输出结果

【实验总结】

本实验利用 Weka 智能分析软件对学生的学习兴趣爱好进行分析。通过本实验的学习，可以使用 Weka 作为数据挖掘工作平台对数据进行预处理、分类、回归、聚类、关联规则分析以及数据可视化。

4.2 电子商务应用

实验：中医证型关联性分析

【实验目的】

1. 熟悉并学会使用 Weka 智能分析环境。
2. 根据数据源建立数据模型。
3. 根据数据模型对中医证型数据进行关联性分析。

【实验原理】

本实验利用 Weka 智能分析软件，对中医证型数据进行关联性分析，借助患者的病理信息，挖掘患者症状与中医证型之间的关联关系。

【实验环境】

1. Ubuntu 16.04。

2. Weka 3.8.2。

3. Insight 8.2。

【实验步骤】

1. 数据准备。

wget http://10.90.3.2/LMS/BI/10/Data-Set.xls

2. 数据分析。

（1）首先根据中华中医药学会制定的相关指南与标准，从某癌症6种分型的症状中提取相应证素拟订调查问卷表，并制定该癌症的中医证素诊断量表，从调查问卷中提炼信息并形成原始属性表。然后依据标准定义，将有效的问卷表整理成原始数据。问卷调查需要满足两个条件：①问卷信息采集者均要求有中医诊断学基础，能准确识别病人的舌苔脉象，用通俗的语言解释医学术语，并确保患者信息填写准确。②问卷调查对象必须是同类型癌症患者。本实验的调查对象是某省中医院以及肿瘤医院等处于各病程阶段的1 253位某类型癌患者，经过数据有效性条件筛选后，保留了930条数据。

*注意：为了更好地反映出中医证素分布的特征，采用证型系数代替具体单证型的证素得分，证型相关系数计算公式为：证型系数＝该证型得分/该证型总分，数据存储为Data.xls，如图4.19所示。

图 4.19　原始属性

（2）由于Apriori关联规则算法无法处理连续型数值变量，为了将原始数据格式转换为适合建模的格式，需要对数据进行离散化。本实验采用聚类算法对6个证型系数进行离散化处理，将每个属性聚成4类，其离散化规则如图4.20所示。

离散化后的数据格式Data-Set.xls如图4.21所示。其中，x1表示肝气郁结证型系数，x2表示热毒蕴结证型系数，x3表示冲任失调证型系数，x4表示气血两虚证型系数，x5表示脾胃虚弱证型系数，x6表示肝肾阴虚证型系数，y表示TNM（TNM为医学上肿瘤分期标准）分期。

肝气郁结证型系数离散表		
范围标识	肝气郁结证型系数范围	范围内元素的个数
A1	(0, 0.179]	244
A2	(0.179, 0.258]	355
A3	(0.258, 0.35]	278
A4	(0.35, 0.504]	53

热毒蕴结证型系数离散表		
范围标识	热毒蕴结证型系数范围	范围内元素的个数
B1	(0, 0.15]	325
B2	(0.15, 0.296]	396
B3	(0.296, 0.485]	180
B4	(0.485, 0.78]	29

冲任失调证型系数离散表		
范围标识	冲任失调证型系数范围	范围内元素的个数
C1	(0, 0.201]	296
C2	(0.201, 0.288]	393
C3	(0.288, 0.415]	206
C4	(0.415, 0.61]	35

气血两虚证型系数离散表		
范围标识	气血两虚证型系数范围	范围内元素的个数
D1	(0, 0.172]	283
D2	(0.172, 0.251]	375
D3	(0.251, 0.357]	228
D4	(0.357, 0.552]	44

脾胃虚弱证型系数离散表		
范围标识	脾胃虚弱证型系数范围	范围内元素的个数
E1	(0, 0.154]	285
E2	(0.154, 0.256]	307
E3	(0.256, 0.375]	244
E4	(0.375, 0.526]	94

肝肾阴虚证型系数离散表		
范围标识	肝肾阴虚证型系数范围	范围内元素的个数
F1	(0, 0.178]	200
F2	(0.178, 0.261]	237
F3	(0.261, 0.353]	265
F4	(0.353, 0.607]	228

图 4.20 离散化规则

x1	x2	x3	x4	x5	x6	y
A2	B1	C3	D3	E1	F1	H1
A2	B1	C3	D3	E1	F1	H1
A2	B1	C3	D3	E1	F1	H1
A2	B1	C3	D3	E1	F1	H1
A2	B2	C3	D3	E1	F1	H1
A1	B2	C1	D1	E1	F1	H1
A1	B2	C1	D1	E1	F1	H1
A1	B2	C1	D1	E1	F1	H1
A1	B2	C1	D1	E1	F1	H1
A1	B2	C1	D3	E2	F1	H2
A3	B2	C1	D2	E3	F1	H2
A2	B2	C1	D3	E1	F1	H2
A2	B2	C1	D3	E1	F1	H2
A1	B2	C3	D1	E1	F1	H1
A1	B1	C2	D1	E3	F1	H1
A2	B2	C1	D3	E1	F1	H2
A1	B2	C1	D3	E2	F1	H2
A1	B2	C1	D3	E2	F1	H2
A3	B2	C1	D2	E3	F1	H2
A3	B1	C2	D1	E1	F1	H1
A3	B2	C1	D2	E3	F1	H2
A1	B2	C1	D3	E2	F1	H2
A2	B2	C1	D2	E2	F1	H3
A3	B4	C2	D3	E4	F1	H4
A3	B1	C2	D1	E1	F1	H1
A1	B2	C1	D2	E3	F1	H2
A3	B1	C2	D1	E1	F1	H1
A1	B1	C2	D2	E3	F1	H1

Data-Set

图 4.21 离散化后的数据格式

（3）将 Excel 数据转换成 Weka 使用的 arff 格式，使用 Insight DI 进行转换，转换后保存为 data_transform.arff。

① 双击打开 Insight 客户端 ◯，登录界面如图 4.22 所示。

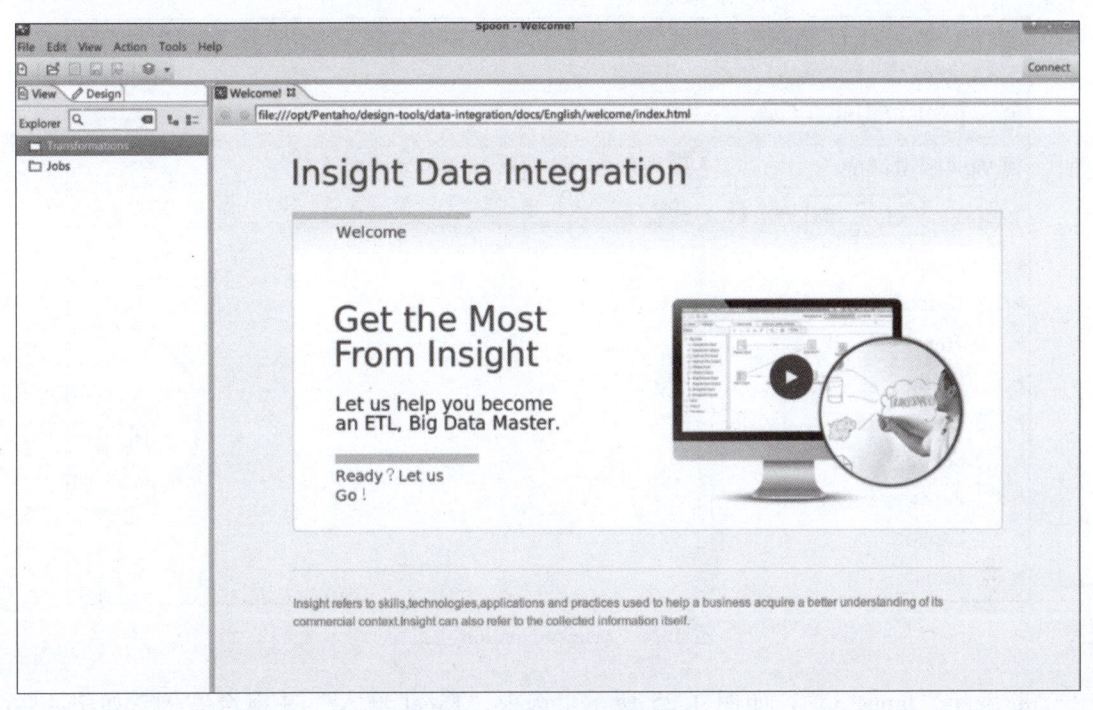

图 4.22　打开 Insight 客户端

② 单击"File"→"New"→"Transformation"，如图 4.23 所示，建立一个新的 Transformation。

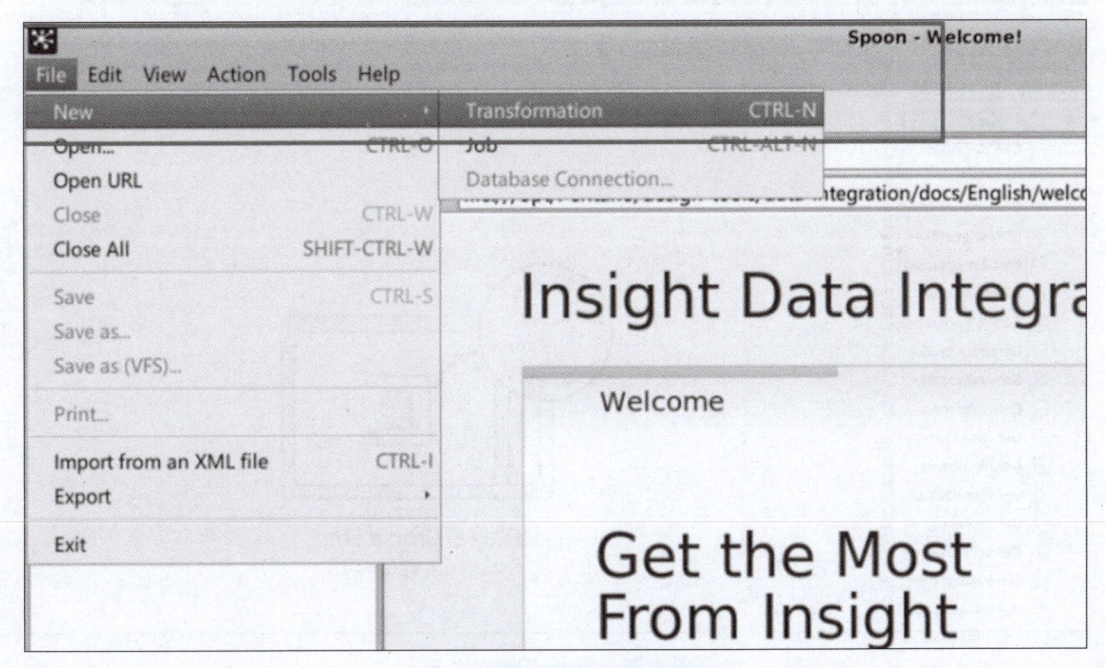

图 4.23　新建 Transformation

出现如图 4.24 所示页面。

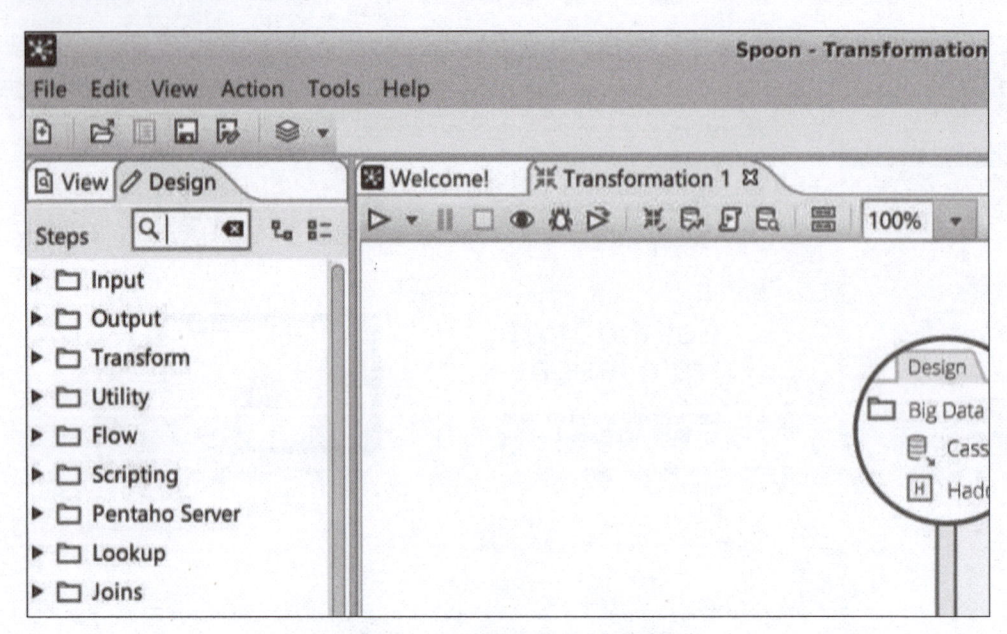

图 4.24　Transformation 主页面

③ 展开"Input"栏，如图 4.25 所示。选中"Excel 输入"并拖至右侧，如图 4.26 所示。

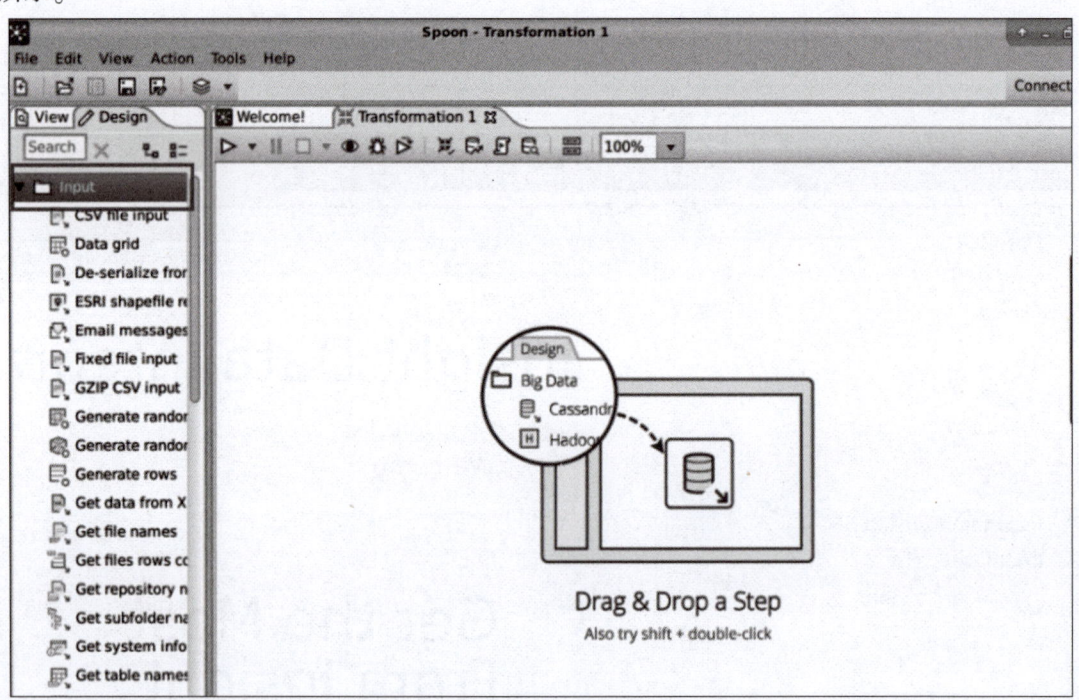

图 4.25　展开"Input"栏

④ 双击"Excel 输入"组件进入编辑界面，单击"Browse"按钮，选择 Data-Set.xls 文件，如图 4.27 所示。加载完成后，单击"Add"按钮添加文件。

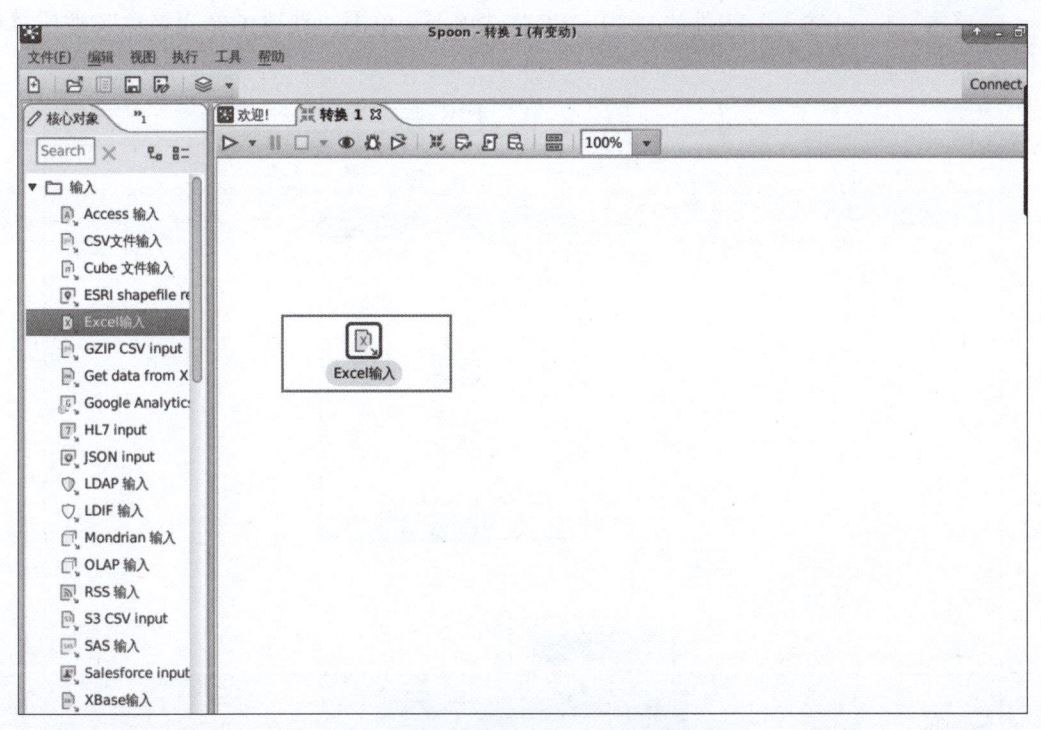

图 4.26　选中"Excel 输入"并拖至右侧

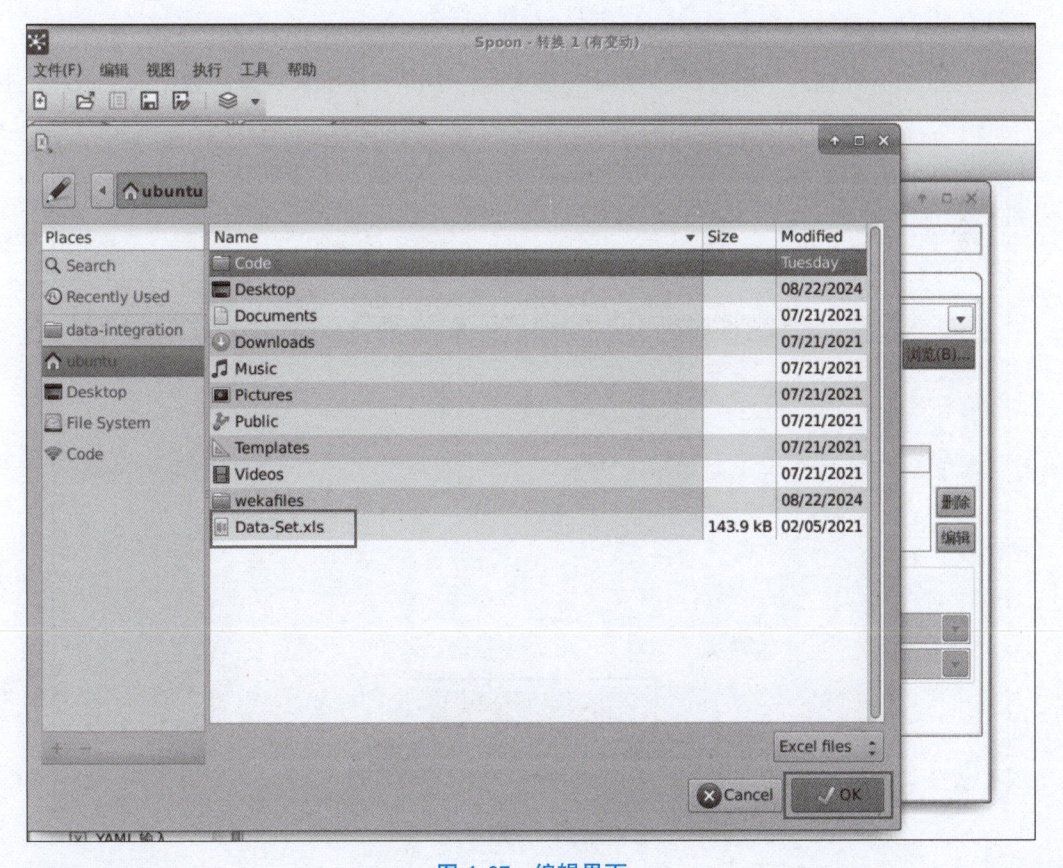

图 4.27　编辑界面

⑤ 单击"Excel 输入"组件的"!工作表"选项卡,单击"获取工作表名称"按钮进行操作,如图 4.28 所示。

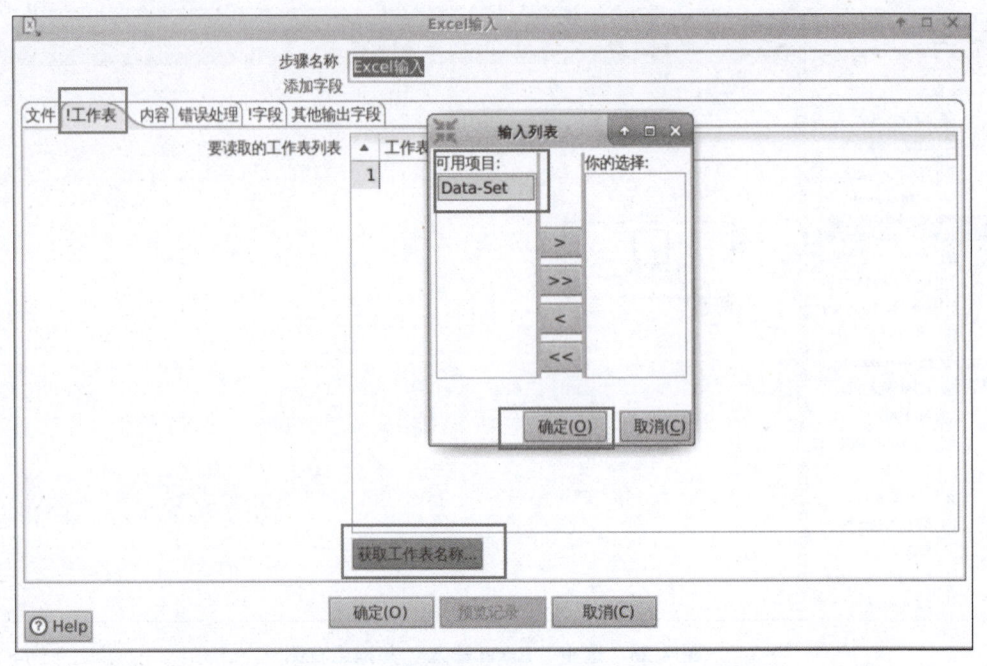

图 4.28 添加工作表

⑥ 单击"Excel 输入"组件的"字段"选项卡,单击"获取来自头部数据的字段…"按钮进行操作,如图 4.29 所示。

图 4.29 获取字段

⑦ 选择 Data Mining，选中"Arff Output"并拖至右侧，如图 4.30 所示。然后右击"Arff Output"，设置输出路径及名称为 data_transform，如图 4.31 所示。

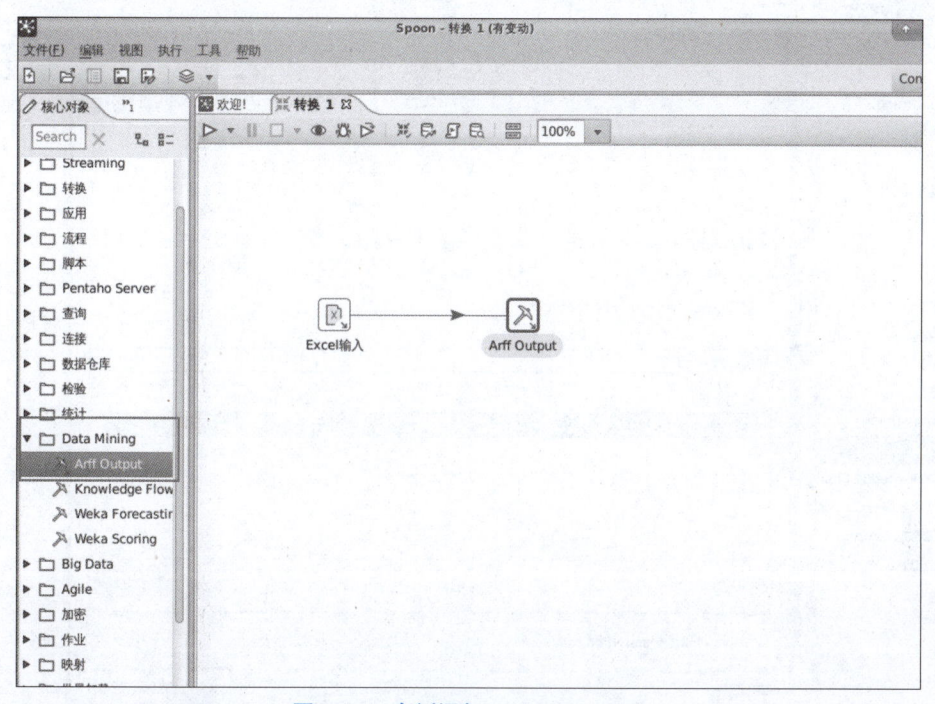

图 4.30　右侧添加"Arff Output"

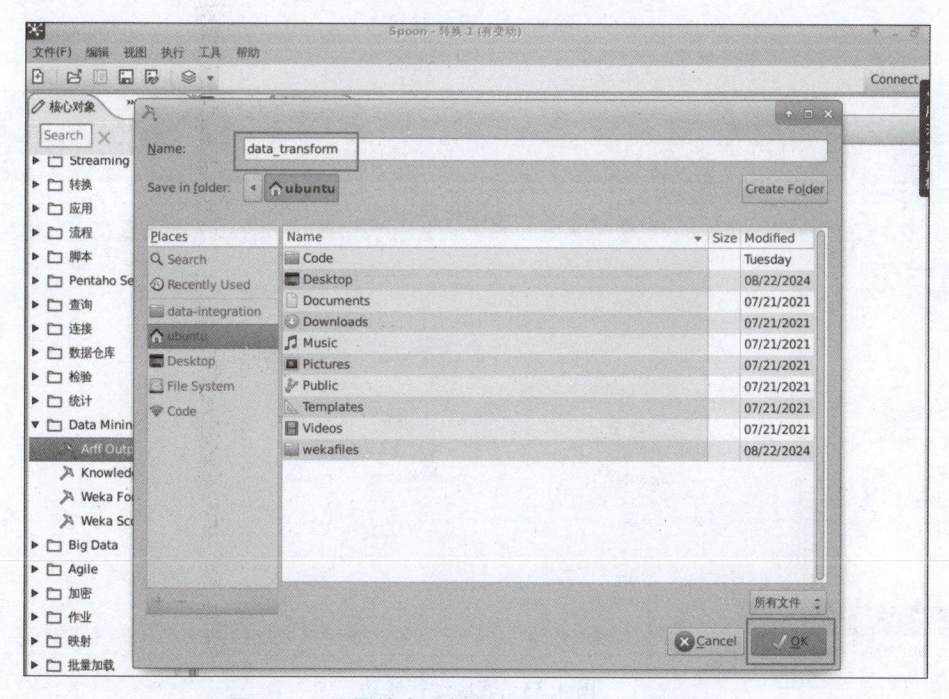

图 4.31　设置输出路径及名称为 data_transform

⑧ 配置完成后，单击"启动"按钮，如图 4.32 所示，即可完成 arff 格式的转换。转换成功后，如图 4.33 所示。

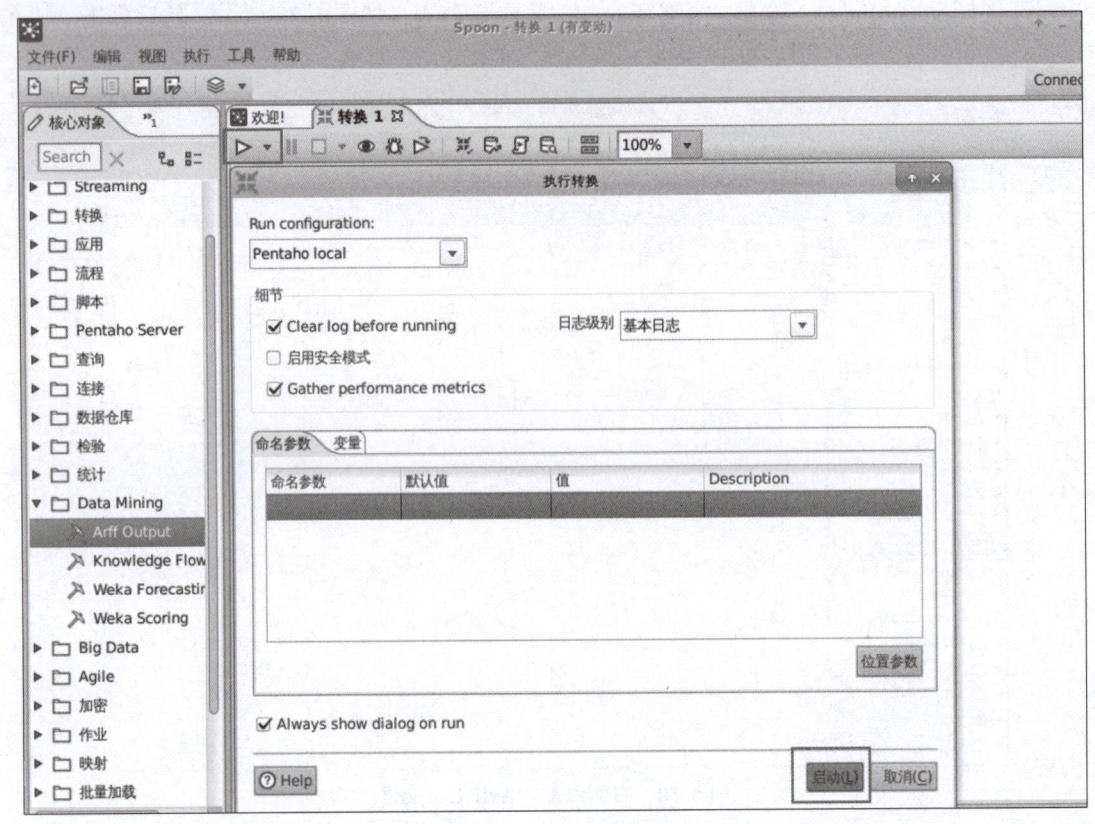

图 4.32 运行转换

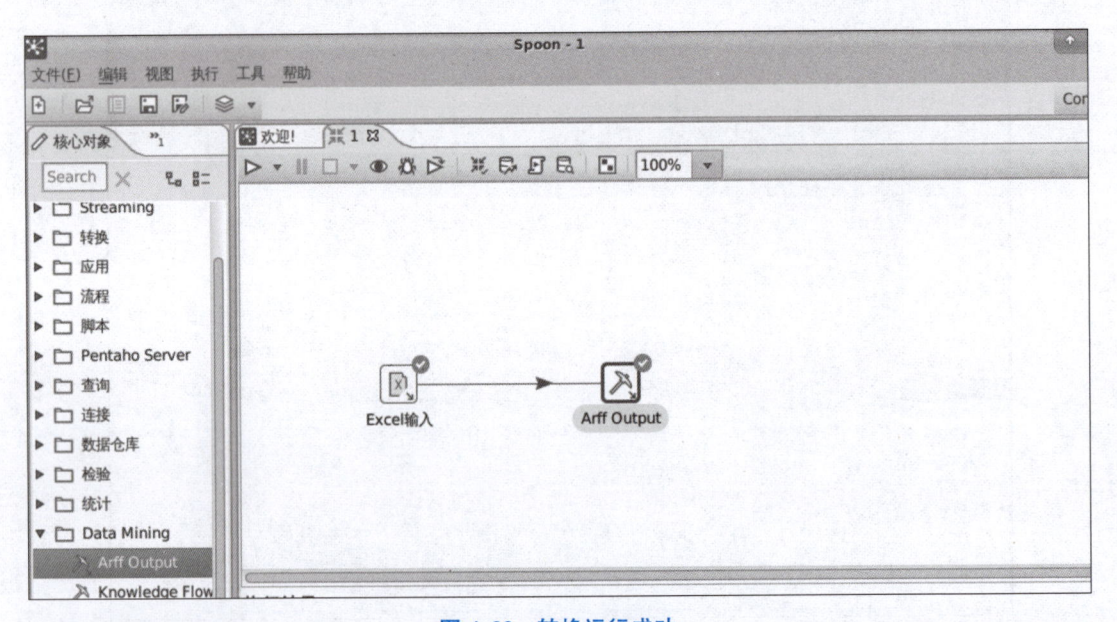

图 4.33 转换运行成功

（4）使用 Weka 的 Explorer 打开数据集，单击"Open file…"按钮，打开文件 data_transform.arff，如图 4.34 所示。

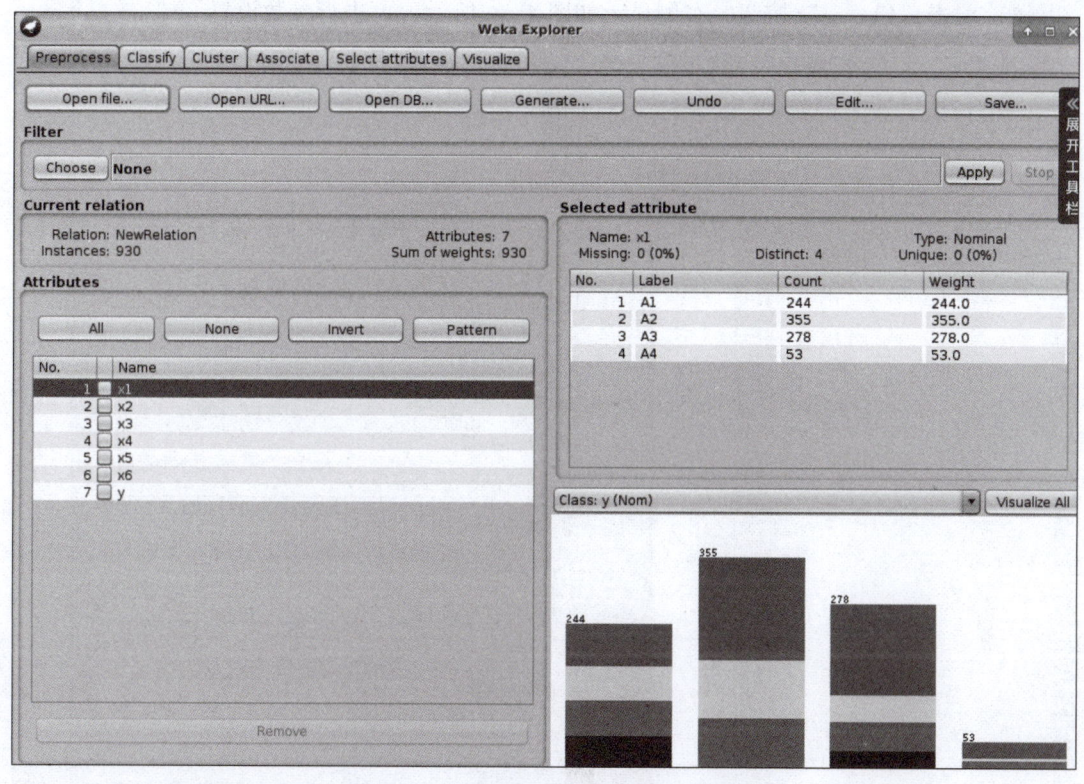

图 4.34 打开文件 data_transform.arff

（5）单击关联规则挖掘"Associate"选项卡，选择算法，如图 4.35 所示。

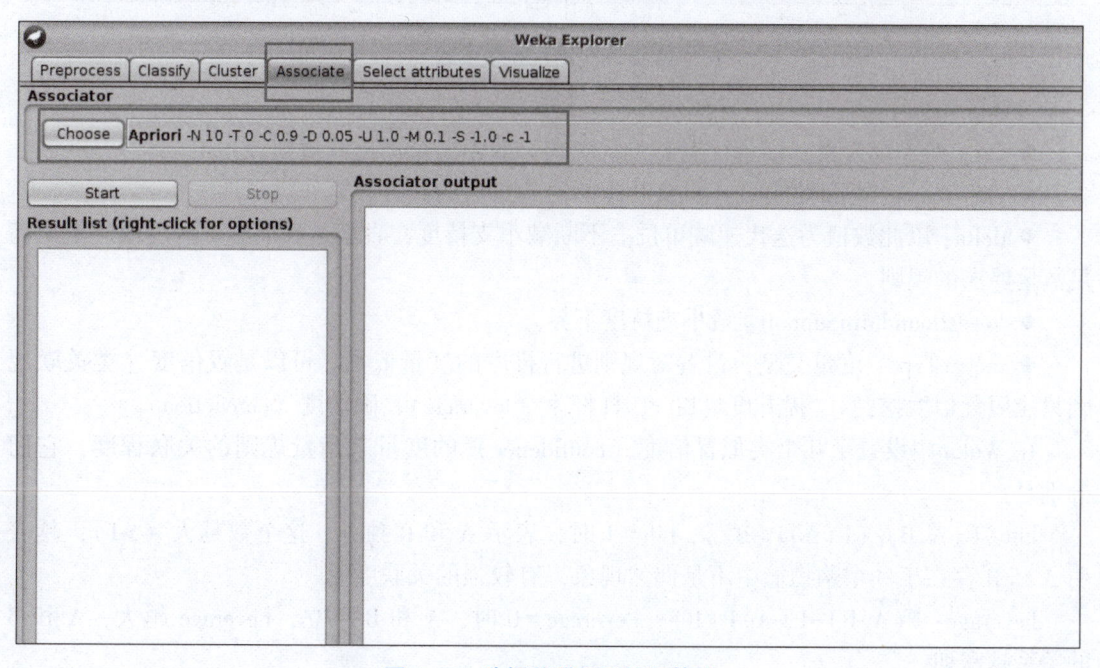

图 4.35 选择关联规则挖掘算法

（6）单击"Choose"按钮，右侧显示如图 4.36 所示，可进行参数设置。

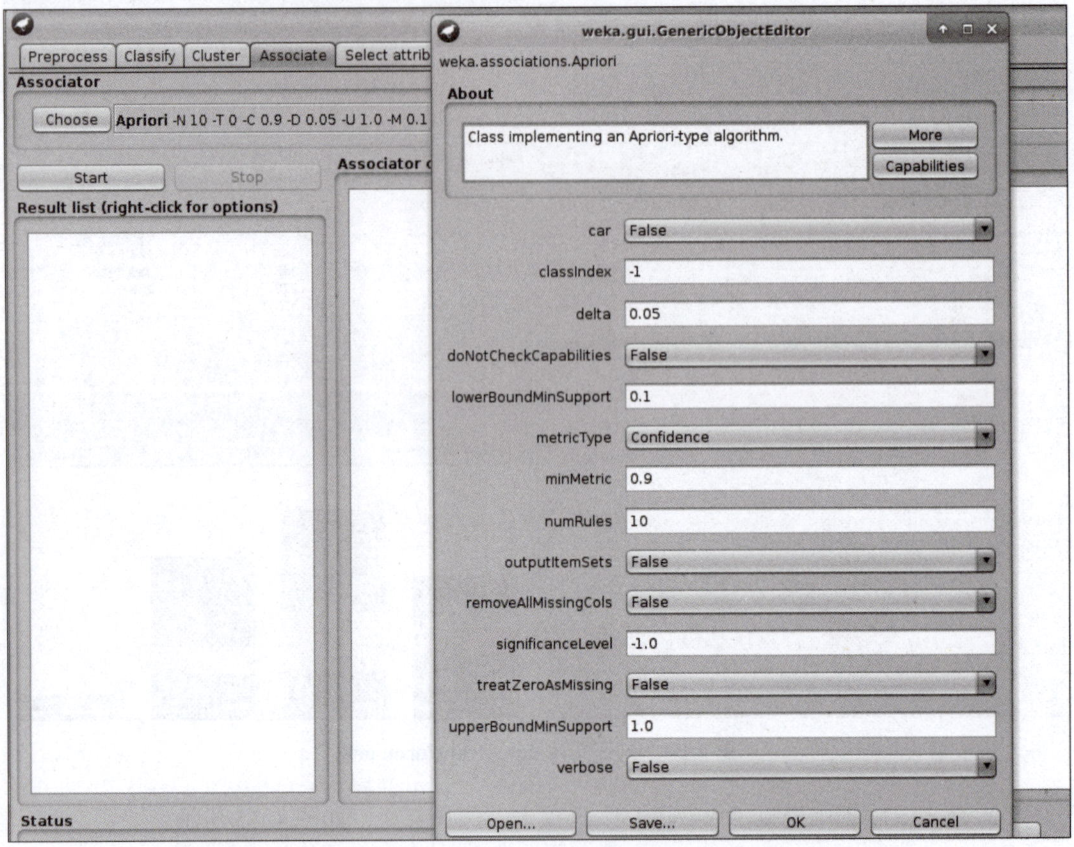

图 4.36 进行参数设置

参数说明如下：

◆ car：如果设为真，则会挖掘类关联规则，而不是全局关联规则。

◆ classIndex：类属性索引。如果设置为-1，最后的属性被当作类属性。

◆ delta：以此数值为迭代递减单位。不断减小支持度，直至达到最小支持度或产生了满足数量要求的规则。

◆ lowerBoundMinSupport：最小支持度下界。

◆ metricType：度量类型，设置对规则进行排序的度量依据。可以是置信度（类关联规则只能用置信度挖掘）、提升度（lift）、杠杆率（leverage）、确信度（conviction）。

在 Weka 中设置了几个类似置信度（confidence）的度量来衡量规则的关联程度，它们分别是：

Lift：$P(A,B)/(P(A)P(B))$，Lift＝1 时，表示 A 和 B 独立。这个数越大（>1），越表明 A 和 B 存在于一个购物篮中不是偶然现象，有较强的关联度。

Leverage：$P(A,B)-P(A)P(B)$。Leverage＝0 时，A 和 B 独立；Leverage 越大，A 和 B 的关系越密切。

Conviction：$P(A)P(!B)/P(A,!B)$（!B 表示 B 没有发生）。Conviction 也用来衡量 A 和 B 的独立性。从它和 Lift 的关系（对 B 取反，代入 Lift 公式后求倒数）可以看出，这个值越大，A、B 越关联。
- minMetric：度量的最小值。
- numRules：要发现的规则数。
- outputItemSets：如果设置为真，会在结果中输出项集。
- removeAllMissingCols：移除全部为缺省值的列。
- significanceLevel：重要程度，重要性测试（仅用于置信度）。
- upperBoundMinSupport：最小支持度上界，从这个值开始迭代减小最小支持度。
- verbose：如果设置为真，则算法会以冗余模式运行。

（7）经过多次调整并结合实际业务分析，选取模型的输入参数为：最小支持度 6%、最小置信度 75%。将 lowerBoundMinSupport 设置为 0.06，minMetric 设置为 0.75，如图 4.37 所示。

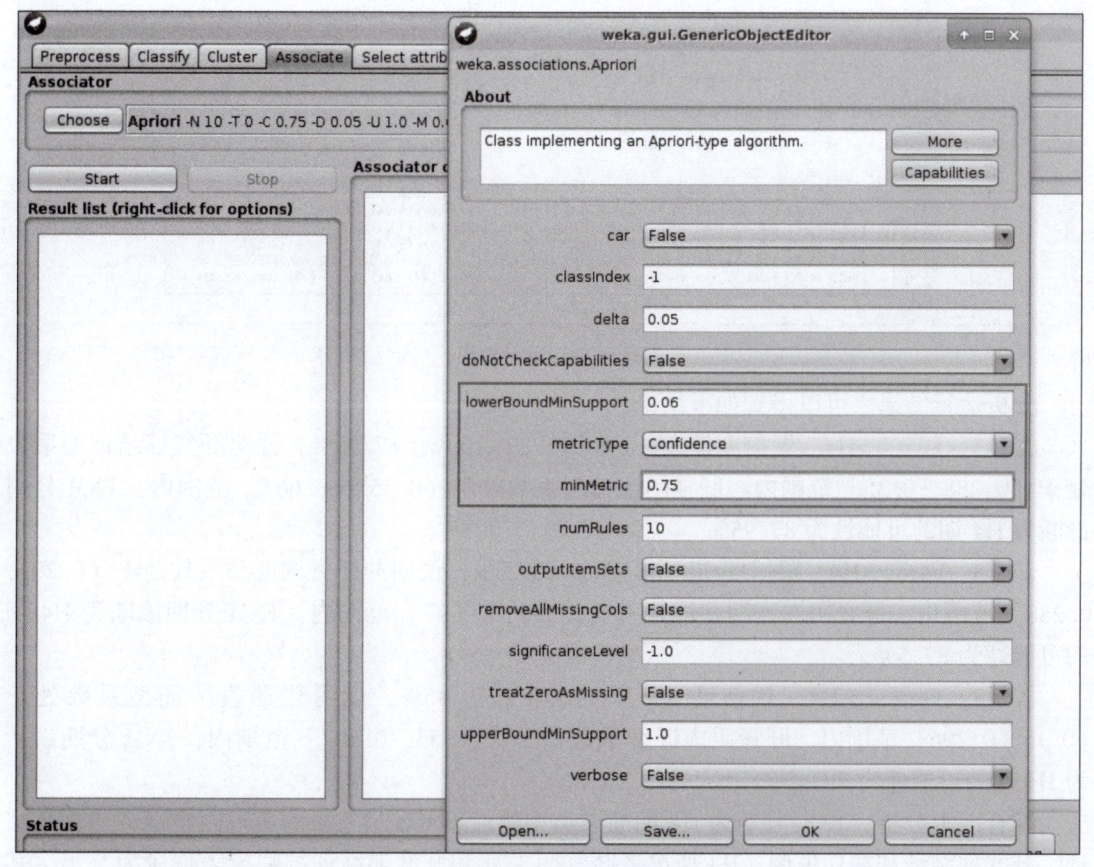

图 4.37　设置参数

设置好参数后，单击"Start"按钮运行，Apriori 的运行结果如图 4.38 所示。

（8）根据上述运行结果，得出了 5 个关联规则，但是并非所有关联规则都有意义，只在乎那些以 H 为规则结果的规则，也就是图 4.38 所示的规则 1、2、3。每个关联规则都可以表示成 X=>Y，其中，X 表示各个证型系数范围标识组合而成的规则，Y 表示 TNM 分期为 H4 期。A3 表示肝气郁结证型系数处于（0.258，0.35］范围内的数值，B2 表示热毒蕴结证型系数处于（0.15，0.296］范围内的数值，C3 表示冲任失调证型系数处于（0.288，0.415］范围内的数值，F4 表示肝肾阴虚证型系数处于（0.353，0.607］范围内的数值。

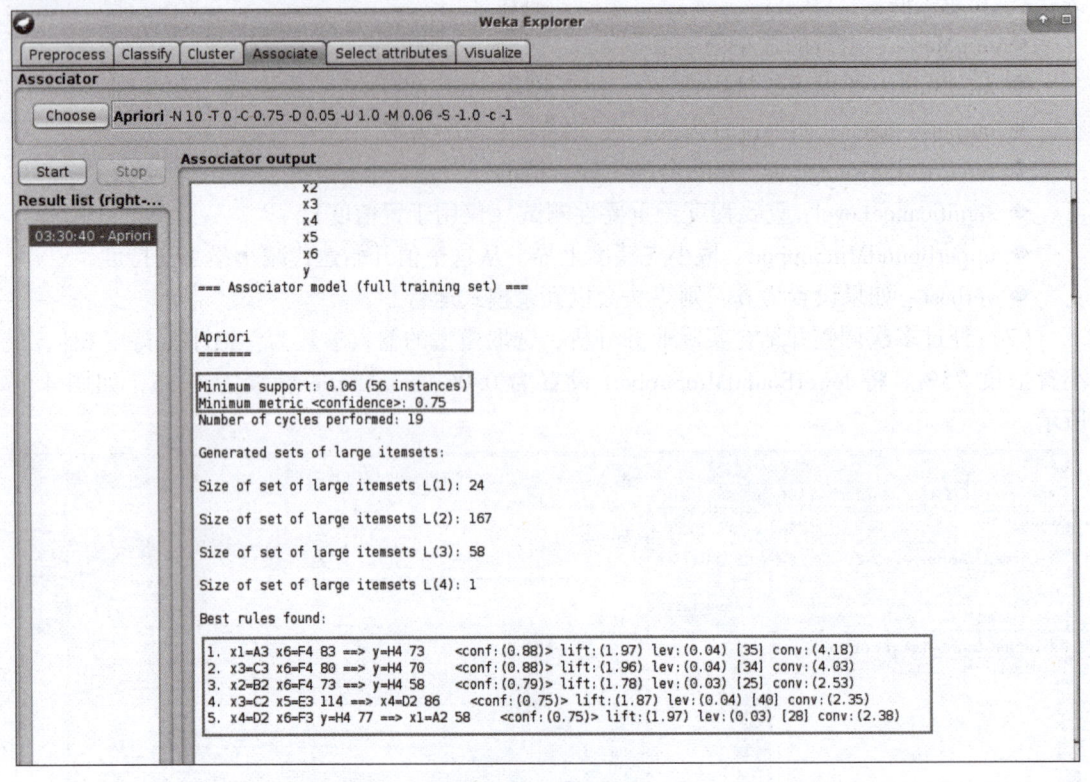

图 4.38 运行结果

分析运行结果，可以得到如下结论：

① A3、F4==>H4，置信度最大，达到 73/83×100%=87.95%，说明肝气郁结证型系数处于（0.258，0.35］范围内，肝肾阴虚证型系数处于（0.353，0.607］范围内，TNM 分期诊断为 H4 期的可能性为 87.95%。

② C3、F4==>H4，置信度 70/80×100%=87.5%，说明冲任失调证型系数处于（0.201，0.288］范围内，肝肾阴虚证型系数处于（0.353，0.607］范围内，TNM 分期诊断为 H4 期的可能性为 87.5%。

③ B2、F4==>H4，置信度 58/73×100%=79.45%，说明热毒蕴结证型系数处于（0.15，0.296］范围内，肝肾阴虚证型系数处于（0.353，0.607］范围内，TNM 分期诊断为 H4 期的可能性为 79.45%。

综合以上分析，TNM 分期为 H4 期的该类型癌症患者证型主要为肝肾阴虚证、热毒蕴结证、肝气郁结证和冲任失调，H4 期患者肝肾阴虚证和肝气郁结证的临床表现较为突出，其置信度最大，达到 87.96%。

【实验总结】

Weka 作为一个公开的数据挖掘工作平台，集合了大量能承担数据挖掘任务的机器学习算法，包括对数据进行预处理、分类、回归、聚类、关联规则以及在新的交互式界面上的可视化。本实验利用 Weka 智能分析软件对中医证型数据进行关联性分析，借助患者的病理信息，挖掘患者症状与中医证型之间的关联关系。

4.3 客户关系管理应用

实验：航空客运信息挖掘

【实验目的】
1. 熟悉并学会使用 Weka 智能分析环境。
2. 根据数据源建立数据模型。
3. 根据数据模型预测潜在客户。
4. 根据业务逻辑，按照 LRFMC 模型进行数据变换。
5. 使用数据进行分类预测客户的流失率。

【实验原理】
本实验利用 Weka 智能分析软件，从航空客运信息源数据中挖掘处理数据，建立数据模型；根据数据模型预测潜在客户；根据业务逻辑，按照 LRFMC 模型（LRFMC 模型是一种客户价值分析模型）进行数据变换，并且使用数据来分类预测客户的流失率。本实验使用到的数据源：数据库中 customer 表中的数据，代表客户信息表；TRANSACTION_DATE，代表航空公司客运数据。

【实验环境】
1. Ubuntu 16.04。
2. Weka 3.8.2。

【实验步骤】
1. 数据准备。

```
wget http://10.90.3.2/LMS/BI/7/foodmart2008_predict_data.arff
wget http://10.90.3.2/LMS/BI/7/airline_company_customer.arff
```

2. 数据抽取。
首先需要将 sql 文件导入数据库 MySQL 中。
（1）下载 sql 文件。

```
sudo -i
wget http://10.90.3.2/HUP/BI/4/foodmart2008.sql
wget http://10.90.3.2/LMS/BI/4/foodmart2008.xml
```

（2）启动数据库服务，如图 4.39 所示。

```
sudo -i
service mysql start
mysql -uroot -p123456
show databases
```

图 4.39 启动数据库

（3）新建数据库 Foodmart2008，如图 4.40 所示。

CREATE DATABASE Foodmart2008;

（4）使用数据库 Foodmart2008，如图 4.41 所示。

use Foodmart2008;

图 4.40 新建数据库

图 4.41 使用数据库

（5）导入 sql 文件，如图 4.42 所示。

source foodmart2008.sql;

图 4.42 导入数据库文件

（6）删除 customer 表中的 date_accnt_opened、birthdate 字段，如图 4.43 所示。

图 4.43 删除数据库中部分字段

ALTER TABLE customer DROP COLUMN date_accnt_opened;

ALTER TABLE customer DROP COLUMN birthdate;

以上准备工作完成后，开始正式进入实验过程。

3. 数据分析。

（1）打开 Weka，进入主界面，如图 4.44 所示，选择"Explorer"选项。

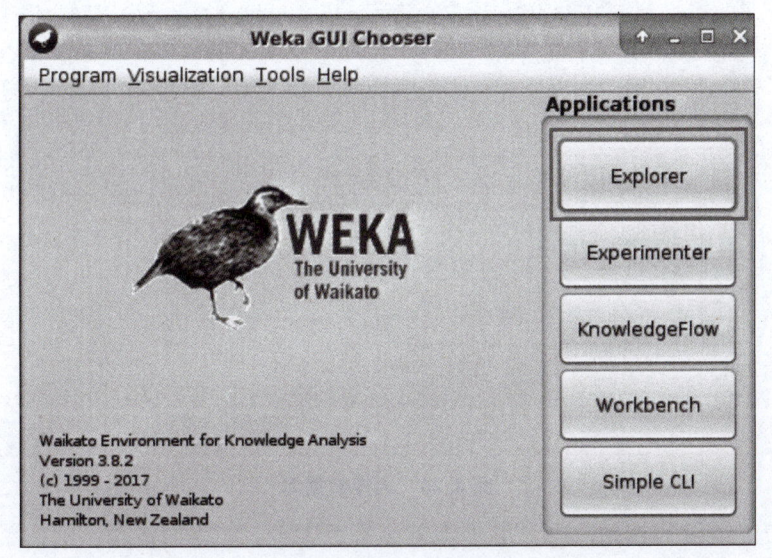

图 4.44　Weka 主界面

（2）打开数据源，因为这里的数据源是数据库，所以选择"Open DB"选项，如图 4.45 所示。

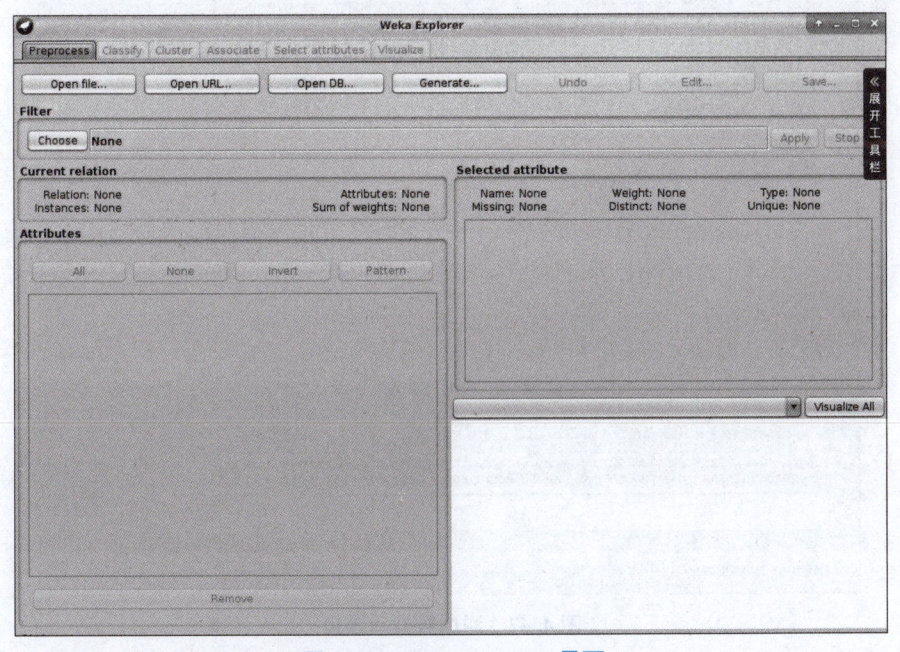

图 4.45　Weka Explorer 界面

(3) 填写参数，链接到数据库，如图 4.46 所示。图中的 URL 为 jdbc：mysql：//localhost：3306/Foodmart2008？characterEncoding=UTF-8，Username：root，Password：123456。

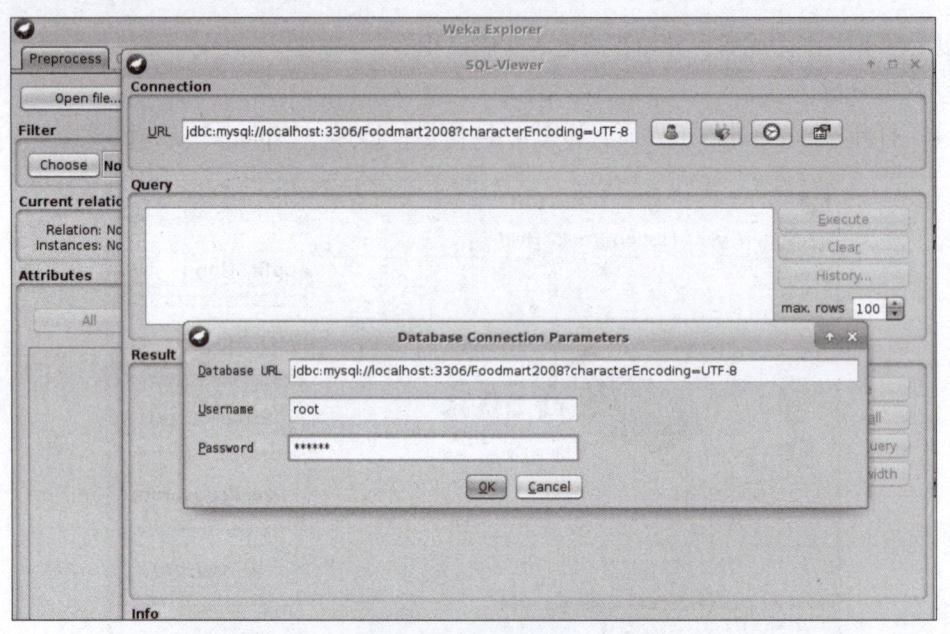

图 4.46 连接数据库

(4) 单击"链接"按钮，测试数据库链接是否连通，如连通成功，则如图 4.47 所示。

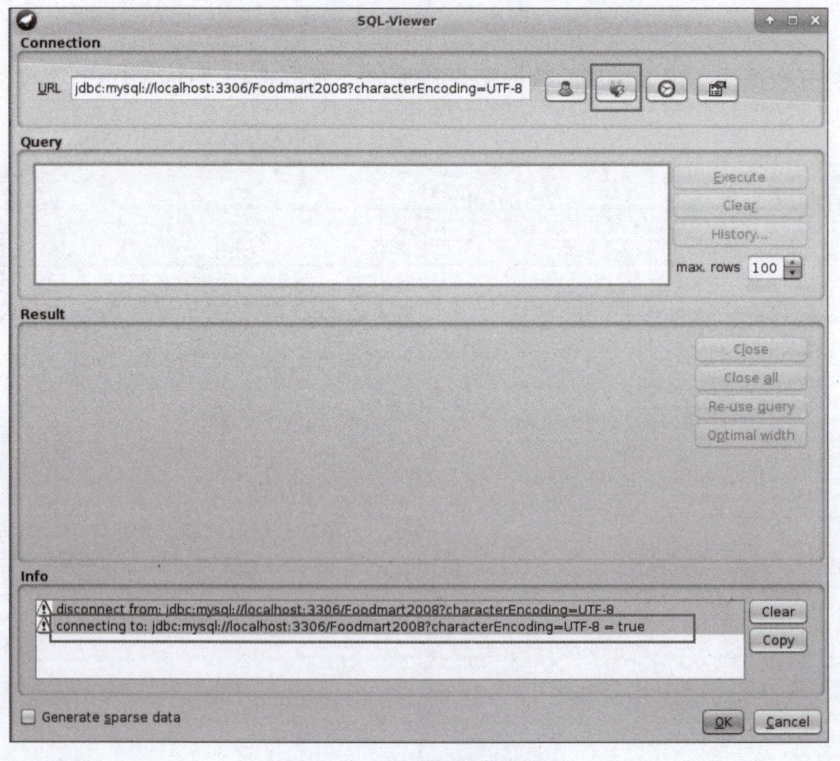

图 4.47 测试数据库连接

（5）在"Query"文本框中写入 sql 查询语句：select * from customer;，如图 4.48 所示，然后单击右侧的"Execute"按钮，查询出相应的数据，最后单击最下方的"OK"按钮，完成数据导入。

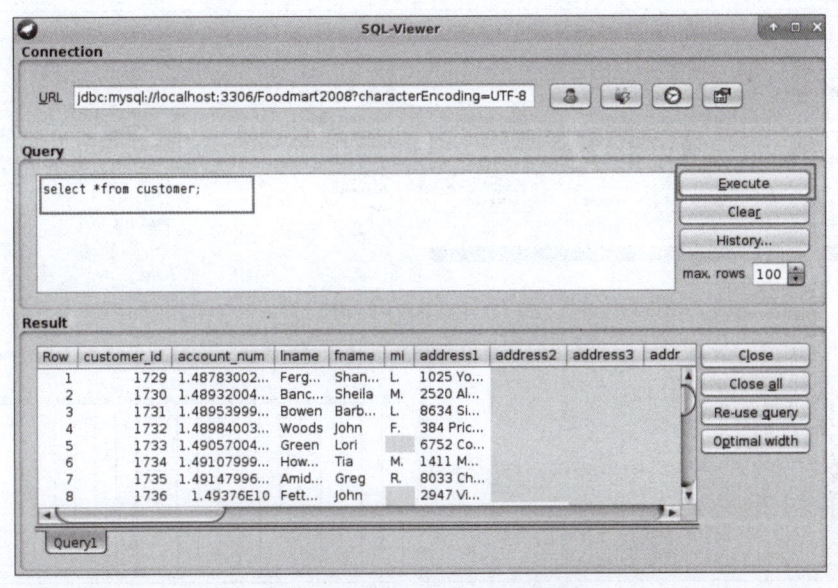

图 4.48　导入 customer 表数据

（6）进行字段筛选，去除不必要的字段，如图 4.49 所示。

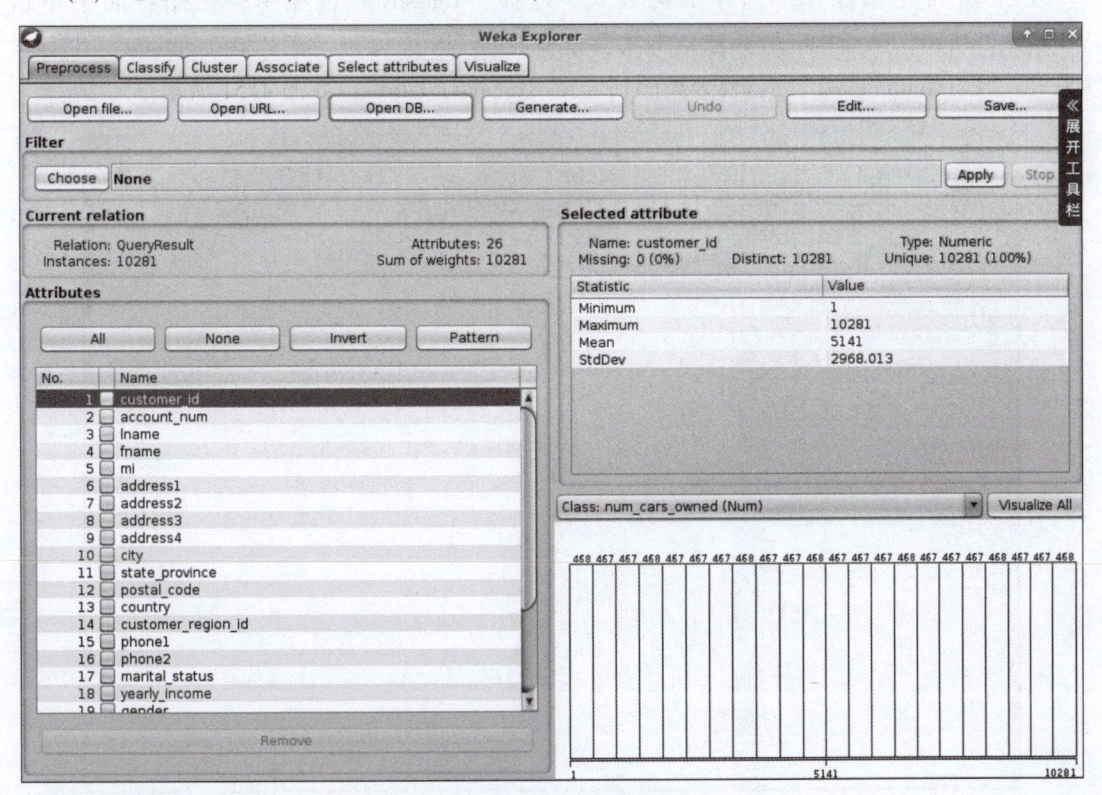

图 4.49　进行字段筛选

筛选后，剩余的字段如图 4.50 所示，单击"Save"按钮对数据进行保存。

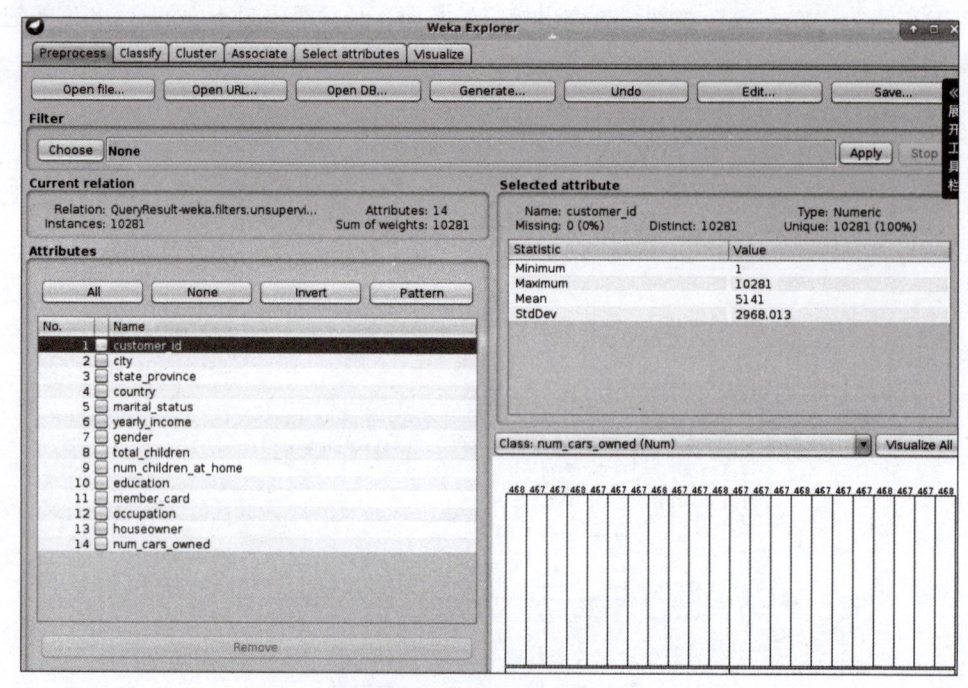

图 4.50　去除不必要的字段

（7）进行建模操作，选择聚类方式。选择"Classify"选项卡，在此界面中单击"Choose"按钮，选择相应的算法，本实验选择的是 J48 决策树。在"Test options"中选择第一项"Use training set"，需要分类的列选择"member_card"，如图 4.51 所示。

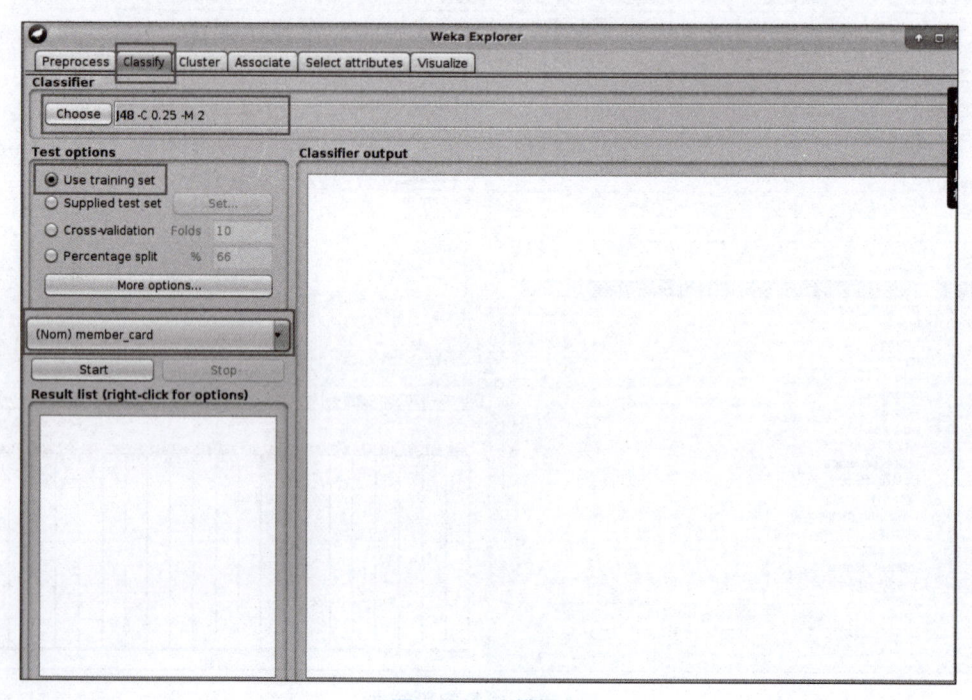

图 4.51　建模操作

(8) 单击 "Start" 按钮开始训练模型，右侧会显示出一些输出信息，如图4.52所示。

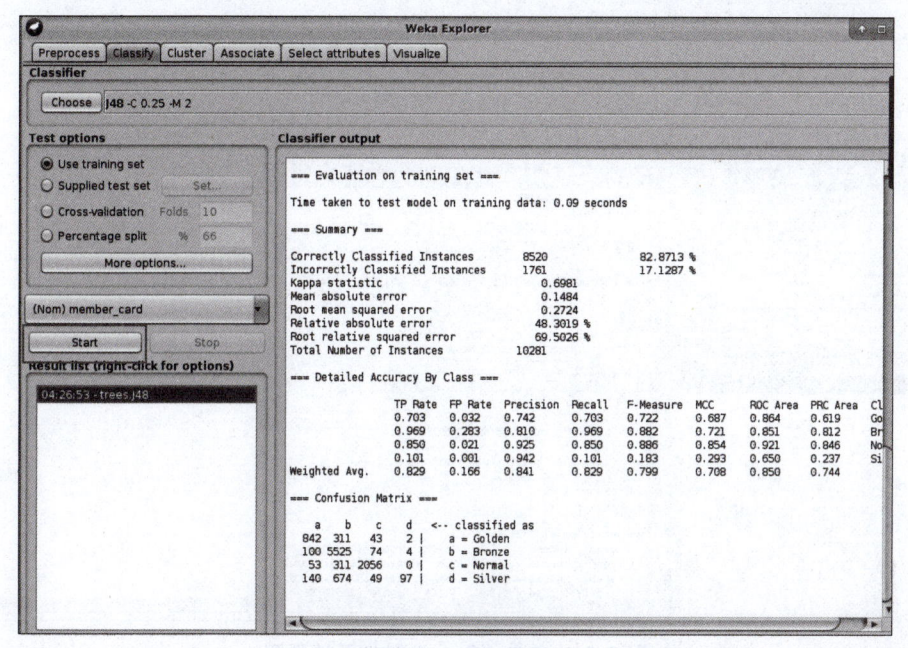

图 4.52 模型训练

(9) 打开 ubuntu 目录下的 foodmart2008_predict_data.arff 文件，数据文件如图4.53所示，使用 "?" 作为占位符代替要预测字段所在的位置。在 "Test options" 中选择第二项 "Supplied test set"，"Open file" 选择 foodmart2008_predict_data.arff，Class 参数选择 "member_card"，然后单击 "Start" 按钮开始预测，如图4.54所示。

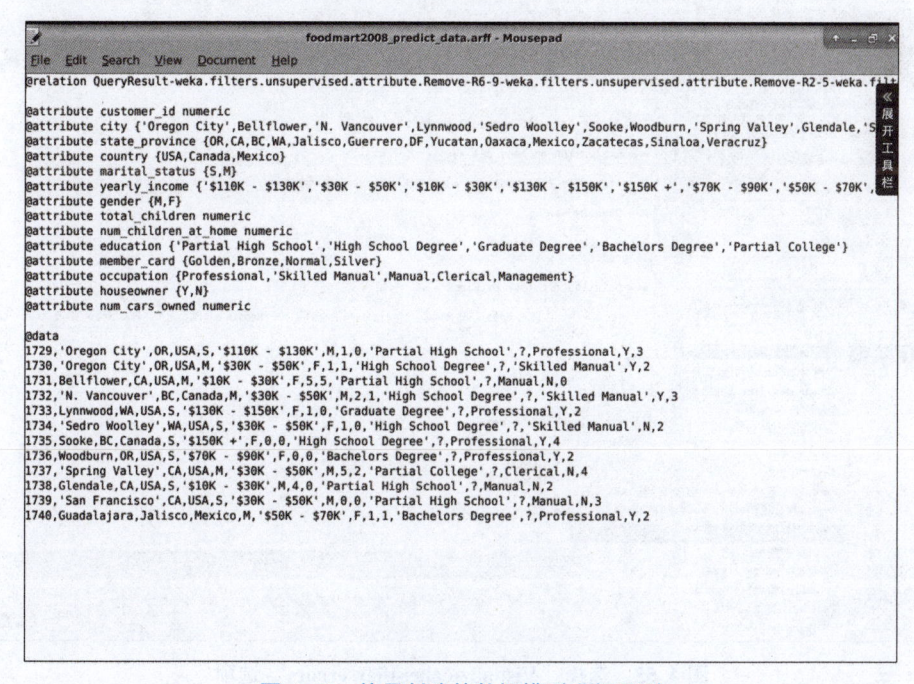

图 4.53 使用创建的数据模型进行预测

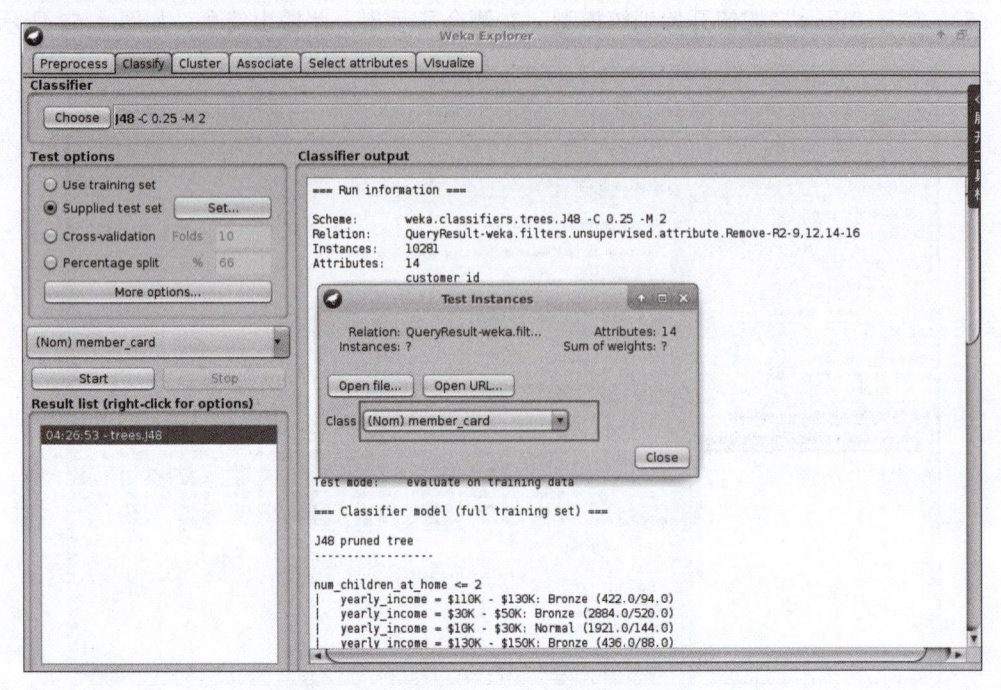

图 4.54 单击"Start"按钮开始预测

（10）右击"Result list"中的结果选项，并选择"Visualize classifier errors"选项，如图 4.55 所示。

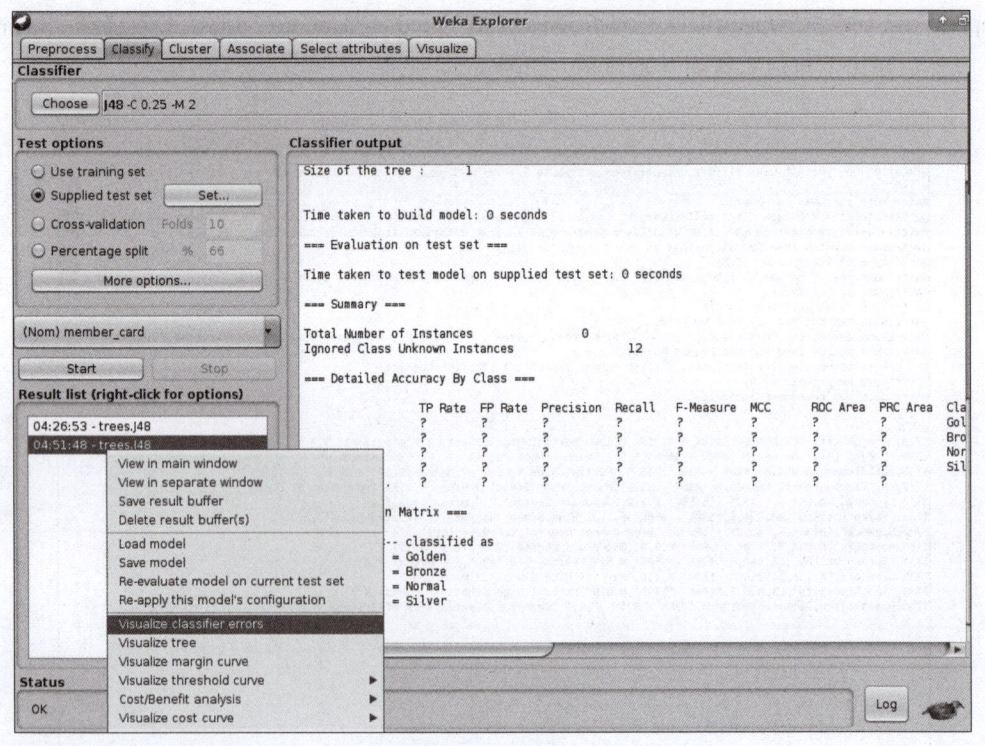

图 4.55 选择"Visualize classifier errors"选项

(11)单击"Save"按钮保存结果,如图 4.56 所示。

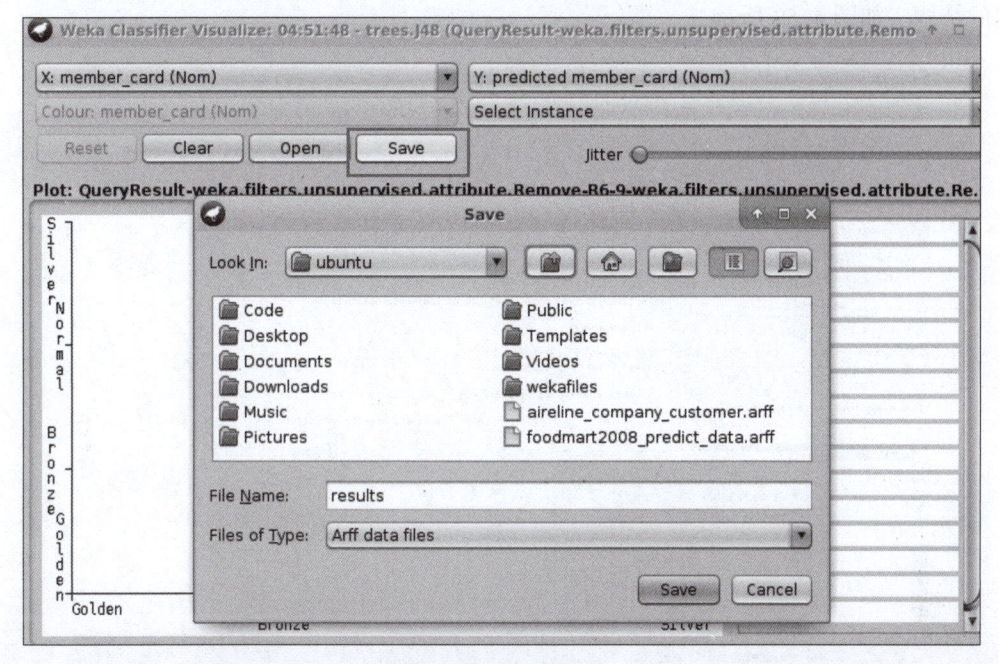

图 4.56 保存结果

打开结果文件进行查看,如图 4.57 所示,预测数据使用"?"代替要预测的字段,在原来"?"前先出现了两列数据,数字为预测概率,字符为预测结果,即这个顾客最可能办 Bronze 等级的会员卡,概率为 0.713 27。

图 4.57 查看结果文件

（12）右击"Result list"中的结果选项，如图 4.58 所示，选择"Visualize tree"查看决策树的结构，如图 4.59 所示。

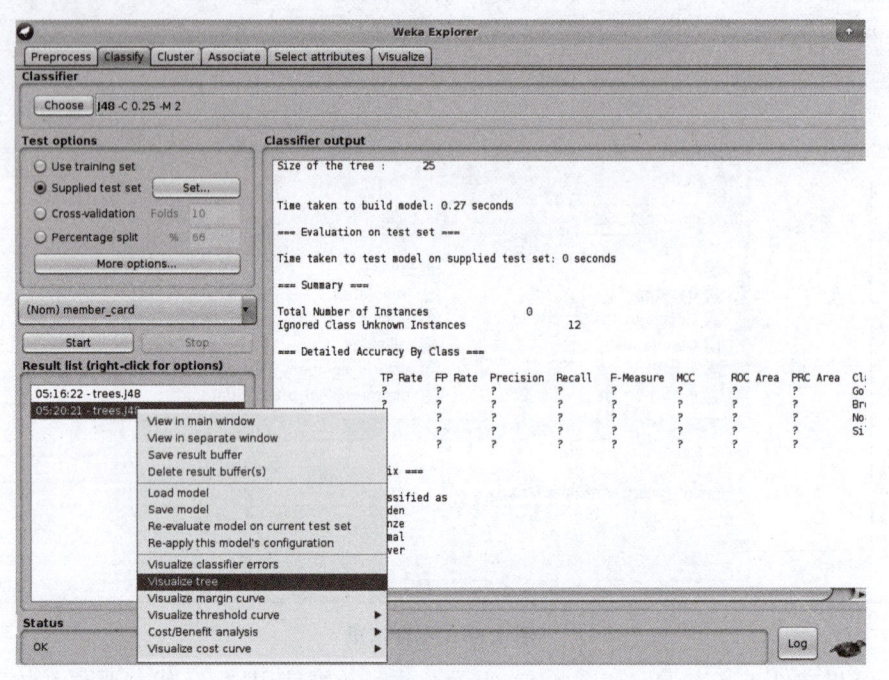

图 4.58　选择"Visualize tree"

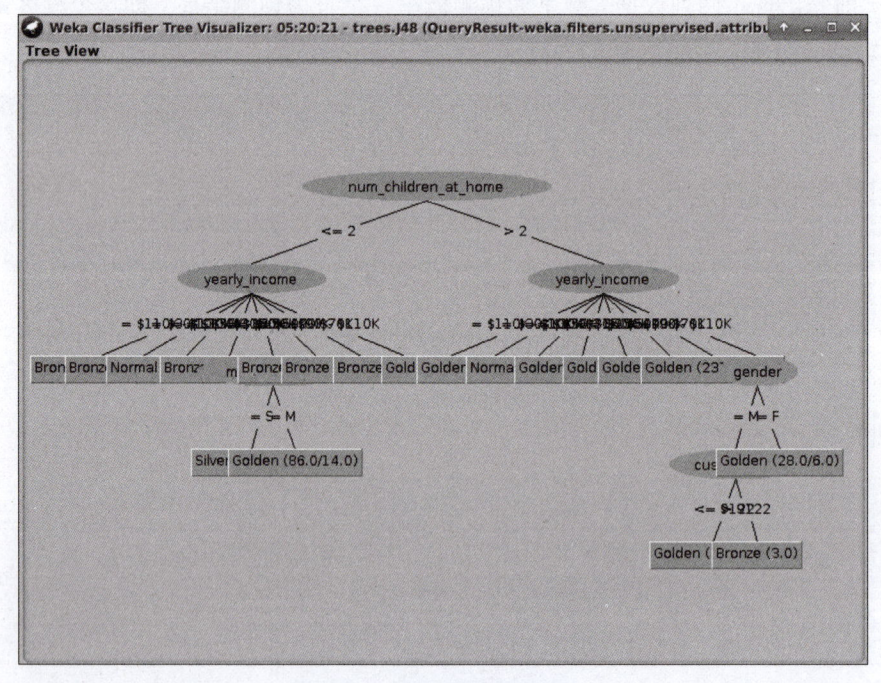

图 4.59　查看决策树的结构

（13）在"Select attributes"选项卡中可以预测出对目标字段影响最大的四个字段，如图 4.60 所示。

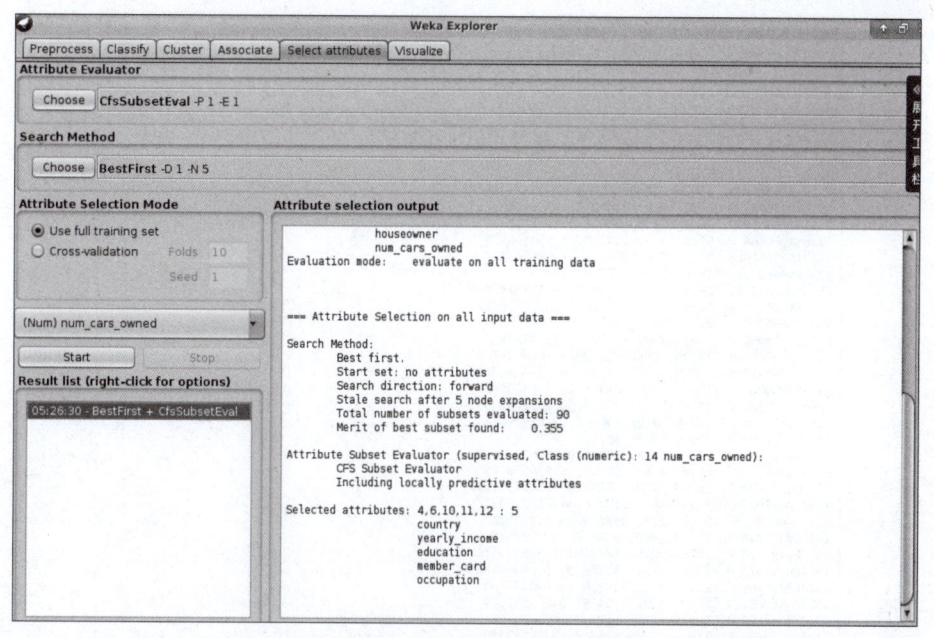

图 4.60 "Select attributes"选项卡

如此，预测潜在客户的操作就完成了，当有新的客户信息时，就可以根据已有模型判断客户会办某种会员卡的最大可能性。

接下来，换一个航空公司数据集来预测客户流失的可能性。

(1) 打开 Weka，选择"Explorer"，导入下载的 aireline_company_customer.arff 数据文件，如图 4.61 所示，可以查看到数据，如图 4.62 所示。

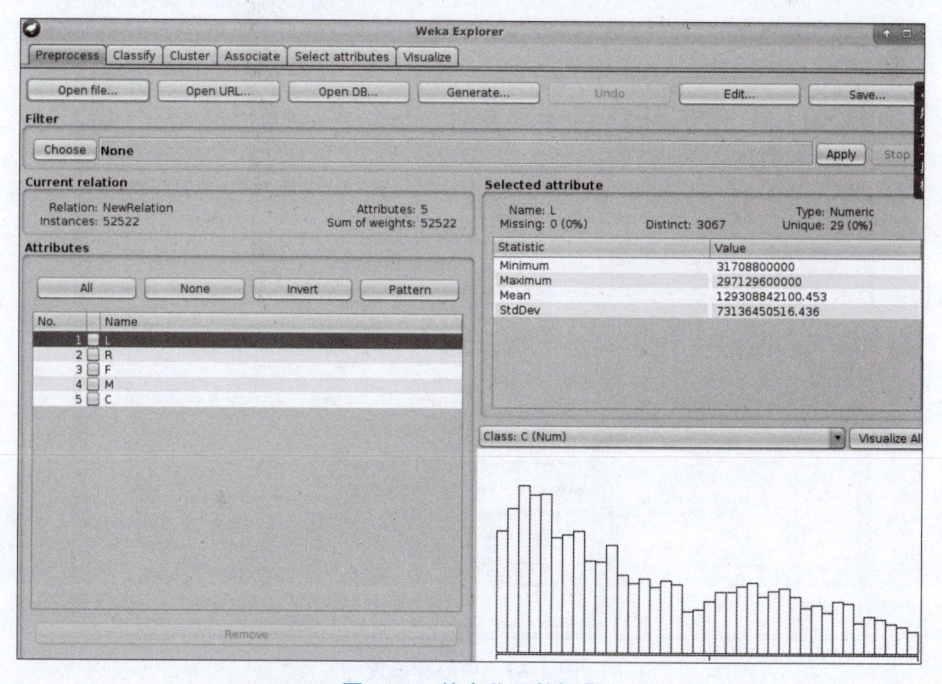

图 4.61 航空公司数据集

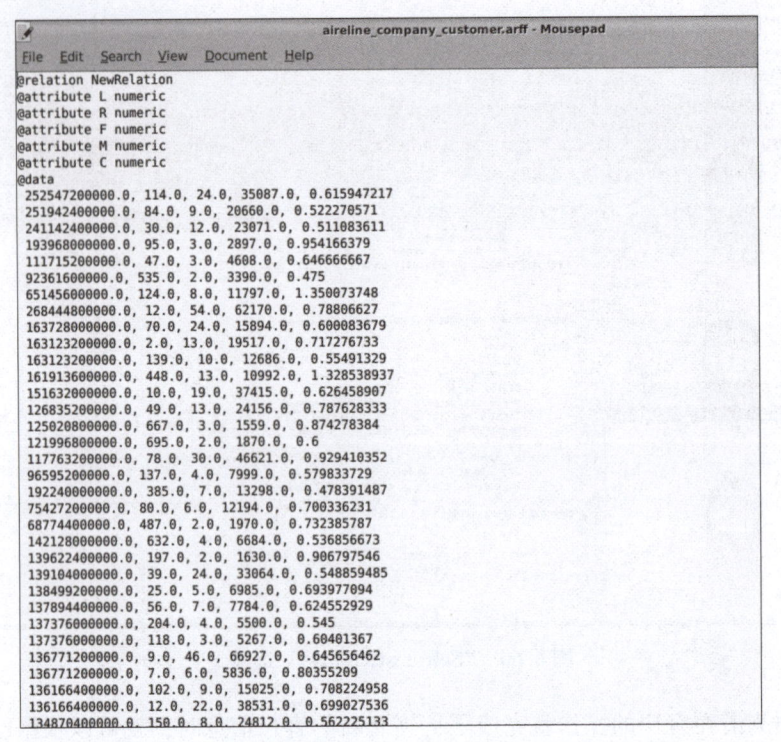

图 4.62 查看数据集 aireline_company_customer. arff

（2）使用 KMeans 聚类算法进行建模分析，实现客户价值分群。根据业务逻辑，确定将客户大致分为五类，K=5（K 是中心簇的个数，即分为五类）。

① 首先进入"Cluster"选项卡，"Choose"选择 SimpleKMeans 算法，进行中心簇设置，如图 4.63 所示。

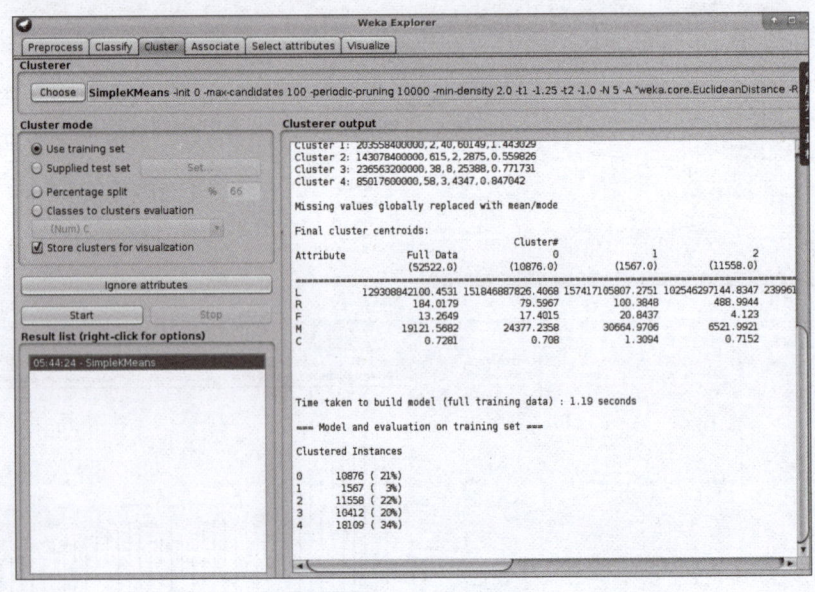

图 4.63 中心簇设置

L：客户关系长度。客户加入会员的日期至观测窗口结束日期的间隔。（单位：天）
R：最近一次乘机时间。最近一次乘机日期至观测窗口结束日期的间隔。（单位：天）
F：乘机频率。客户在观测窗口期内乘坐飞机的次数。（单位：次）
M：飞行总里程。客户在观测窗口期内的飞行总里程。（单位：公里）
C：平均折扣率。客户在观测窗口期内的平均折扣率。（单位：无）

② 右击"Choose"按钮旁标注红色的算法框，选择参数，将"nubClusters"改成5，如图4.64所示，即为5个集群，等于K的数值。

③ 开始计算。这5类的分类含义见表4.1，最终结果如图4.65所示。

表 4.1 客户群分类含义

客户群	排名	排名含义
客户群 1	1	重要保持客户
客户群 3	2	重要发展客户
客户群 0	3	重要挽留客户
客户群 4	4	一般客户
客户群 2	5	低价值客户

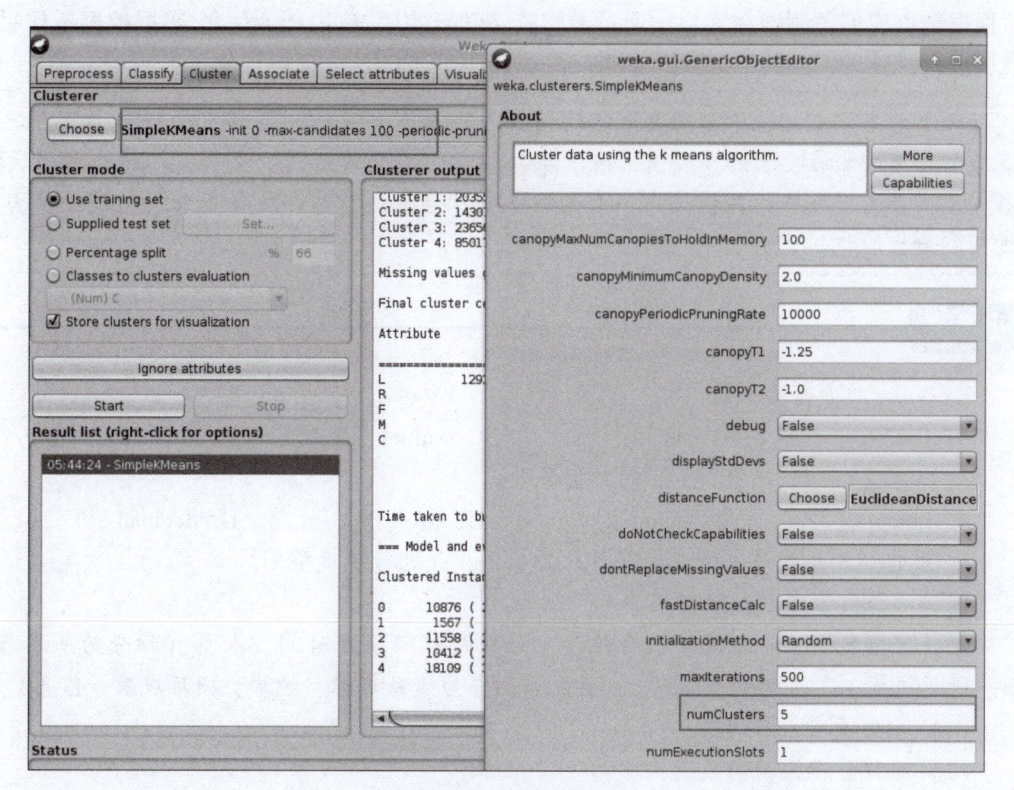

图 4.64 算法参数设置

从数据中可以看出，客户群2占比22%，这里可以初步预测客户流失率为22%。

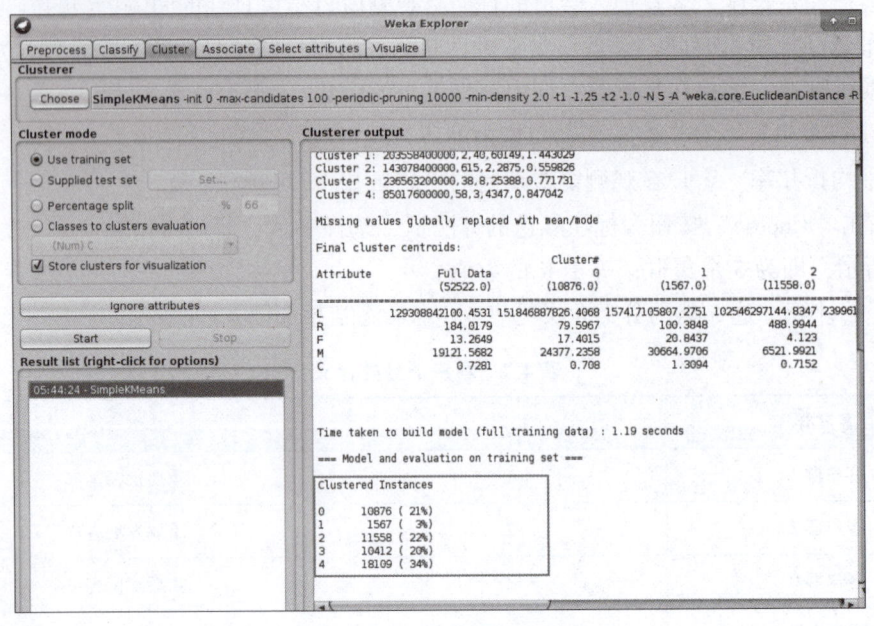

图 4.65　算法模型结果

【实验总结】

本实验利用 Weka 智能分析软件，从航空客运信息源数据中挖掘处理数据，建立数据模型，根据数据模型预测潜在客户。通过本实验，学习使用 Weka 作为一个数据挖掘工作平台对数据进行预处理、分类、回归、聚类、关联规则分析以及数据可视化。

> 习近平总书记在主持中共中央政治局第十一次集体学习时，强调发展新质生产力是推动高质量发展的内在要求和重要着力点。数据要素的多场景应用和复用能力进一步放大了其在新质生产力发展中的关键作用，大数据技术作为新技术结合各行各业对新质生产力的发展起到积极的作用。

小检测

1. Weka 的专有格式是（　　）。

   A. Dati56　　　　B. ARFF　　　　C. value　　　　D. keymap

2. 以下（　　）不是 Weka 的数据类型。

   A. numeric　　　B. nominal　　　C. string　　　　D. decimal

3. 列举以下大数据分析在教育行业的应用，并进行维度举例。

   例如：科研管理方面的应用。

   以科研为实体，考虑设计三个维度，分别是科研项目时间、人员（细分为基本履历、所属机构、学术档案等信息）、项目（细分为项目名称、经费、项目成果等信息）。

   （1）学生管理方面的应用；

   （2）课程管理方面的应用；

   （3）设施管理方面的应用；

   （4）教工管理方面的应用。

第 5 章　数据工坊项目实践

【学习目标】

- 了解广播电视行业的市场现状；
- 了解新零售智能销售设备市场现状；
- 熟练掌握数据清洗方法在实际项目中的运用；
- 熟练掌握大数据可视化分析方法在实际项目中的运用。

本章属于应用扩展部分，是数据工坊在大数据相关竞赛中作为竞赛训练使用的数据集和案例。本章要求读者具有一定的 Python 语言编程经验，并且会使用以下大数据分析工具：

（1）Pandas，是基于 NumPy 的一个工具库，该工具库是为解决数据分析任务而创建的。Pandas 纳入了大量库和一些标准的数据模型，提供了高效地操作大型数据集所需的工具，使用户可以快速、便捷地处理数据。

（2）Matplotlib，是一个用于绘制图表和可视化数据的 Python 库。它提供了丰富的绘图工具，可以用于生成各种静态、交互式和动画图表。Matplotlib 是数据科学、机器学习和科学计算领域中最流行的绘图库之一。

（3）Seaborn，是在 Matplotlib 基础上进行了高级 API 封装，图表装饰更加容易，可以用更少的代码作出更美观的图。同时，Seaborn 高度兼容了 NumPy、Pandas、SciPy 等库，使数据可视化更加方便、快捷。

5.1　广电大数据实战

5.1.1　实验一：广电大数据处理

【实验目的】

1. 了解广播电视行业的市场现状。

2. 掌握数据清洗方法,包括对收视行为、账单、收费、订单和用户状态数据进行处理。

【实验原理】

随着经济的不断发展,广播电视网、互联网、通信网实现"三网融合",产生了大量的用户状态数据、收视行为数据、订单数据、缴费数据等。本实验结合广播电视行业的实际情况,对用户的收视行为数据、收视时长数据和收费数据等做了大数据处理。

【实验环境】

1. Ubuntu 16.04。
2. PyCharm community 2018.2。
3. Pandas 1.0.2。

【实验步骤】

1. 打开 PyCharm,如图 5.1 所示。

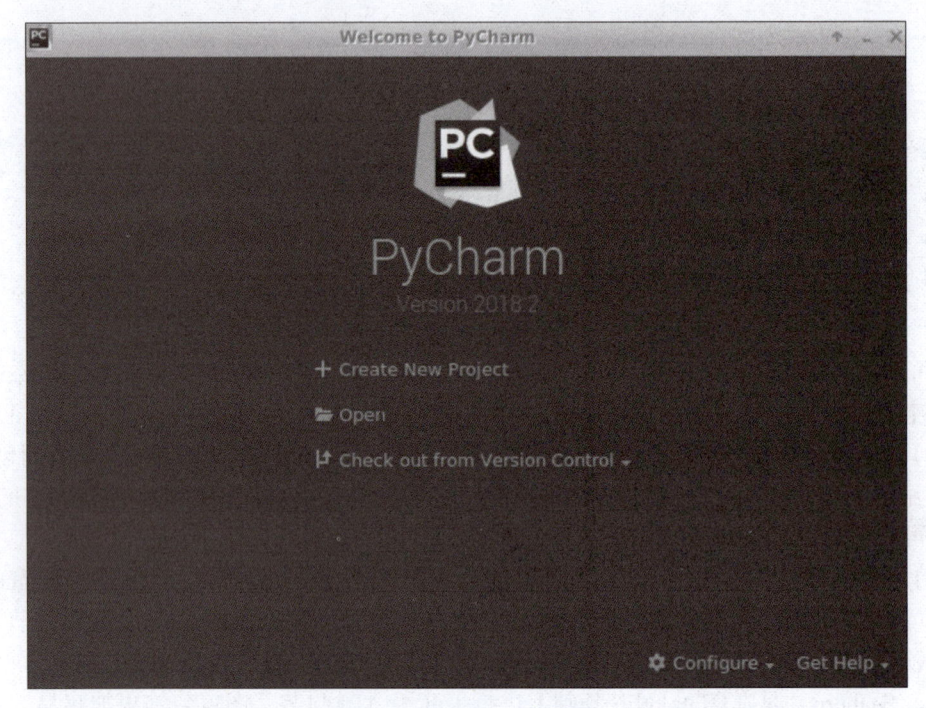

图 5.1 PyCharm 主界面

2. 创建新项目,如图 5.2 所示。
3. 输入新建项目地址和名称 radio_TV,单击"Create"按钮创建项目,如图 5.3 所示。
4. 设置解析器。
 (1) 单击"File"→"Settings"选项,如图 5.4 所示。
 (2) 选择/opt/conda3/bin/python3.6 解析器,如图 5.5 所示。
5. 准备数据。在桌面空白处右击,选择"Open Terminal Here",打开一个 terminal 终端,在终端中下载数据到实验机。
 (1) 先切换目录:cd /home/ubuntu,进入 ubuntu 目录,如图 5.6 所示。
 (2) 下载数据,如图 5.7 所示。

wget http://10.90.3.2/LMS/SocialTraining/Python/07.DA_case/day01/mmconsume_payevents.zip

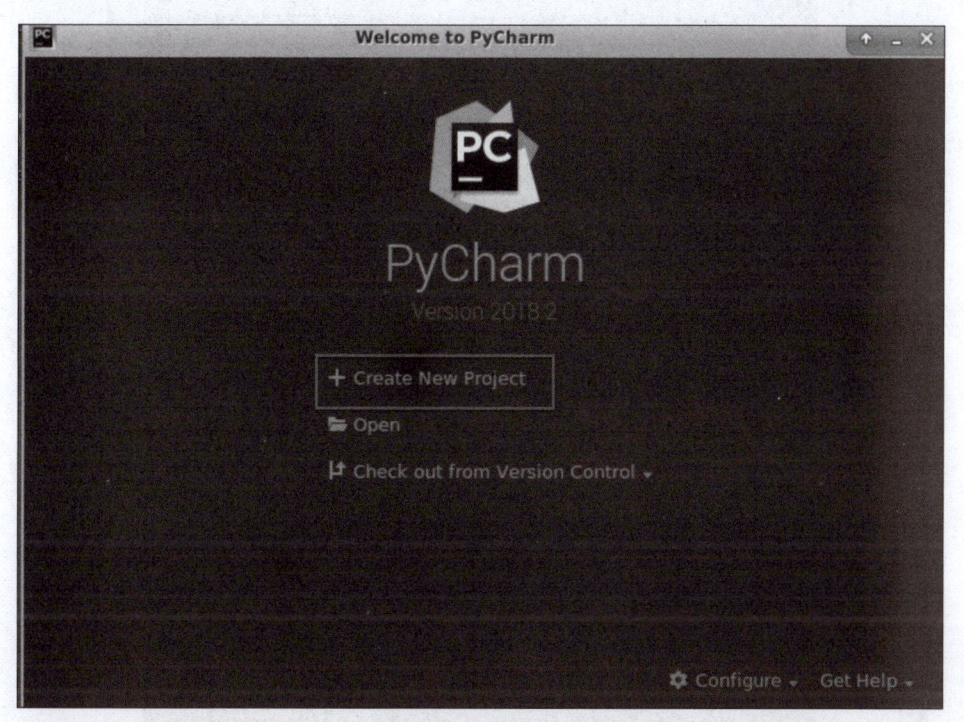

图 5.2　创建新项目

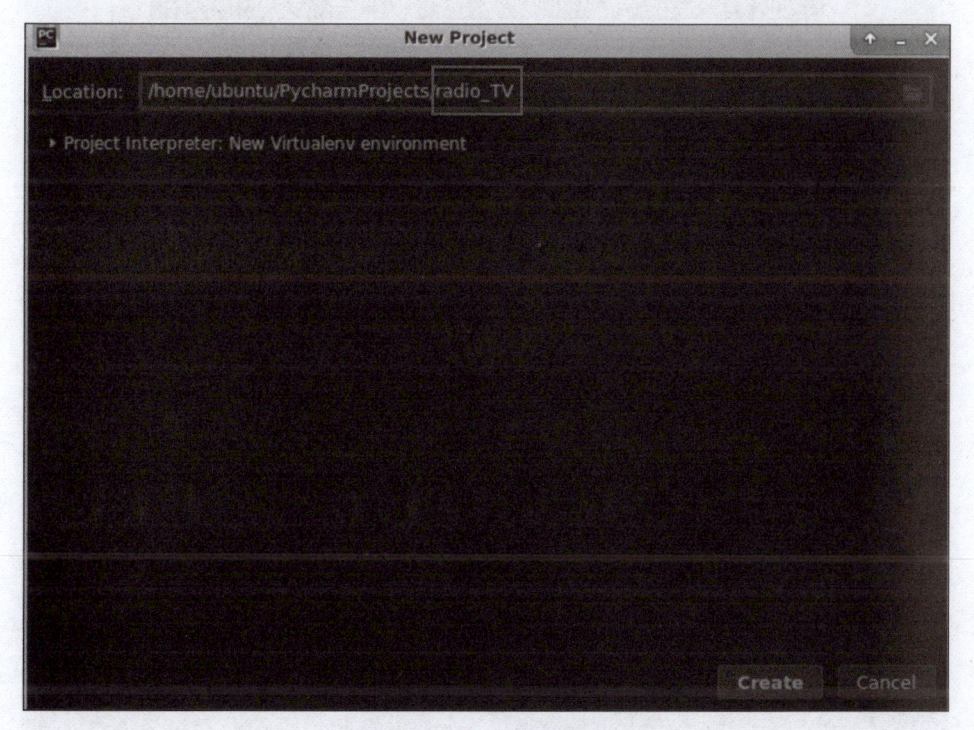

图 5.3　输入新项目名称

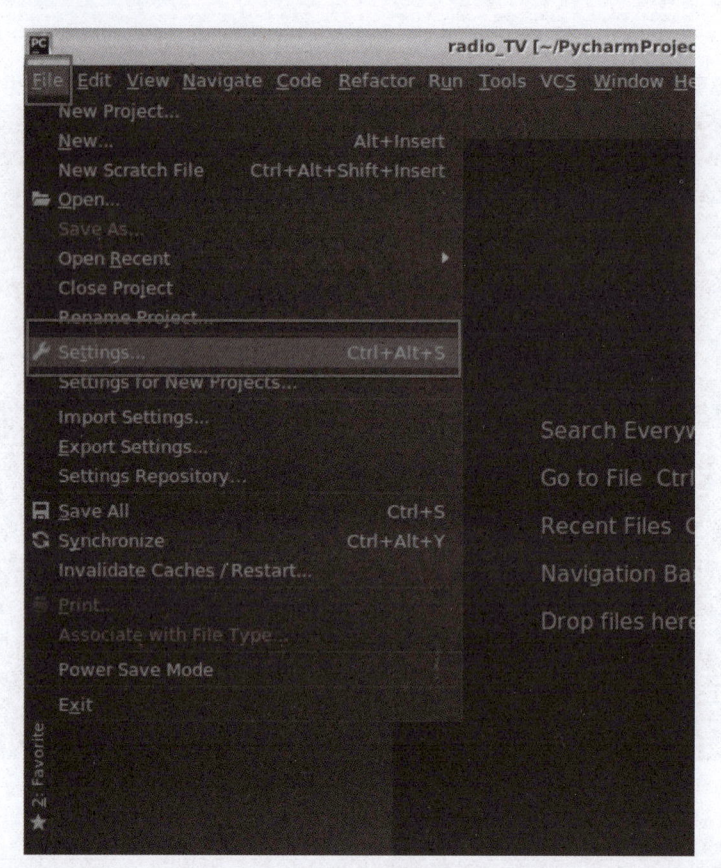

图 5.4 单击"File"→"Settings"选项

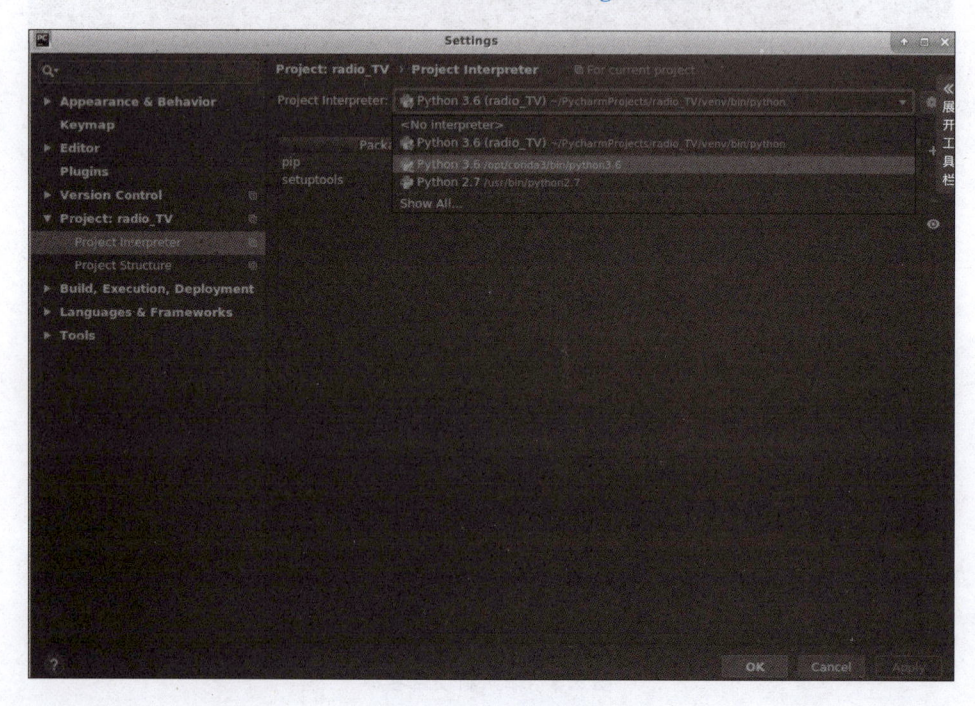

图 5.5 选择解析器

图 5.6　进入 ubuntu 目录

图 5.7　数据源下载界面

（3）解压数据包 unzip mmconsume_payevents.zip，如图 5.8 所示。

图 5.8　数据包解压界面

6. 在创建好的项目 radio_TV 中创建文件，右击项目名称"radio_TV"，选择"New"→"Python File"，如图 5.9 所示。

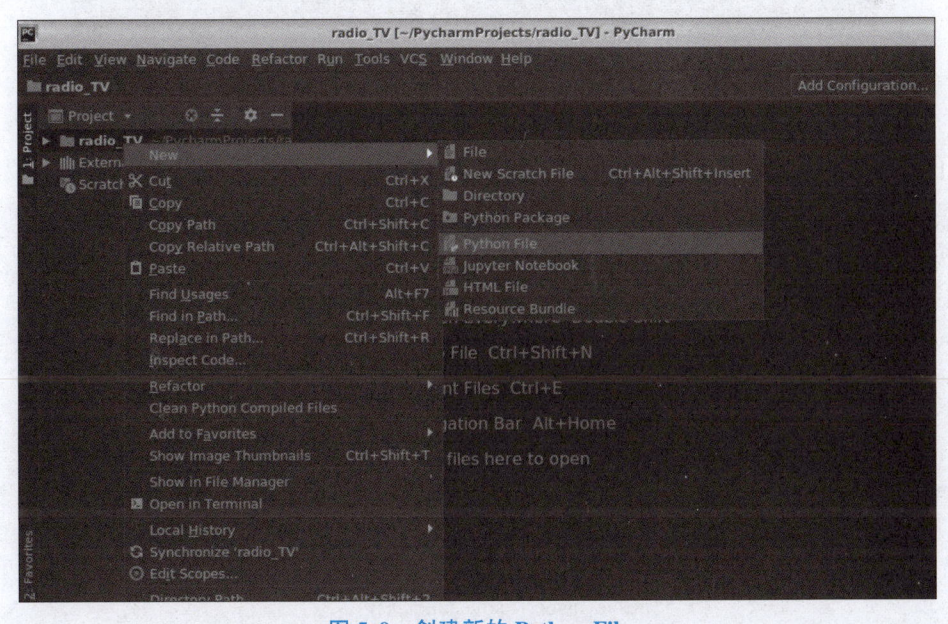

图 5.9　创建新的 Python File

输入文件名 read_process，如图 5.10 所示。

图 5.10　输入文件名

7. 编辑 read_process 文件，导入数据并查看，如图 5.11 所示。

```
import pandas as pd
data_raw = pd.read_csv('/home/ubuntu/media_index.csv', encoding='gbk', header='infer')
payevents = pd.read_csv('/home/ubuntu/mmconsume_payevents.csv', sep=',',
                        encoding='gbk', header='infer')
print(data_raw.shape, payevents.shape)
```

图 5.11　导入数据并查看

输出结果如图 5.12 所示。

图 5.12　输出数据

8. 处理收视行为信息数据(media_index)。
(1) 读取并过滤数据，如图 5.13 所示。

```
media = pd.read_csv('/home/ubuntu/media_index.csv', encoding='gbk', header='infer')
# 将"-高清"替换为空
media['station_name'] = media['station_name'].str.replace('-高清', '')
# 过滤特殊线路、政企用户
media = media.loc[(media.owner_code != 2)&(media.owner_code != 9)&
                  (media.owner_code != 10), :]
print('查看过滤后的特殊线路的用户:', media.owner_code.unique())
media = media.loc[(media.owner_name != 'EA 级')&(media.owner_name != 'EB 级')&
                  (media.owner_name != 'EC 级')&(media.owner_name != 'ED 级')&
                  (media.owner_name != 'EE 级'), :]
print('查看过滤后的政企用户:', media.owner_name.unique())
```

图 5.13　处理收视行为

输出结果如图 5.14 所示。

图 5.14　输出结果

(2) 对开始时间进行拆分，如图 5.15 所示。

```
# 检查数据类型
type(media.loc[0, 'origin_time'])
# 转化为时间类型
media['end_time'] = pd.to_datetime(media['end_time'])
media['origin_time'] = pd.to_datetime(media['origin_time'])
# 提取秒
media['origin_second'] = media['origin_time'].dt.second
media['end_second'] = media['end_time'].dt.second
# 筛选数据
ind1 = (media['origin_second'] == 0) & (media['end_second'] == 0)
media1 = media.loc[~ind1, :].copy()
```

图 5.15　对开始时间进行拆分

(3) 基于开始时间和结束时间的记录去重，如图 5.16 所示。

```
# 基于开始时间和结束时间的记录去重
media1.end_time = pd.to_datetime(media1.end_time)
```

media1. origin_time = pd. to_datetime(media1. origin_time)
media1 = media1. drop_duplicates(['origin_time', 'end_time'])

```
# 基于开始时间和结束时间的记录去重
media1.end_time = pd.to_datetime(media1.end_time)
media1.origin_time = pd.to_datetime(media1.origin_time)
media1 = media1.drop_duplicates(['origin_time', 'end_time'])
```

图 5.16　记录去重

（4）观看数据隔天处理，如图 5.17 所示。

# 去除开始时间,结束时间为空值的数据
media1 = media1. loc[media1. origin_time. dropna(). index, :]
media1 = media1. loc[media1. end_time. dropna(). index, :]
# 创建星期特征列
media1['星期'] = media1. origin_time. apply(lambda x: x. weekday()+1)
dic = {1:'星期一', 2:'星期二', 3:'星期三', 4:'星期四', 5:'星期五', 6:'星期六', 7:'星期日'}
for i in range(1, 8):
    ind = media1. loc[media1['星期'] == i, :]. index
    media1. loc[ind, '星期'] = dic[i]
# 查看有多少观看记录是隔天的,隔天的进行隔天处理
a = media1. origin_time. apply(lambda x :x. day)
b = media1. end_time. apply(lambda x :x. day)
sum(a != b)
media2 = media1. loc[a != b, :]. copy()   # 需要做隔天处理的数据
def geyechuli_xingqi(x):
    dic = {'星期一':'星期二', '星期二':'星期三', '星期三':'星期四', '星期四':'星期五',
           '星期五':'星期六', '星期六':'星期日', '星期日':'星期一'}
    return x. apply(lambda y: dic[y. 星期], axis=1)
media1. loc[a != b, 'end_time'] = media1. loc[a != b, 'end_time']. apply(lambda x:
    pd. to_datetime('%d-%d-%d 23:59:59'%(x. year, x. month, x. day)))
media2. loc[:, 'origin_time'] = pd. to_datetime(media2. end_time. apply(lambda x:
    '%d-%d-%d 00:00:01'%(x. year, x. month, x. day)))
media2. loc[:, '星期'] = geyechuli_xingqi(media2)
media3 = pd. concat([media1, media2])
media3['origin_time1'] = media3. origin_time. apply(lambda x:
    x. second + x. minute * 60 + x. hour * 3600)
media3['end_time1'] = media3. end_time. apply(lambda x:
    x. second + x. minute * 60 + x. hour * 3600)
media3['wat_time'] = media3. end_time1 - media3. origin_time1   # 构建观看总时长特征

图 5.17 观看数据隔天处理

（5）清洗时长不符合的数据，如图 5.18 所示。

```
# 剔除下次观看的开始时间小于上一次观看的结束时间的记录
media3 = media3.sort_values(['phone_no', 'origin_time'])
media3 = media3.reset_index(drop=True)
a = [media3.loc[i+1, 'origin_time'] < media3.loc[i, 'end_time'] for i in range(len(media3)−1)].copy()
a.append(False)
aa = pd.Series(a)
media3 = media3.loc[~aa, :].copy()
# 去除小于4S的记录
media3 = media3.loc[media3['wat_time'] > 4, :].copy()
# 保存贴标签用
media3.to_csv('/home/ubuntu/media3.csv', na_rep='NaN', header=True, index=False)
```

图 5.18 清洗时长不符合的数据

(6) 查看连续观看同一频道的时长是否大于 3 h，如图 5.19 所示。

```
# 发现这 2000 个用户不存在连续观看大于 3h 的情况
media3['date'] = media3. end_time. apply(lambda x :x. date())
media_group = media3['wat_time']. groupby([media3['phone_no'],
                                           media3['date'],
                                           media3['station_name']]). sum()
media_group = media_group. reset_index()
media_g = media_group. loc[media_group['wat_time'] >= 10800, ]. copy
media_g['time_label'] = 1
o = pd. merge(media3, media_g, left_on=['phone_no', 'date', 'station_name'],
              right_on=['phone_no', 'date', 'station_name'], how='left')
oo = o. loc[o['time_label'] == 1, :]
```

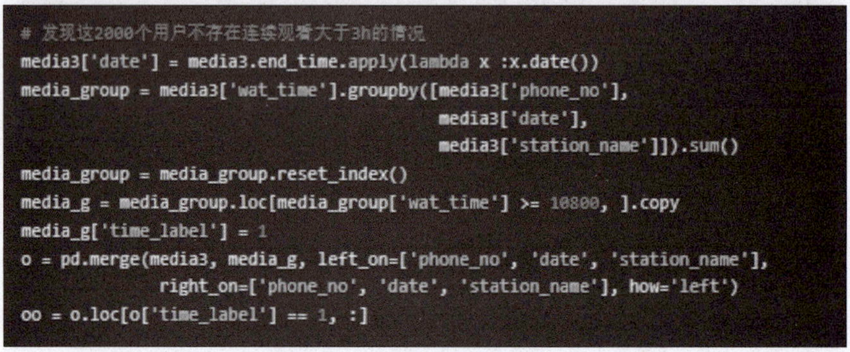

```
# 发现这2000个用户不存在连续观看大于3h的情况
media3['date'] = media3.end_time.apply(lambda x :x.date())
media_group = media3['wat_time'].groupby([media3['phone_no'],
                                          media3['date'],
                                          media3['station_name']]).sum()
media_group = media_group.reset_index()
media_g = media_group.loc[media_group['wat_time'] >= 10800, ].copy
media_g['time_label'] = 1
o = pd.merge(media3, media_g, left_on=['phone_no', 'date', 'station_name'],
             right_on=['phone_no', 'date', 'station_name'], how='left')
oo = o.loc[o['time_label'] == 1, :]
```

图 5.19　查看连续观看同一频道的时长是否大于 3 h

9. 处理收费数据（mmconsume_payevents）。

(1) 读取收费数据，如图 5.20 所示。

```
payevents = pd. read_csv('/home/ubuntu/mmconsume_payevents. csv', sep=',',
                         encoding='gbk', header='infer')
payevents. columns = ['phone_no', 'owner_name', 'event_time', 'payment_name',
                      'login_group_name', 'owner_code']
```

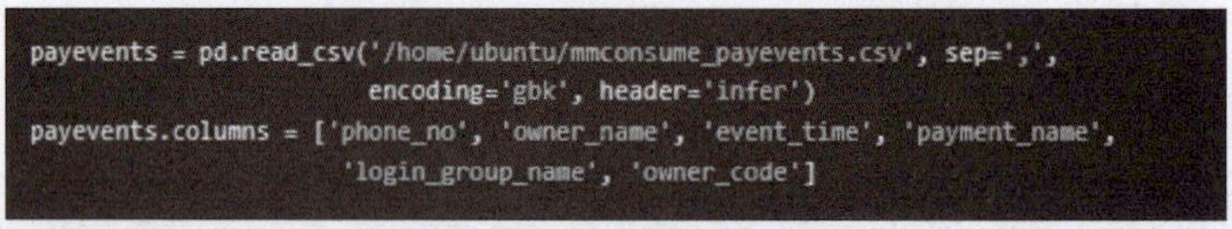

```
payevents = pd.read_csv('/home/ubuntu/mmconsume_payevents.csv', sep=',',
                        encoding='gbk', header='infer')
payevents.columns = ['phone_no', 'owner_name', 'event_time', 'payment_name',
                     'login_group_name', 'owner_code']
```

图 5.20　读取收费数据

(2) 过滤特殊线路和政企用户，如图 5.21 所示。

```
# 过滤特殊线路、政企用户
payevents = payevents. loc[(payevents. owner_code != 2
                         )&(payevents. owner_code != 9
                         )&(payevents. owner_code != 10), :] # 去除特殊线路数据
print('查看过滤后的特殊线路的用户:', payevents. owner_code. unique())
```

```
payevents = payevents. loc[(payevents. owner_name != 'EA 级'
                        )&(payevents. owner_name != 'EB 级'
                        )&(payevents. owner_name != 'EC 级'
                        )&(payevents. owner_name != 'ED 级'
                        )&(payevents. owner_name != 'EE 级'), :]
print('查看过滤后的政企用户:', payevents. owner_name. unique())
payevents. to_csv('/home/ubuntu/payevents2. csv', na_rep='NaN', header=True, index=False)
```

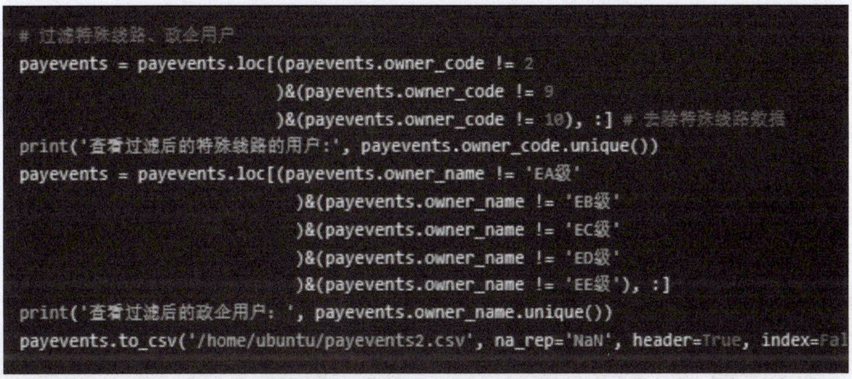

```
# 过滤特殊线路、政企用户
payevents = payevents.loc[(payevents.owner_code != 2
                         )&(payevents.owner_code != 9
                         )&(payevents.owner_code != 10), :] # 去除特殊线路数据
print('查看过滤后的特殊线路的用户:', payevents.owner_code.unique())
payevents = payevents.loc[(payevents.owner_name != 'EA级'
                           )&(payevents.owner_name != 'EB级'
                           )&(payevents.owner_name != 'EC级'
                           )&(payevents.owner_name != 'ED级'
                           )&(payevents.owner_name != 'EE级'), :]
print('查看过滤后的政企用户: ', payevents.owner_name.unique())
payevents.to_csv('/home/ubuntu/payevents2.csv', na_rep='NaN', header=True, index=Fal
```

图 5.21　过滤特殊线路和政企用户

【实验总结】

本实验对收视行为数据做了以下清洗工作：

1. 将直播频道名称（station_name）中的“-高清”替换为空。

2. 删除特殊线路的用户，用户等级号（owner_code）为 02、09、10 的数据。

3. 删除政企用户，用户等级名称（owner_name）为 EA 级、EB 级、EC 级、ED 级、EE 级的数据。

4. 基于数据中开始观看时间（origin_time）和结束观看时间（end_time）的记录去重。

5. 隔夜处理，将跨夜的收视数据分成两天即两条收视数据。

6. 删除观看同一个频道累计连续观看小于 4 s 的记录。

7. 删除直播收视数据中开始观看时间和结束观看时间的单位秒为 00 的收视数。

8. 删除下一次观看记录的开始观看时间小于上一次观看记录的结束观看时间的记录。

对于收费数据（mmconsume-payevents），只删除特殊线路和政企类的用户。

1. 删除特殊线路的用户，用户等级号（owner_code）为 02、09、10 的数据。

2. 删除政企用户，用户等级名称（owner_name）为 EA 级、EB 级、EC 级、ED 级、EE 级的数据。

5.1.2　实验二：广电大数据可视化分析

【实验目的】

熟练掌握大数据可视化分析方法，对用户、频道、时长、周时长、支付方式等数据进行分析。

【实验原理】

随着经济的不断发展，广播电视网、互联网、通信网实现"三网融合"，产生了大量的用户状态数据、收视行为数据、订单数据、缴费数据等。本实验结合广播电视行业的实际情况，对用户的收视行为数据、收视时长数据和收费数据等做了大数据分析和可视化过程的决策支持。

【实验环境】

1. Ubuntu 16.04。
2. PyCharm community 2018.2。
3. Pandas 1.0.2。
4. NumPy 1.17.4。
5. Matplotlib 3.2.0。
6. Seaborn 0.11.2。

【实验步骤】

1. 打开 PyCharm，如图 5.22 所示。

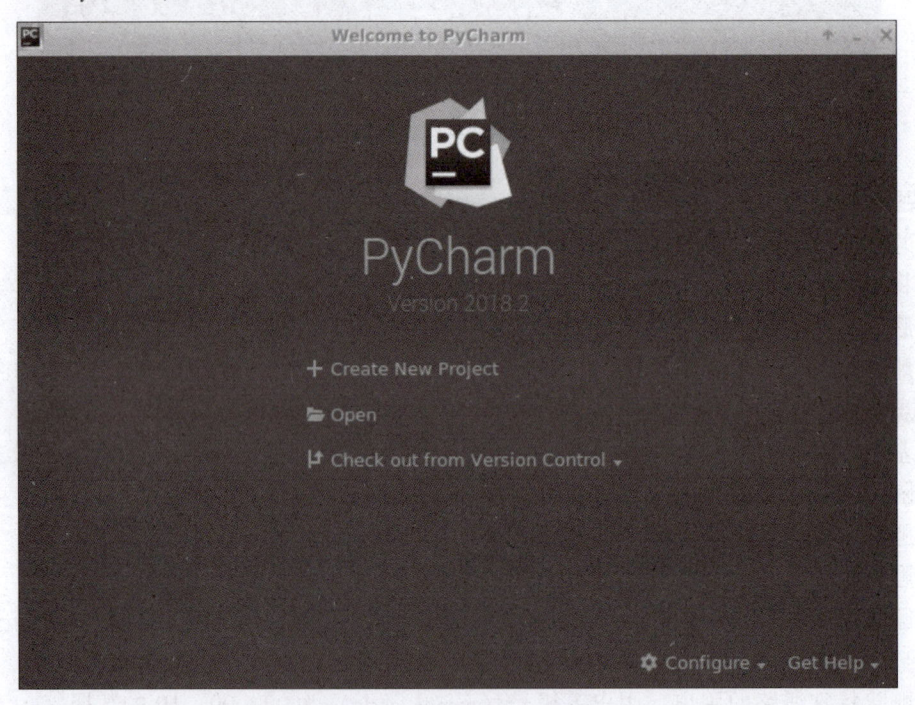

图 5.22 PyCharm 主界面

2. 创建新项目，如图 5.23 所示。

3. 输入新建项目地址和名称 radio_TV，单击"Create"按钮创建项目，如图 5.24 所示。

4. 设置解析器。

（1）进入"Settings"选项，弹出如图 5.25 所示窗口。

（2）安装依赖包 seaborn，如图 5.26 所示。在桌面空白处右击，选择"Open Terminal Here"，打开一个 terminal 终端。

```
pip install seaborn
```

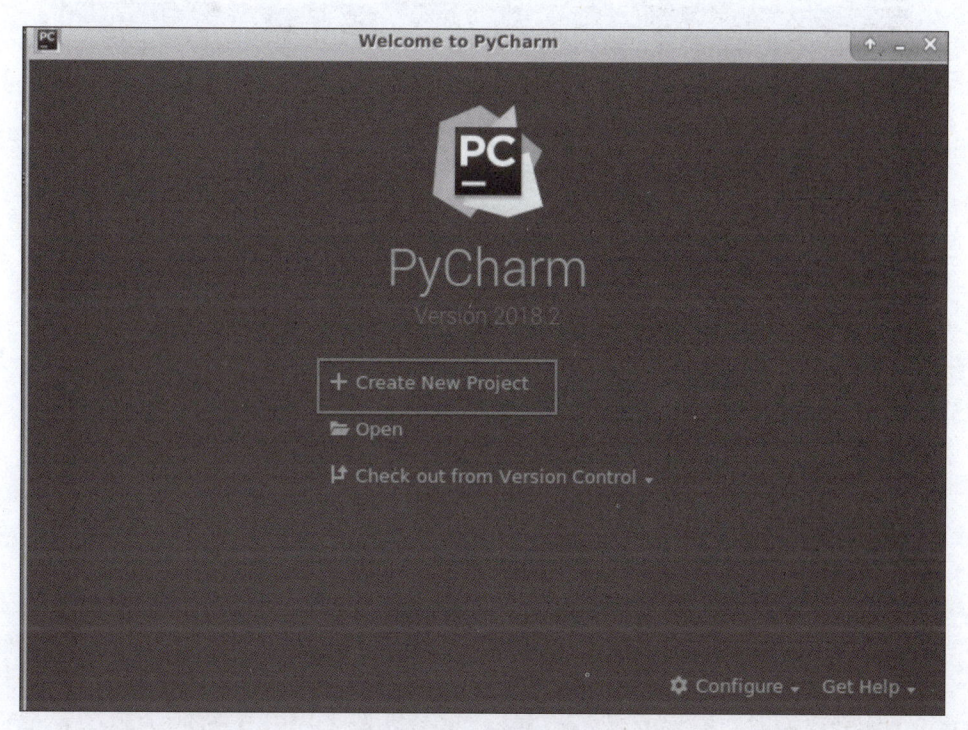

图 5.23 创建新项目

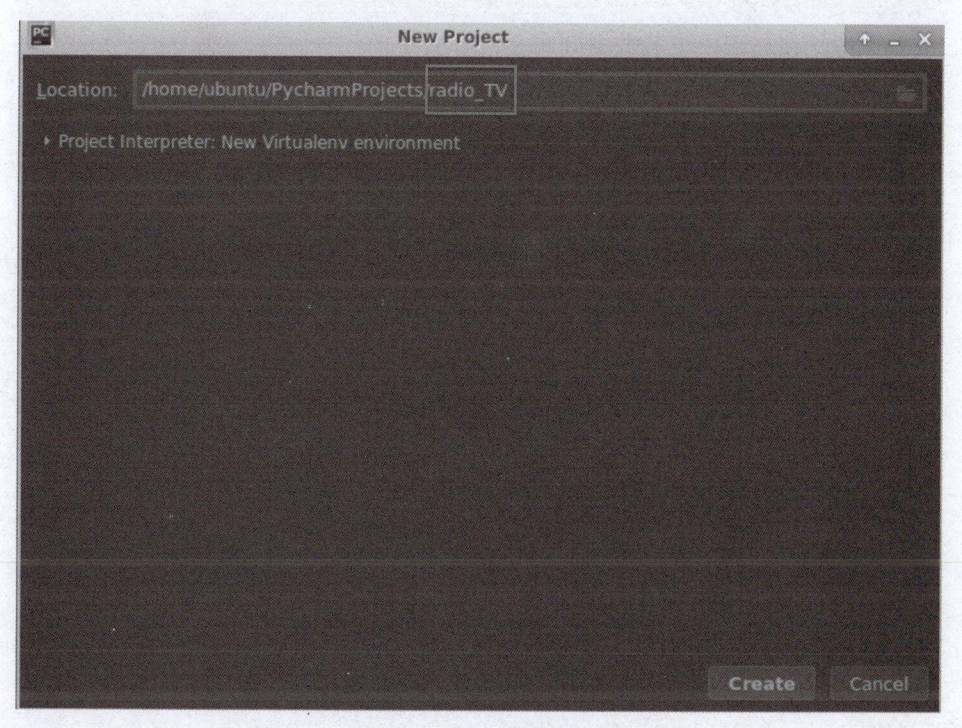

图 5.24 输入新项目名称

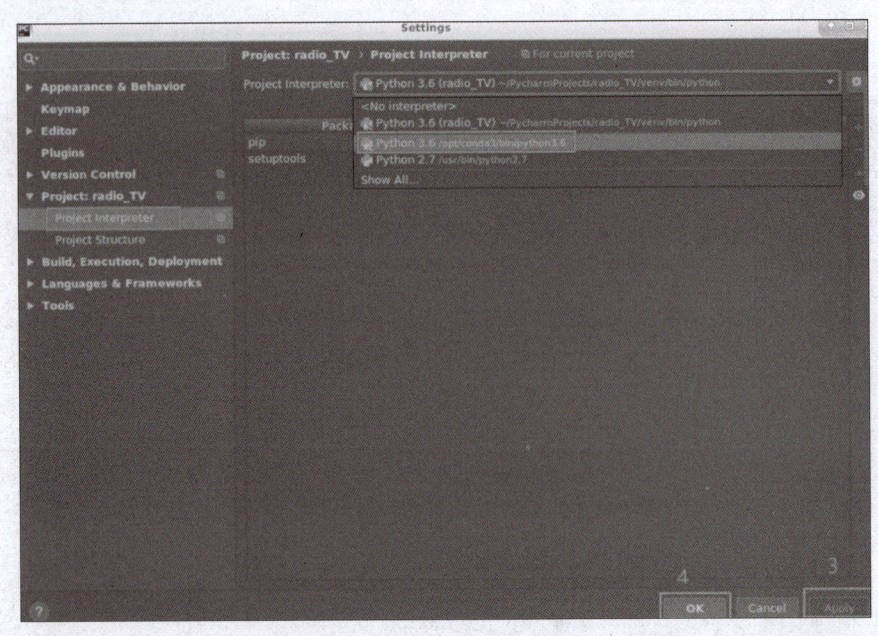

图 5.25 选择解释器

图 5.26 安装依赖包

5. 准备数据，在终端中下载数据到实验机。
（1）先切换目录 cd /home/ubuntu，如图 5.27 所示。

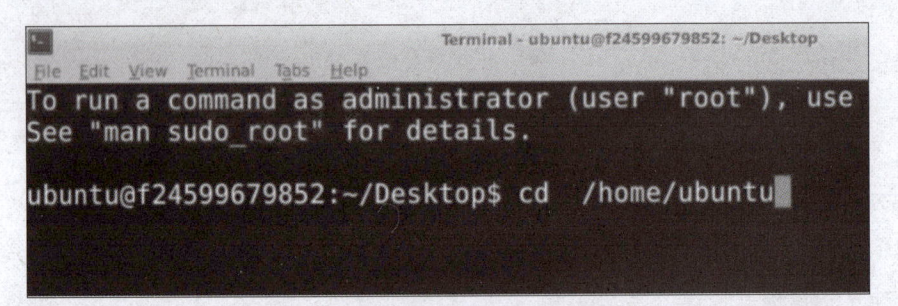

图 5.27 切换目录

（2）下载数据源，如图 5.28 所示。

wget http://10.90.3.2/LMS/SocialTraining/Python/07.DA_case/day01/media_payevents.zip

（3）解压数据包 unzip media_payevents.zip，如图 5.29 所示。
6. 在创建好的项目 radio_TV 中创建文件，右击项目名称"radio_TV"，选择"New"→"Python File"，如图 5.30 所示。

输入文件名 visualization，如图 5.31 所示。
7. 编辑 visualization 代码文件。
（1）导入依赖及读取数据，如图 5.32 所示。

图 5.28　下载数据源

图 5.29　解压数据包

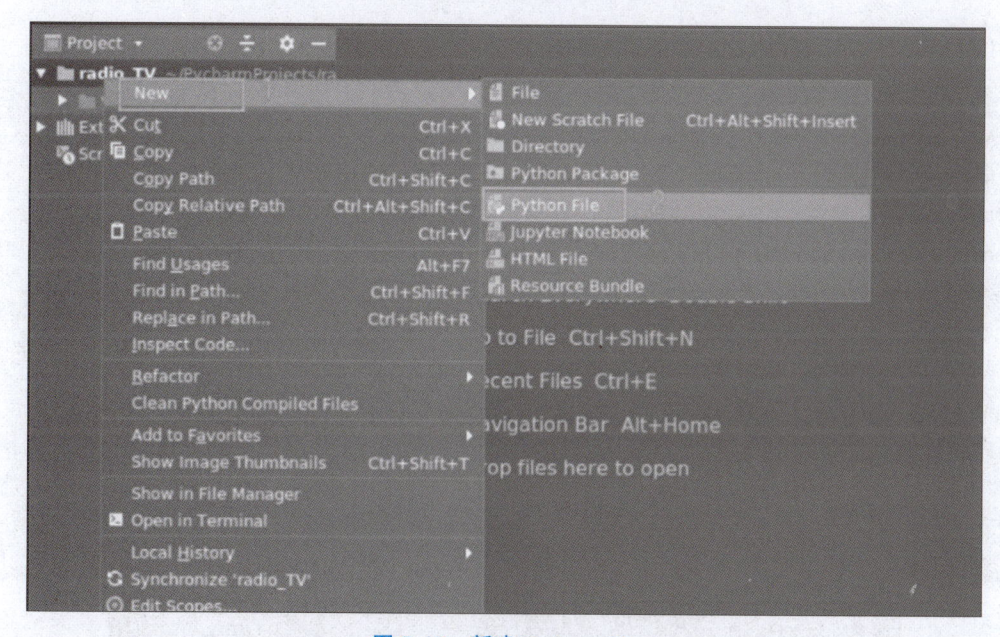

图 5.30　新建 Python File

图 5.31　输入文件名

```
# 导入依赖及读取数据
import pandas as pd
import matplotlib. pyplot as plt
import matplotlib. ticker as ticker
import seaborn as sns
import re
plt. rcParams['font. sans-serif'] = ['Microsoft YaHei']  # 设置字体为 SimHei 显示中文
plt. rcParams['axes. unicode_minus'] = False  # 设置正常显示符号
media3 = pd. read_csv('/home/ubuntu/media3. csv', header='infer',low_memory=False)
```

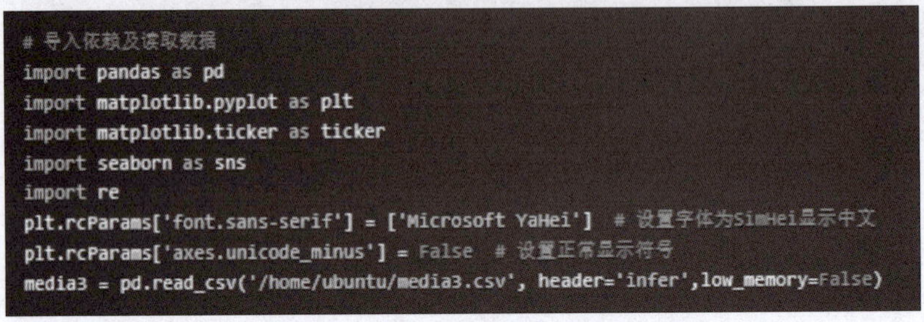

```
# 导入依赖及读取数据
import pandas as pd
import matplotlib.pyplot as plt
import matplotlib.ticker as ticker
import seaborn as sns
import re
plt.rcParams['font.sans-serif'] = ['Microsoft YaHei']  # 设置字体为SimHei显示中文
plt.rcParams['axes.unicode_minus'] = False  # 设置正常显示符号
media3 = pd.read_csv('/home/ubuntu/media3.csv', header='infer',low_memory=False)
```

图 5.32　导入依赖及读取数据

（2）用户观看总时长，如图 5.33 所示。

```
# 用户观看总时长
M = pd. DataFrame(media3['wat_time']. groupby([media3['phone_no']]). sum())
m = m. sort_values(['wat_time'])
m = m. reset_index()
m['wat_time'] = m['wat_time'] / 3600
m['id'] = m. index
ax = sns. barplot(x='id', y='wat_time', data=m)
ax. xaxis. set_major_locator(ticker. MultipleLocator(250))
ax. xaxis. set_major_formatter(ticker. ScalarFormatter())
plt. xlabel('观看用户(排序后)')
plt. ylabel('观看时长(小时)')
plt. title('用户观看总时长')
plt. show()
```

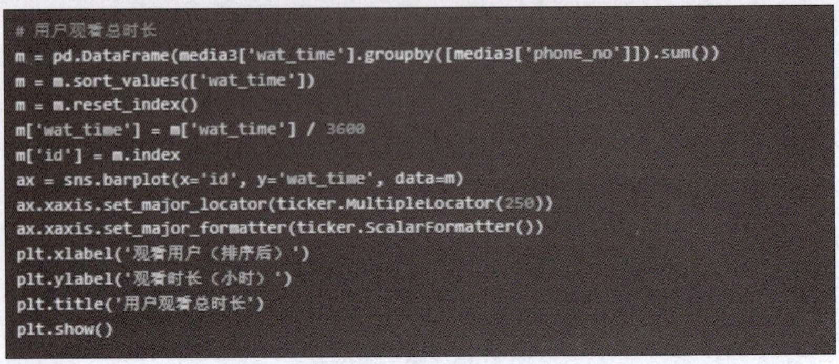

```
# 用户观看总时长
m = pd.DataFrame(media3['wat_time'].groupby([media3['phone_no']]).sum())
m = m.sort_values(['wat_time'])
m = m.reset_index()
m['wat_time'] = m['wat_time'] / 3600
m['id'] = m.index
ax = sns.barplot(x='id', y='wat_time', data=m)
ax.xaxis.set_major_locator(ticker.MultipleLocator(250))
ax.xaxis.set_major_formatter(ticker.ScalarFormatter())
plt.xlabel('观看用户（排序后）')
plt.ylabel('观看时长（小时）')
plt.title('用户观看总时长')
plt.show()
```

图 5.33　用户观看总时长

可视化输出如图 5.34 所示。

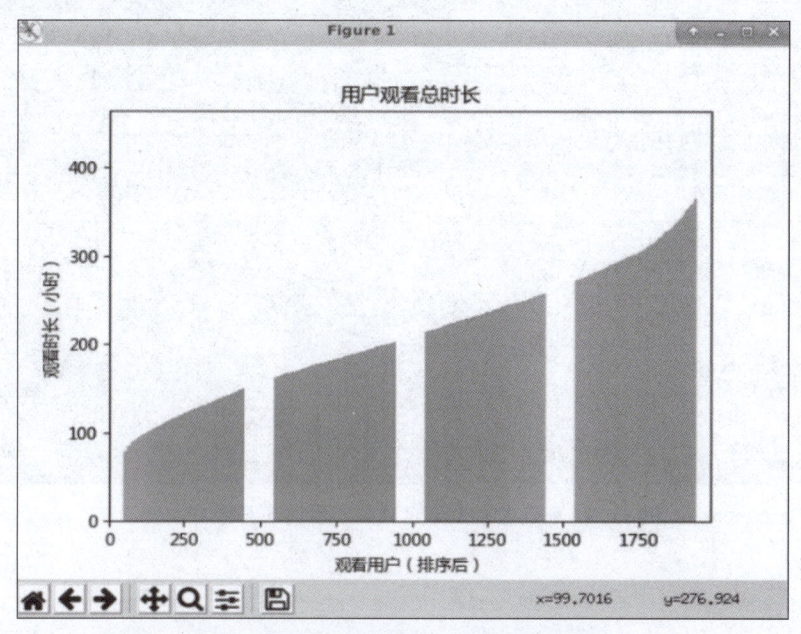

图 5.34　用户观看总时长可视化结果

（3）所有收视频道名称的观看时长与观看次数如图 5.35 所示。

```
media3. station_name. unique()
pindao = pd. DataFrame(media3['wat_time']. groupby([media3. station_name]). sum())
pindao = pindao. sort_values(['wat_time'] )
pindao = pindao. reset_index()
pindao['wat_time'] = pindao['wat_time'] / 3600
pindao_n = media3['station_name']. value_counts()
pindao_n = pindao_n. reset_index()
pindao_n. columns = ['station_name', 'counts']
a = pd. merge(pindao, pindao_n, left_on='station_name', right_on ='station_name', how='left')
fig, ax1 = plt. subplots()
ax2 = ax1. twinx() # 构建双轴
sns. barplot(x=a. index, y=a. iloc[:, 1], ax=ax1)
sns. lineplot(x=a. index, y=a. iloc[:, 2], ax=ax2, color='r')
ax1. set_ylabel('观看时长（小时）')
ax2. set_ylabel('观看次数')
ax1. set_xlabel('频道号（排序后）')
plt. xticks([])
plt. title('所有收视频道名称的观看时长与观看次数')
plt. show()
```

运行代码后，可视化输出如图 5.36 所示。

（4）收视前 15 的频道名称和观看时长如图 5.37 所示。

```python
media3.station_name.unique()
pindao = pd.DataFrame(media3['wat_time'].groupby([media3.station_name]).sum())
pindao = pindao.sort_values(['wat_time'])
pindao = pindao.reset_index()
pindao['wat_time'] = pindao['wat_time'] / 3600
pindao_n = media3['station_name'].value_counts()
pindao_n = pindao_n.reset_index()
pindao_n.columns = ['station_name', 'counts']
a = pd.merge(pindao, pindao_n, left_on='station_name', right_on ='station_name', how
fig, ax1 = plt.subplots()
ax2 = ax1.twinx()  # 构建双轴
sns.barplot(x=a.index, y=a.iloc[:, 1], ax=ax1)
sns.lineplot(x=a.index, y=a.iloc[:, 2], ax=ax2, color='r')
ax1.set_ylabel('观看时长（小时）')
ax2.set_ylabel('观看次数')
ax1.set_xlabel('频道号（排序后）')
plt.xticks([])
plt.title('所有收视频道名称的观看时长与观看次数')
plt.show()
```

图 5.35　所有收视频道名称的观看时长与观看次数

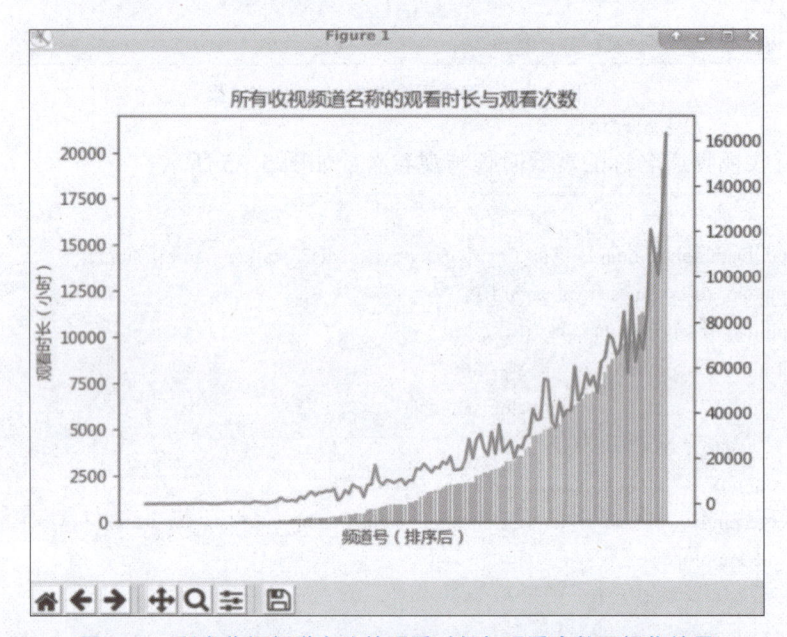

图 5.36　所有收视频道名称的观看时长与观看次数可视化结果

```
# 收视前 15 频道名称的观看时长，由于 pindao 已排序，取后 15 条数据
sns. barplot(x='station_name', y='wat_time', data=pindao. tail(15))
plt. xticks(rotation=45)
plt. xlabel('频道名称')
plt. ylabel('观看时长（小时）')
plt. title('收视前 15 的频道名称')
plt. show()
```

可视化输出结果如图 5.38 所示。

```
# 收视前15频道名称的观看时长，由于pindao已排序，取后15条数据
sns.barplot(x='station_name', y='wat_time', data=pindao.tail(15))
plt.xticks(rotation=45)
plt.xlabel('频道名称')
plt.ylabel('观看时长（小时）')
plt.title('收视前15的频道名称')
plt.show()
```

图 5.37 收视前 15 的频道名称和观看时长

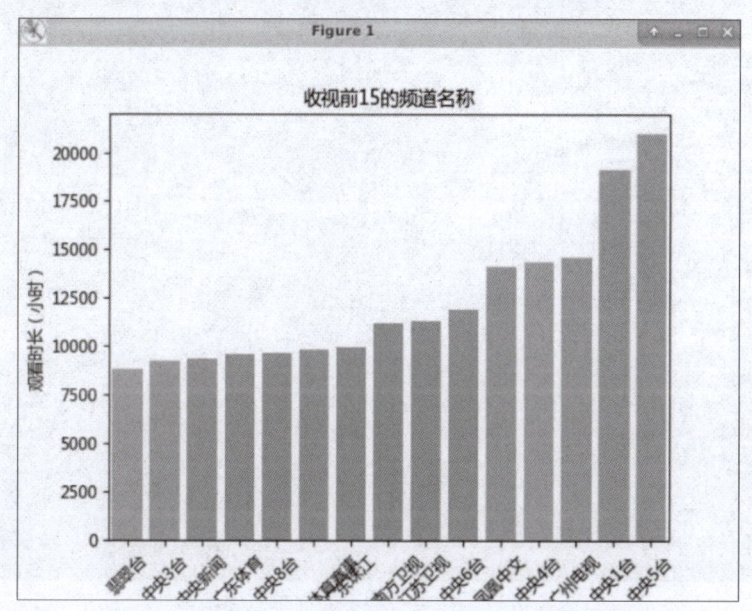

图 5.38 收视前 15 的频道名称和观看时长可视化结果

（5）工作日与周末的观看时长比例，如图 5.39 所示。

```
# 工作日与周末的观看时长比例
ind = [re.search('星期六|星期日', str(i)) != None for i in media3['星期']]
freeday = media3.loc[ind, :]
workday = media3.loc[[ind[i]==False for i in range(len(ind))], :]
m1 = pd.DataFrame(freeday['wat_time'].groupby([freeday['phone_no']]).sum())
m1 = m1.sort_values(['wat_time'])
m1 = m1.reset_index()
m1['wat_time'] = m1['wat_time'] / 3600
m2 = pd.DataFrame(workday['wat_time'].groupby([workday['phone_no']]).sum())
m2 = m2.sort_values(['wat_time'])
m2 = m2.reset_index()
m2['wat_time'] = m2['wat_time'] / 3600
w = sum(m2['wat_time']) / 5
f = sum(m1['wat_time']) / 2
plt.figure(figsize=(8, 8))
plt.subplot(211) # 参数为：行,列,第几项 subplot(numRows, numCols, plotNum)
colors = 'lightgreen','lightcoral'
```

```
plt.pie([w, f], labels = ['工作日', '周末'], colors=colors, shadow=True,
       autopct='%1.1f%%', pctdistance=1.23)
plt.title('周末与工作日观看时长占比')
plt.subplot(223)
ax1 = sns.barplot(x=m1.index, y=m1.iloc[:, 1])
```

```
# 工作日与周末的观看时长比例
ind = [re.search('星期六|星期日', str(i)) != None for i in media3['星期']]
freeday = media3.loc[ind, :]
workday = media3.loc[[ind[i]==False for i in range(len(ind))], :]
m1 = pd.DataFrame(freeday['wat_time'].groupby([freeday['phone_no']]).sum())
m1 = m1.sort_values(['wat_time'])
m1 = m1.reset_index()
m1['wat_time'] = m1['wat_time'] / 3600
m2 = pd.DataFrame(workday['wat_time'].groupby([workday['phone_no']]).sum())
m2 = m2.sort_values(['wat_time'])
m2 = m2.reset_index()
m2['wat_time'] = m2['wat_time'] / 3600
w = sum(m2['wat_time']) / 5
f = sum(m1['wat_time']) / 2
plt.figure(figsize=(8, 8))
plt.subplot(211) # 参数为: 行, 列, 第几项 subplot(numRows, numCols, plotNum)
colors = 'lightgreen','lightcoral'
plt.pie([w, f], labels = ['工作日', '周末'], colors=colors, shadow=True,
       autopct='%1.1f%%', pctdistance=1.23)
plt.title('周末与工作日观看时长占比')
plt.subplot(223)
ax1 = sns.barplot(x=m1.index, y=m1.iloc[:, 1])
```

图 5.39　工作日与周末的观看时长比例

设置坐标刻度，如图 5.40 所示。

```
# 设置坐标刻度
ax1.xaxis.set_major_locator(ticker.MultipleLocator(250))
ax1.xaxis.set_major_formatter(ticker.ScalarFormatter())
plt.xlabel('观看用户（排序后）')
plt.ylabel('观看时长（小时）')
plt.title('周末用户观看总时长')
plt.subplot(224)
ax2 = sns.barplot(x=m2.index, y=m2.iloc[:, 1])

# 设置坐标刻度
ax2.xaxis.set_major_locator(ticker.MultipleLocator(250))
ax2.xaxis.set_major_formatter(ticker.ScalarFormatter())
plt.xlabel('观看用户（排序后）')
plt.ylabel('观看时长（小时）')
plt.title('工作日用户观看总时长')
plt.show()
```

可视化输出结果如图 5.41 所示。

（6）周观看时长分布，如图 5.42 所示。

```
# 设置坐标刻度
ax1.xaxis.set_major_locator(ticker.MultipleLocator(250))
ax1.xaxis.set_major_formatter(ticker.ScalarFormatter())
plt.xlabel('观看用户(排序后)')
plt.ylabel('观看时长(小时)')
plt.title('周末用户观看总时长')
plt.subplot(224)
ax2 = sns.barplot(x=m2.index, y=m2.iloc[:, 1])

# 设置坐标刻度
ax2.xaxis.set_major_locator(ticker.MultipleLocator(250))
ax2.xaxis.set_major_formatter(ticker.ScalarFormatter())
plt.xlabel('观看用户(排序后)')
plt.ylabel('观看时长(小时)')
plt.title('工作日用户观看总时长')
plt.show()
```

图 5.40　设置坐标刻度

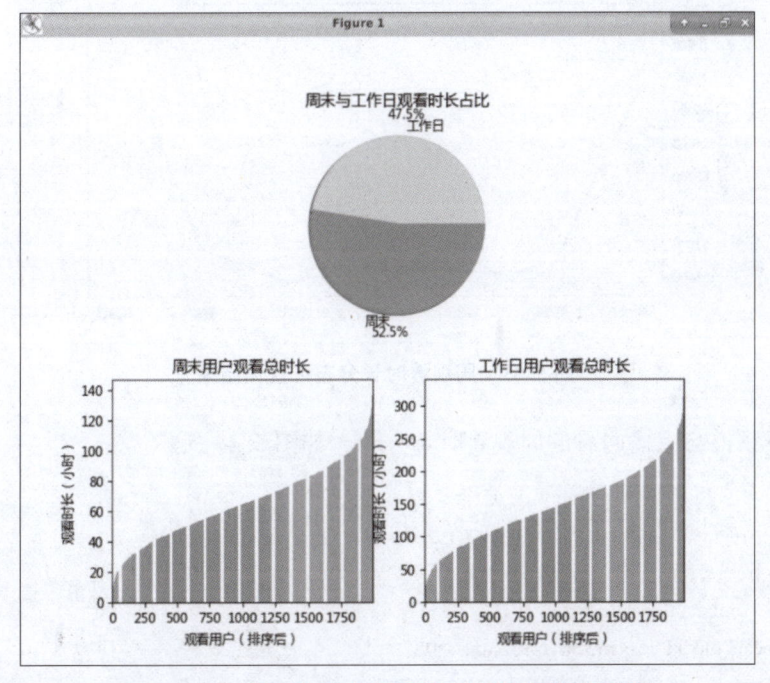

图 5.41　工作日与周末的观看时长比例可视化结果

n = pd. DataFrame(media3['wat_time']. groupby([media3['星期']]). sum())

n = n. reset_index()

n = n. loc[[0, 2, 1, 5, 3, 4, 6], :]

n['wat_time'] = n['wat_time'] / 3600

plt. figure(figsize=(8, 4))

sns. lineplot(x='星期', y='wat_time', data=n)

plt. xlabel('星期')

plt. ylabel('观看时长(小时)')

plt. title('周观看时长分布')

plt. show()

```
n = pd.DataFrame(media3['wat_time'].groupby([media3['星期']]).sum())
n = n.reset_index()
n = n.loc[[0, 2, 1, 5, 3, 4, 6], :]
n['wat_time'] = n['wat_time'] / 3600
plt.figure(figsize=(8, 4))
sns.lineplot(x='星期', y='wat_time', data=n)
plt.xlabel('星期')
plt.ylabel('观看时长（小时）')
plt.title('周观看时长分布')
plt.show()
```

图 5.42　周观看时长分布

可视化输出结果如图 5.43 所示。

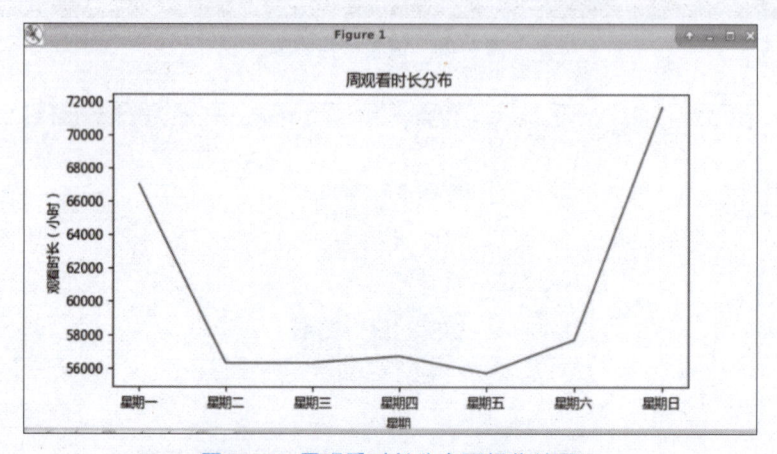

图 5.43　周观看时长分布可视化结果

（7）付费频道与点播回看的周观看时长分布，如图 5.44 所示。

```
# 付费频道与点播回看的周观看时长分布
media_res = media3.loc[media3['res_type'] == 1, :]
ffpd_ind = [re.search('付费', str(i)) != None for i in media3.loc[:, 'station_name']]
media_ffpd = media3.loc[ffpd_ind, :]
z = pd.concat([media_res, media_ffpd], axis=0)
z = z['wat_time'].groupby(z['星期']).sum()
z = z.reset_index()
z = z.loc[[0, 2, 1, 5, 3, 4, 6], :]
z['wat_time'] = z['wat_time'] / 3600
plt.figure(figsize=(8, 4))
sns.lineplot(x='星期', y='wat_time', data=z)
plt.xlabel('星期')
plt.ylabel('观看时长（小时）')
plt.title('付费频道与点播回看的周观看时长分布')
plt.show()
```

可视化输出结果如图 5.45 所示。

```
# 付费频道与点播回看的周观看时长分布
media_res = media3.loc[media3['res_type'] == 1, :]
ffpd_ind = [re.search('付费', str(i)) != None for i in media3.loc[:, 'station_name']]
media_ffpd = media3.loc[ffpd_ind, :]
z = pd.concat([media_res, media_ffpd], axis=0)
z = z['wat_time'].groupby(z['星期']).sum()
z = z.reset_index()
z = z.loc[[0, 2, 1, 5, 3, 4, 6], :]
z['wat_time'] = z['wat_time'] / 3600
plt.figure(figsize=(8, 4))
sns.lineplot(x='星期', y='wat_time', data=z)
plt.xlabel('星期')
plt.ylabel('观看时长（小时）')
plt.title('付费频道与点播回看的周观看时长分布')
plt.show()
```

图5.44 付费频道与点播回看的周观看时长分布

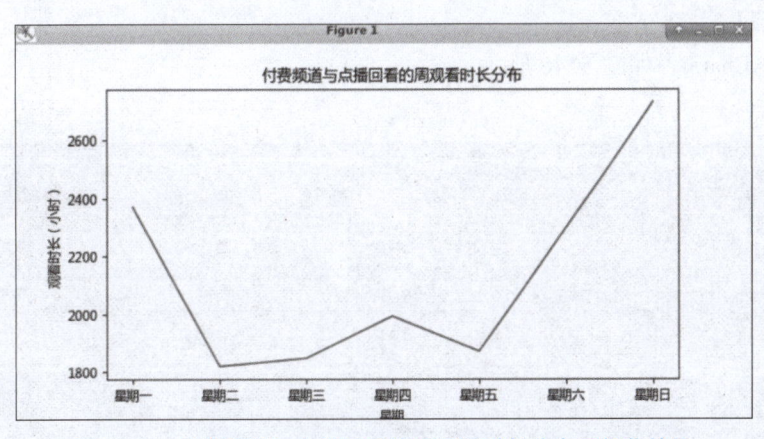

图5.45 付费频道与点播回看的周观看时长分布可视化结果

【实验总结】

从本实验的可视化分析结果可以看出：

1. 大部分用户的观看总时长主要集中在100～300小时之间，而且随着用户观看各频道次数增多，观看时长也在随之增多。

2. 用户观看时长前15名的频道分别为翡翠台、中央3台、中央新闻、广东体育、中央8台、CCTV5+体育赛事、广东珠江、广东南方卫视、江苏卫视、中央6台、凤凰中文、中央4台、广州电视、中央1台、中央5台。

5.2 新零售智能销售数据实战

5.2.1 实验一：无人售货机销售数据处理

【实验目的】

1. 了解新零售智能销售设备市场现状。

2. 掌握获取新零售智能销售数据的方法。

3. 掌握对原始数据进行清洗、规约的方法。

【实验原理】

新零售智能销售设备作为一种新的销售方式，突破了场地的局限性，并提供了购物的便利性。本实验利用 Python 语言作为大数据处理和分析的编程语言，利用 xlrd 模块对源 Excel 文件进行读取，并通过 Pandas 库对某公司在广东省 8 个市部署的 376 台新零售智能销售设备数据，结合销售背景，从销售、库存、用户 3 个方面进行数据处理。

【实验环境】

1. Ubuntu 16.04。

2. PyCharm community 2018.2。

3. Pandas 1.0.2。

4. xlrd 1.2.0。

【实验步骤】

1. 打开 PyCharm，如图 5.46 所示。

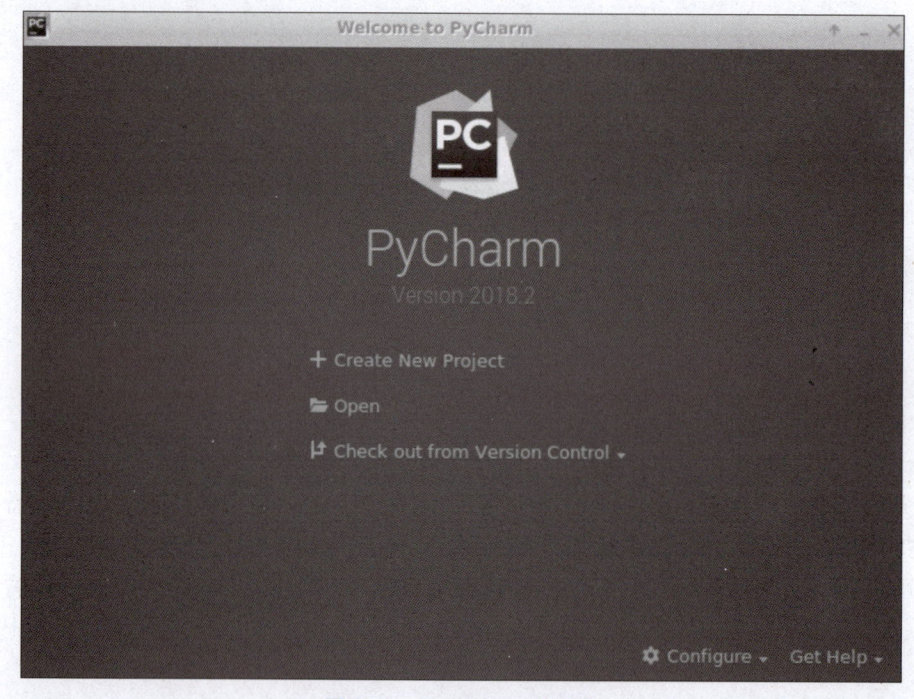

图 5.46　PyCharm 主界面

2. 创建新项目，如图 5.47 所示。

3. 输入新建项目地址和名称 order，如图 5.48 所示，单击"Create"按钮创建项目。

4. 设置解析器。

(1) 单击"File"→"Settings"选项，如图 5.49 所示。

(2) 选择/opt/conda3/bin/python3.6 解析器，如图 5.50 所示。

(3) 安装依赖包 seaborn，如图 5.51 所示。在桌面空白处右击，选择"Open Terminal Here"，打开一个 terminal 终端。

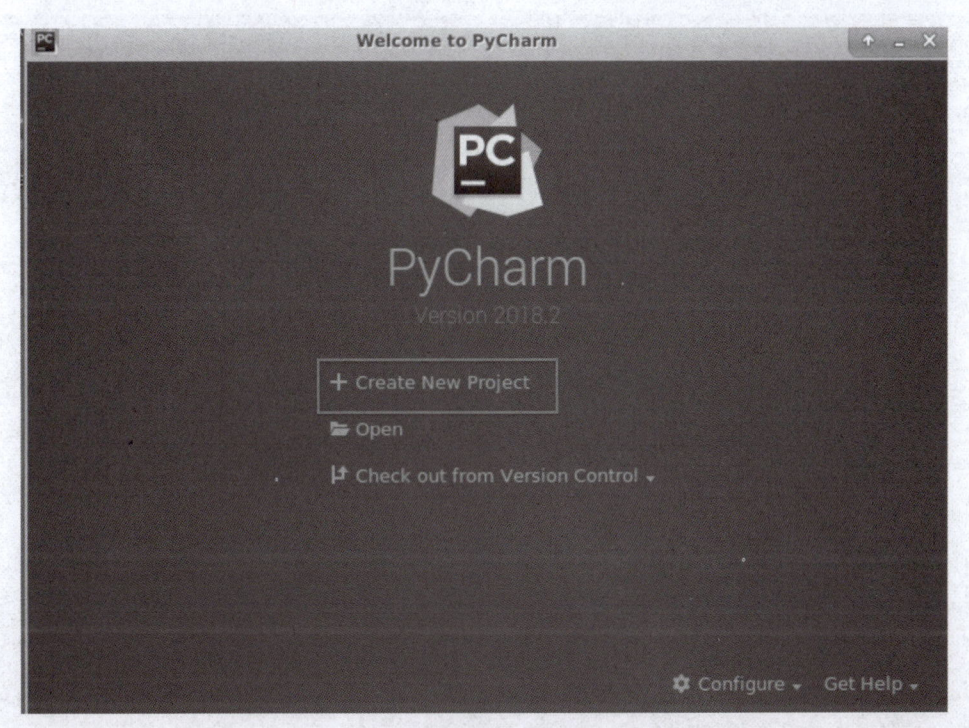

图 5.47 创建新项目

图 5.48 输入项目名

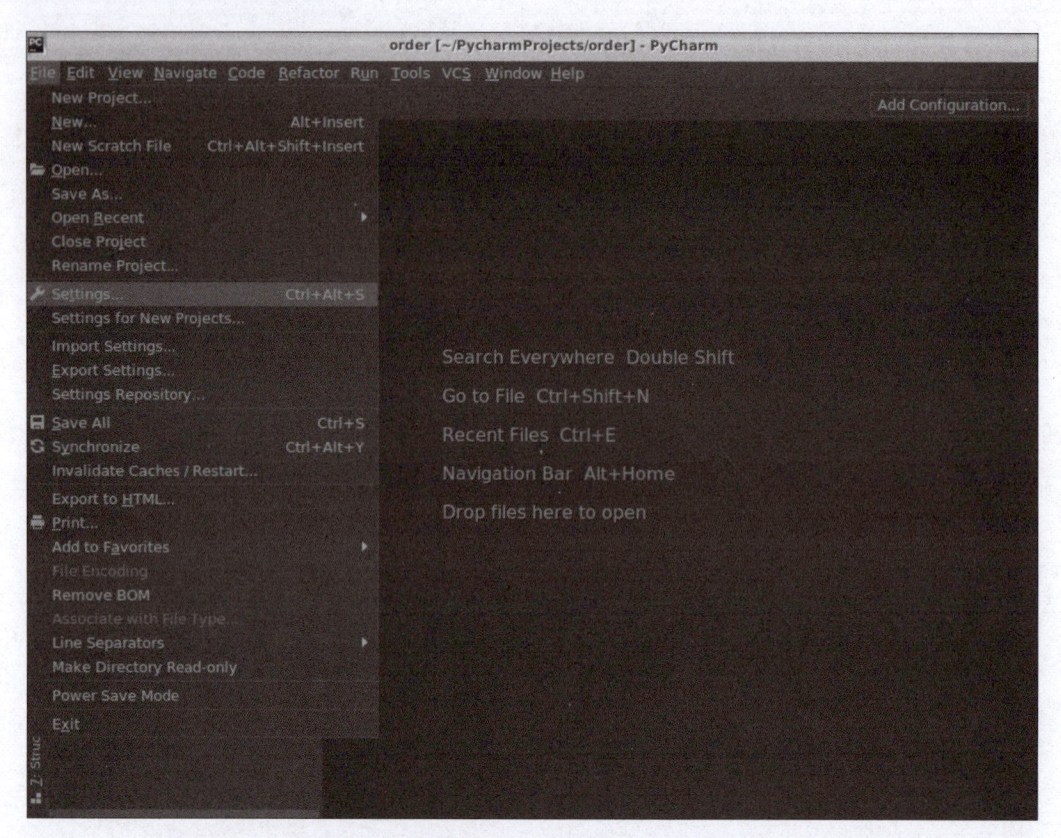

图 5.49 单击 "File"→"Settings" 选项

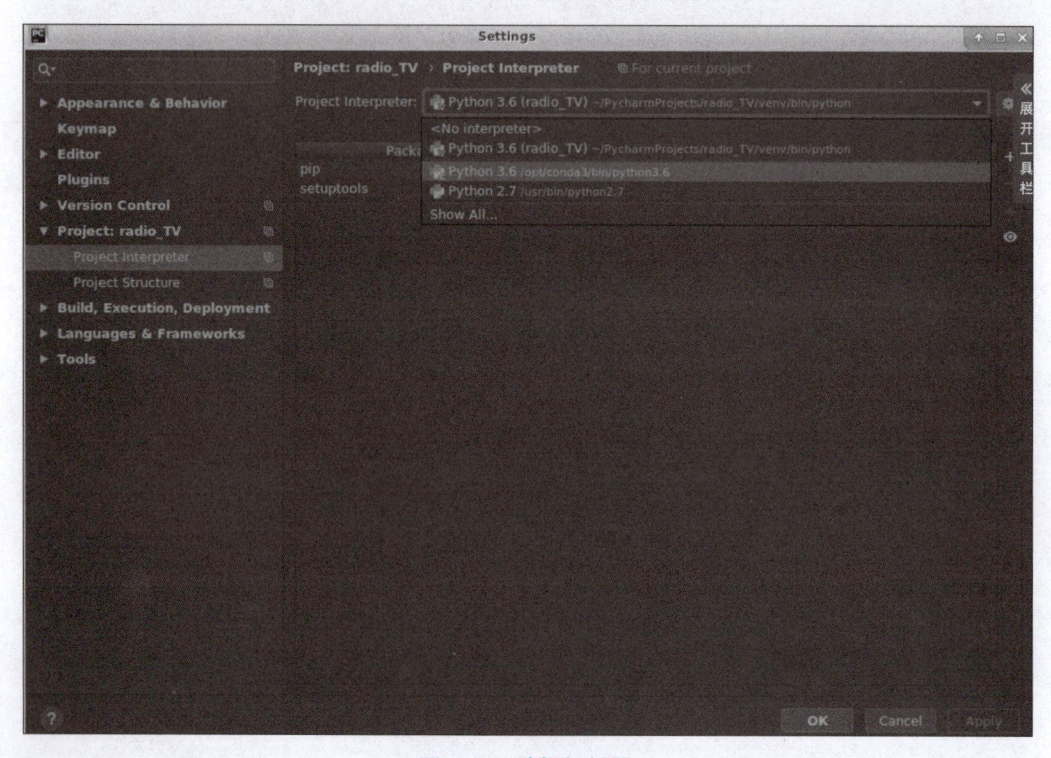

图 5.50 选择解析器

pip install xlrd==1.2.0

图 5.51　安装依赖包

5. 准备数据，在终端中下载数据到实验机。

（1）先切换目录 cd /home/ubuntu，如图 5.52 所示。

图 5.52　切换目录

（2）下载数据，如图 5.53 所示。

wget http://10.90.3.2/LMS/SocialTraining/Python/07.DA_case/day02/order.zip

图 5.53　数据源下载

（3）解压数据包，如图 5.54 所示。

unzip order.zip

图 5.54　解压数据包

6. 在创建好的项目 order 中创建文件，右击项目名称"order"，单击"New"→"Python File"，如图 5.55 所示。

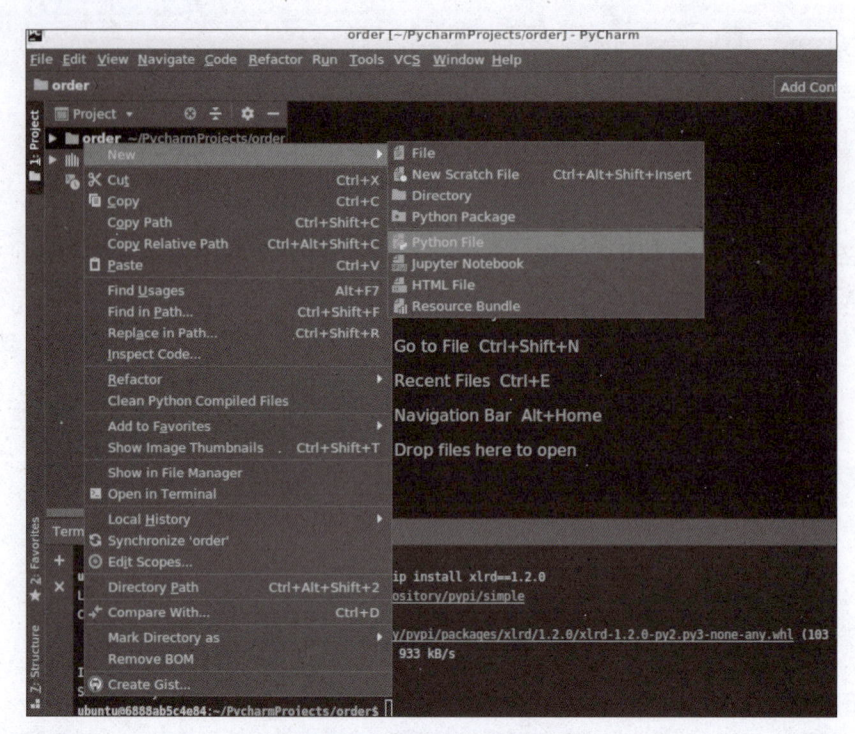

图 5.55 新建 Python File

输入文件名 read_process，如图 5.56 所示。

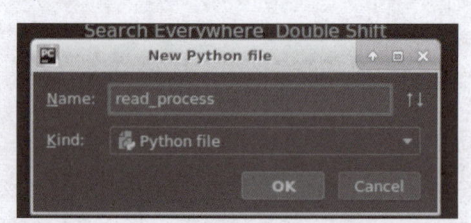

图 5.56 输入文件名

在 read_process 文件中输入代码，导入数据并查看，如图 5.57 所示。

```
# 读取数据并查看数据维度
import pandas as pd
data4 = pd.read_csv('/home/ubuntu/订单表 2018-4.csv', encoding='gbk')
data5 = pd.read_csv('/home/ubuntu/订单表 2018-5.csv', encoding='gbk')
data6 = pd.read_csv('/home/ubuntu/订单表 2018-6.csv', encoding='gbk')
data7 = pd.read_csv('/home/ubuntu/订单表 2018-7.csv', encoding='gbk')
data8 = pd.read_csv('/home/ubuntu/订单表 2018-8.csv', encoding='gbk')
data9 = pd.read_csv('/home/ubuntu/订单表 2018-9.csv', encoding='gbk')
goods_info = pd.read_excel('/home/Ubuntu/商品表.xlsx')
print(data4.shape, data5.shape, data6.shape, data7.shape,
    data8.shape, data9.shape, goods_info.shape)
```

数据结果输出如图 5.58 所示。

```
# 读取数据并查看数据维度
import pandas as pd
data4 = pd.read_csv('/home/ubuntu/订单表2018-4.csv', encoding='gbk')
data5 = pd.read_csv('/home/ubuntu/订单表2018-5.csv', encoding='gbk')
data6 = pd.read_csv('/home/ubuntu/订单表2018-6.csv', encoding='gbk')
data7 = pd.read_csv('/home/ubuntu/订单表2018-7.csv', encoding='gbk')
data8 = pd.read_csv('/home/ubuntu/订单表2018-8.csv', encoding='gbk')
data9 = pd.read_csv('/home/ubuntu/订单表2018-9.csv', encoding='gbk')
goods_info = pd.read_excel('/home/ubuntu/商品表.xlsx')
print(data4.shape, data5.shape, data6.shape, data7.shape,
      data8.shape, data9.shape, goods_info.shape)
```

图 5.57　读取数据并查看数据维度

```
/opt/conda3/bin/python3.6 /home/ubuntu/PycharmProjects/order/read_process.py
(2077, 14) (46068, 14) (51925, 14) (77644, 14) (86459, 14) (86723, 14) (3626, 8)
```

图 5.58　输出结果

7. 数据预处理。

（1）合并数据，如图 5.59 所示。

```
#合并数据
data = pd.concat([data4, data5, data6, data7, data8, data9], ignore_index=True)
print('订单表合并后的形状为', data.shape)
print('订单表各列的缺失值数目为：\n', data.isnull().sum())
```

图 5.59　合并数据

输出结果如图 5.60 所示。

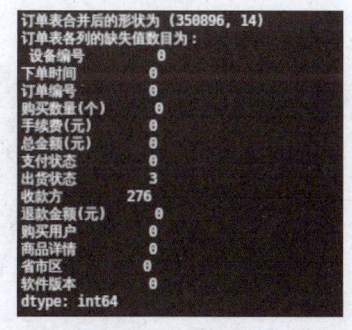

```
订单表合并后的形状为（350896, 14）
订单表各列的缺失值数目为：
设备编号         0
下单时间         0
订单编号         0
购买数量(个)      0
手续费(元)       0
总金额(元)       0
支付状态         0
出货状态         3
收款方        276
退款金额(元)      0
购买用户         0
商品详情         0
省市区          0
软件版本         0
dtype: int64
```

图 5.60　输出结果

（2）删除缺失值，如图 5.61 所示。

```
# 删除缺失值
print('未做删除缺失值前订单表行列数目为：', data.shape)
data = data.dropna(how='any')   # 删除
print('删除完缺失值后订单表行列数目为：', data.shape)
```

```
# 删除缺失值
print('未做删除缺失值前订单表行列数目为：', data.shape)
data = data.dropna(how='any')   # 删除
print('删除完缺失值后订单表行列数目为：', data.shape)
```

图 5.61　删除缺失值

输出结果如图 5.62 所示。

```
未做删除缺失值前订单表行列数目为： (350896, 14)
删除完缺失值后订单表行列数目为： (350617, 14)
```

图 5.62　输出结果

(3) 清洗商品表，如图 5.63 所示。

```
# 清洗商品表
print('商品表各列的缺失值数目为：\n', goods_info.isnull().sum())
# 删除缺失值
print('未做删除缺失值前商品表行列数目为：', goods_info.shape)
goods_info = goods_info.dropna(how='any')
print('删除完缺失值后商品表行列数目为：', goods_info.shape)
```

```
# 清洗商品表
print('商品表各列的缺失值数目为：\n', goods_info.isnull().sum())
# 删除缺失值
print('未做删除缺失值前商品表行列数目为：', goods_info.shape)
goods_info = goods_info.dropna(how='any')
print('删除完缺失值后商品表行列数目为：', goods_info.shape)
```

图 5.63　清洗商品表

输出结果如图 5.64 所示。

```
商品表各列的缺失值数目为：
 商品名称        392
 销售数量          0
 销售金额          0
 利润            0
 库存数量          0
 进货数量          0
 存货周转天数        0
 月份            0
dtype: int64
未做删除缺失值前商品表行列数目为： (3626, 8)
删除完缺失值后商品表行列数目为： (3234, 8)
```

图 5.64　输出结果

(4) 从省市区中提取市的信息，并创建新列，如图 5.65 所示。

```
# 从省市区中提取市的信息,并创建新列
data['市'] = data['省市区'].str[3: 6]
print('经过处理后前 5 行为：\n', data.head())
```

输出结果如图 5.66 所示。

```
# 从省市区中提取市的信息，并创建新列
data['市'] = data['省市区'].str[3: 6]
print('经过处理后前5行为: \n', data.head())
```

图 5.65 提取市的信息并创建新列

```
经过处理后前5行为：
     设备编号              下单时间  ...                        软件版本    市
0  112531  2018/4/30 22:55  ...          V2.1.55/1.2;rk3288  中山市
1  112673  2018/4/30 22:50  ...  V3.0.37;rk3288;(900x1440)  佛山市
2  112636  2018/4/30 22:35  ...          V2.1.55/1.2;rk3288  广州市
3  112636  2018/4/30 22:33  ...          V2.1.55/1.2;rk3288  广州市
4  112636  2018/4/30 21:33  ...          V2.1.55/1.2;rk3288  广州市

[5 rows x 15 columns]
```

图 5.66 输出结果

（5）剔除指定字符，如图 5.67 所示。

```
# 定义一个需剔除的字符的 list
error_str = ['', '(', ')', '(', ')', '0', '1', '2', '3', '4', '5', '6',
             '7', '8', '9', 'g', 'l', 'm', 'M', 'L', '听', '特', '饮', '罐',
             '瓶', '只', '装', '欧', '式', '&', '%', 'X', 'x', ';']
# 使用循环剔除指定字符
for i in error_str:
    data['商品详情'] = data['商品详情']. str. replace(i, '')
# 新建一列 商品名称用于新数据存放
data['商品名称'] = data['商品详情']
print(data['商品名称'][0: 5])
```

```
# 定义一个需剔除的字符的list
error_str = [' ', '(', ')', '（', '）', '0', '1', '2', '3', '4', '5', '6',
             '7', '8', '9', 'g', 'l', 'm', 'M', 'L', '听', '特', '饮', '罐',
             '瓶', '只', '装', '欧', '式', '&', '%', 'X', 'x', ';']
# 使用循环剔除指定字符
for i in error_str:
    data['商品详情'] = data['商品详情'].str.replace(i, '')
# 新建一列 商品名称用于新数据存放
data['商品名称'] = data['商品详情']
print(data['商品名称'][0: 5])
```

图 5.67 剔除指定字符

输出结果如图 5.68 所示。

```
0      可口可乐
1      旺仔牛奶
2        雪碧
3    阿萨姆奶茶
4       王老吉
Name: 商品名称, dtype: object
```

图 5.68 输出结果

（6）删除金额较少的订单，如图 5. 69 所示。

```
# 删除金额较少的订单前的数据量
print(data. shape)
# 删除金额较少的订单后的数据量
data = data[data['总金额(元)'] >= 0. 5]
print(data. shape)
```

```
# 删除金额较少的订单前的数据量
print(data.shape)
# 删除金额较少的订单后的数据量
data = data[data['总金额(元)'] >= 0.5]
print(data.shape)
```

图 5. 69　删除金额较少订单

输出结果如图 5. 70 所示。

```
(350617, 16)
(350450, 16)
```

图 5. 70　输出结果

（7）将商品名称表中的部分商品进行名字统一，如图 5. 71 所示。

```
# 将商品名称表中的部分商品进行名字统一
goods_info['商品名称'] = goods_info['商品名称']. str. replace('可口可乐', '可乐')
goods_info['商品名称'] = goods_info['商品名称']. str. replace('', '')
goods_info['商品名称'] = goods_info['商品名称']. str. replace('可比克薯片烧烤味',
                                                             '可比克烧烤味')
goods_info['商品名称'] = goods_info['商品名称']. str. replace('可比克薯片牛肉味',
                                                             '可比克牛肉味')
goods_info['商品名称'] = goods_info['商品名称']. str. replace('可比克薯片番茄味',
                                                             '可比克番茄味')
goods_info['商品名称'] = goods_info['商品名称']. str. replace('阿沙姆奶茶',
                                                             '阿萨姆奶茶')
goods_info['商品名称'] = goods_info['商品名称']. str. replace('罐装百威',
                                                             '罐装百威啤酒')
print(goods_info['商品名称'])
goods_info. to_csv('/home/Ubuntu/goods_info. csv', index=False, encoding = 'gbk')
```

输出结果如图 5. 72 所示。

（8）降维订单数据，如图 5. 73 所示。

```
# 降维订单数据
data = data. drop(['手续费(元)', '收款方', '软件版本', '省市区',
                  '商品详情', '退款金额(元)'], axis=1)
print('降维后，数据列为：\n', data. columns. values)
```

```
# 将商品名称表中的部分商品进行名字统一
goods_info['商品名称'] = goods_info['商品名称'].str.replace('可口可乐', '可乐')
goods_info['商品名称'] = goods_info['商品名称'].str.replace(' ', '')
goods_info['商品名称'] = goods_info['商品名称'].str.replace('可比克薯片烧烤味',
                                                       '可比克烧烤味')
goods_info['商品名称'] = goods_info['商品名称'].str.replace('可比克薯片牛肉味',
                                                       '可比克牛肉味')
goods_info['商品名称'] = goods_info['商品名称'].str.replace('可比克薯片番茄味',
                                                       '可比克番茄味')
goods_info['商品名称'] = goods_info['商品名称'].str.replace('阿沙姆奶茶',
                                                       '阿萨姆奶茶')
goods_info['商品名称'] = goods_info['商品名称'].str.replace('罐装百威',
                                                       '罐装百威啤酒')
print(goods_info['商品名称'])
goods_info.to_csv('/home/ubuntu/goods_info.csv', index=False, encoding = 'gbk')
```

图 5.71　部分商品进行名字统一

```
3229    18g旺仔小馒头
3230    18g旺仔小馒头
3231    18g旺仔小馒头
3232    18g旺仔小馒头
3233    18g旺仔小馒头
Name: 商品名称, Length: 3234, dtype: object
```

图 5.72　输出结果

```
# 降维订单数据
data = data.drop(['手续费(元)', '收款方', '软件版本', '省市区',
                  '商品详情', '退款金额(元)'], axis=1)
print('降维后,数据列为: \n', data.columns.values)
```

图 5.73　降维订单数据

输出结果如图 5.74 所示。

```
降维后,数据列为:
 ['设备编号' '下单时间' '订单编号' '购买数量(个)' '总金额(元)' '支付状态' '出货状态' '购买用户' '市' '商品名称']
```

图 5.74　输出结果

（9）归约订单数据字段，如图 5.75 所示。

```
# 将时间格式的字符串转换为标准的时间
data['下单时间'] = pd. to_datetime(data['下单时间'])
data['小时'] = data['下单时间']. dt. hour   # 提取时间中的小时,将其赋给新列 小时
data['月份'] = data['下单时间']. dt. month
data['下单时间段'] = 'time'   # 新增一列下单时间段,并将其初始化为 time
exp1 = data['小时'] <= 5   # 判断小时是否小于等于 5 8 1 3 6 A 4 3 7
# 条件为真则时间段为凌晨
```

```python
data.loc[exp1,'下单时间段'] = '凌晨'
# 判断小时是否大于5且小于等于8
exp2 = (5 < data['小时']) & (data['小时'] <= 8)
# 条件为真则时间段为早晨
data.loc[exp2,'下单时间段'] = '早晨'
# 判断小时是否大于8且小于等于11
exp3 = (8 < data['小时']) & (data['小时'] <= 11)
# 条件为真则时间段为上午
data.loc[exp3,'下单时间段'] = '上午'
# 判断小时是否小大于11且小于等于13
exp4 = (11 < data['小时']) & (data['小时'] <= 13)
# 条件为真则时间段为中午
data.loc[exp4,'下单时间段'] = '中午'
# 判断小时是否大于13且小于等于16
exp5 = (13 < data['小时']) & (data['小时'] <= 16)
# 条件为真则时间段为下午
data.loc[exp5,'下单时间段'] = '下午'
# 判断小时是否大于16且小于等于19
exp6 = (16 < data['小时']) & (data['小时'] <= 19)
# 条件为真则时间段为傍晚
data.loc[exp6,'下单时间段'] = '傍晚'
# 判断小时是否大于19且小于等于24
exp7 = (19 < data['小时']) & (data['小时'] <= 24)
# 条件为真则时间段为晚上
data.loc[exp7,'下单时间段'] = '晚上'
print('处理完成后的订单表前5行为：\n', data.head())
data.to_csv('/home/ubuntu/order.csv', index=False, encoding='gbk')
```

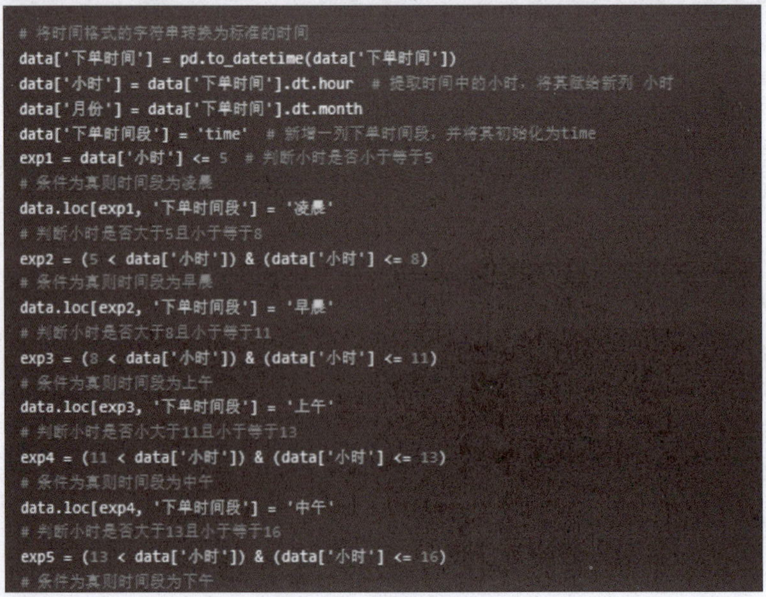

图 5.75 归约订单数据

输出结果如图 5.76 所示。

```
处理完成后的订单表前5行为:
   设备编号         下单时间              订单编号           ...  小时  月份  下单时间段
0  112531  2018-04-30 22:55:00  112531qr15251001151105  ...   22    4      晚上
1  112673  2018-04-30 22:50:00  112673qr15250998551741  ...   22    4      晚上
2  112636  2018-04-30 22:35:00  112636qr15250989343846  ...   22    4      晚上
3  112636  2018-04-30 22:33:00  112636qr15250988245087  ...   22    4      晚上
4  112636  2018-04-30 21:33:00  112636qr15250952296930  ...   21    4      晚上
```

图 5.76　输出结果

【实验总结】

本实验对无人售货机数据进行了以下处理：

1. **合并数据**：由于订单表的数据是按月份分开存放的，为了方便后续对数据进行处理和可视化，所以需要对订单数据进行合并处理。

2. **缺失值检测**：当合并订单表的数据后，为了了解订单表的数据的基本情况，需要进行缺失值检测。

3. **缺失值处理**：订单表中含有缺失值的记录总共有 278 条，相对较少，可直接使用删除法对其中的缺失值进行处理。

4. **增加字段**：为了满足后续的数据可视化需求，需要在订单表中增加"市"字段。

5. **统一商品名称**：通过浏览订单表中的数据发现，在"商品详情"字段中存在有异名同义的情况，即两个名称不同的字段所代表的实际意义是一致的，如"维他柠檬茶 X1""维他柠檬茶 x1"等。因为这种情况会对后面的可视化分析结果造成一定的影响，所以需要对订单表中的"商品详情"字段进行处理，增加"商品名称"字段。

6. **异常值处理**：通过浏览订单表数据发现，在"总金额（元）"字段中，存在极少数订单的金额很小，如 0、0.01 等。在现实生活中，这种记录存在的情况极少，并且这部分数据不具有分析意义。因此，在本项目中对订单的金额小于 0.5 的记录进行删除处理。

7. **属性选择**：因为订单表中的"手续费（元）""收款方""软件版本""省市区""商品详情""退款金额（元）"等字段对本项目的分析没有意义，所以需要对其进行删除处理，实现数据的降维。

8. **字段规约**：时间段规约。

5.2.2　实验二：无人售货机销售数据可视化分析

【实验目的】

1. 熟悉新零售智能销售数据可视化项目的流程与步骤。
2. 掌握对新零售智能销售数据进行可视化分析的方法。

【实验原理】

新零售智能销售设备作为一种新的销售方式，突破了场地的局限性并提供了购物的便利性。本实验使用 Python 语言作为大数据处理和分析的编程语言，通过 NumPy 进行高效的计算分析，再利用 Matplotlib 和 PyEcharts 库帮助用户快速、方便地生成各种类型的图表，为某公司在广东省 8 个市部署的 376 台新零售智能销售设备数据，结合销售背景从销售、库存、用户 3 个方面进行大数据可视化分析，用于辅助决策。

【实验环境】

1. Ubuntu 16.04。
2. PyCharm community 2018.2。
3. Pandas 1.0.2。
4. NumPy 1.17.4。
5. PyEcharts 2.0.1。
6. Matplotlib 3.2.0。

【实验步骤】

1. 打开 PyCharm,如图 5.77 所示。

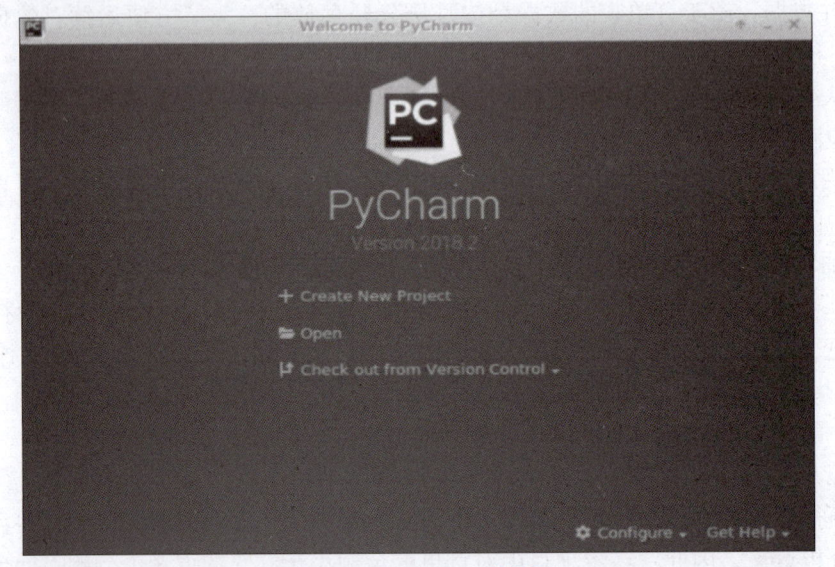

图 5.77　PyCharm 主界面

2. 创建新项目,如图 5.78 所示。

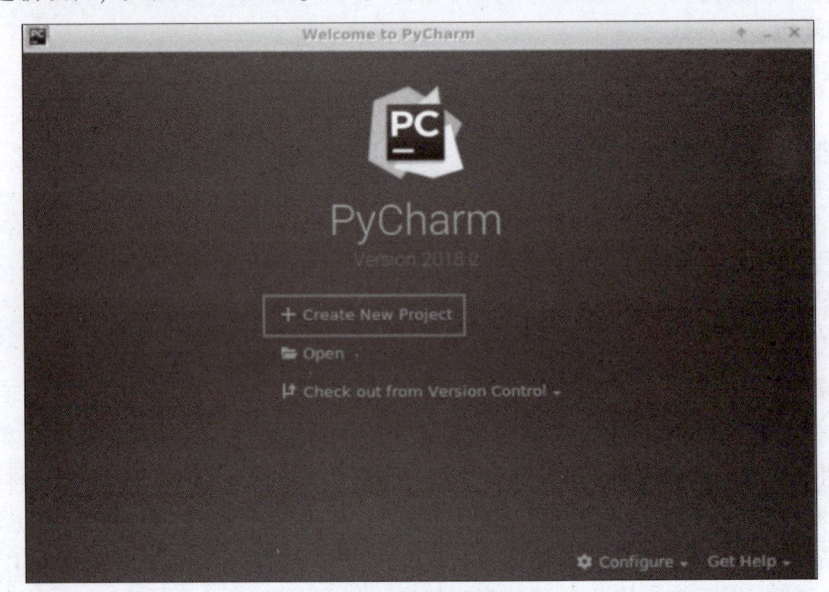

图 5.78　创建新项目

3. 输入项目名 order，项目创建成功，如图 5.79 所示。

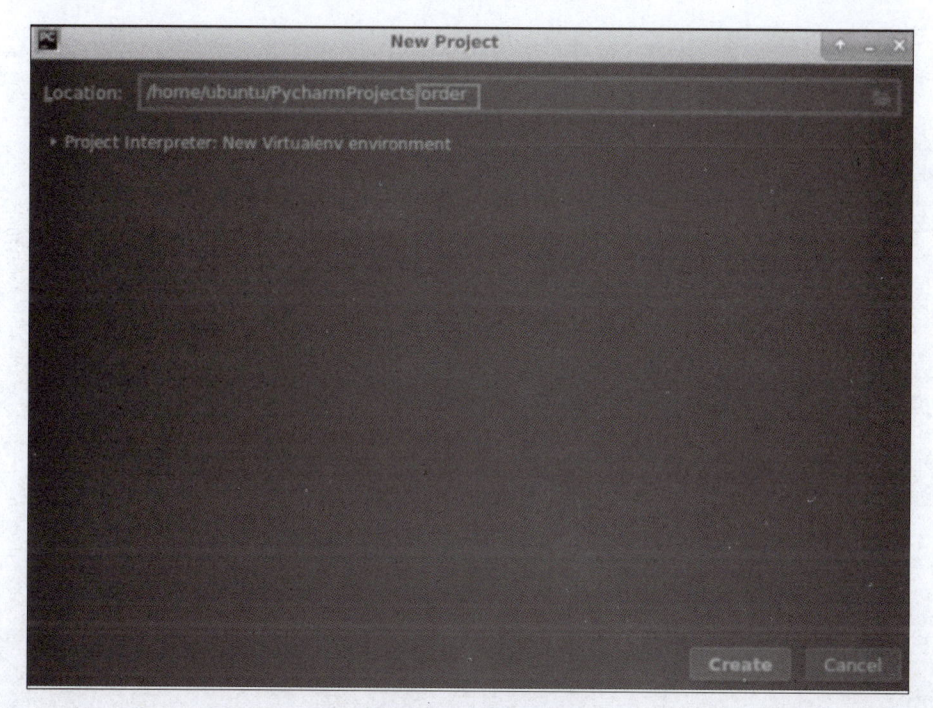

图 5.79 项目名称

4. 设置解析器。

（1）单击"File"→"Settings"选项，如图 5.80 所示。

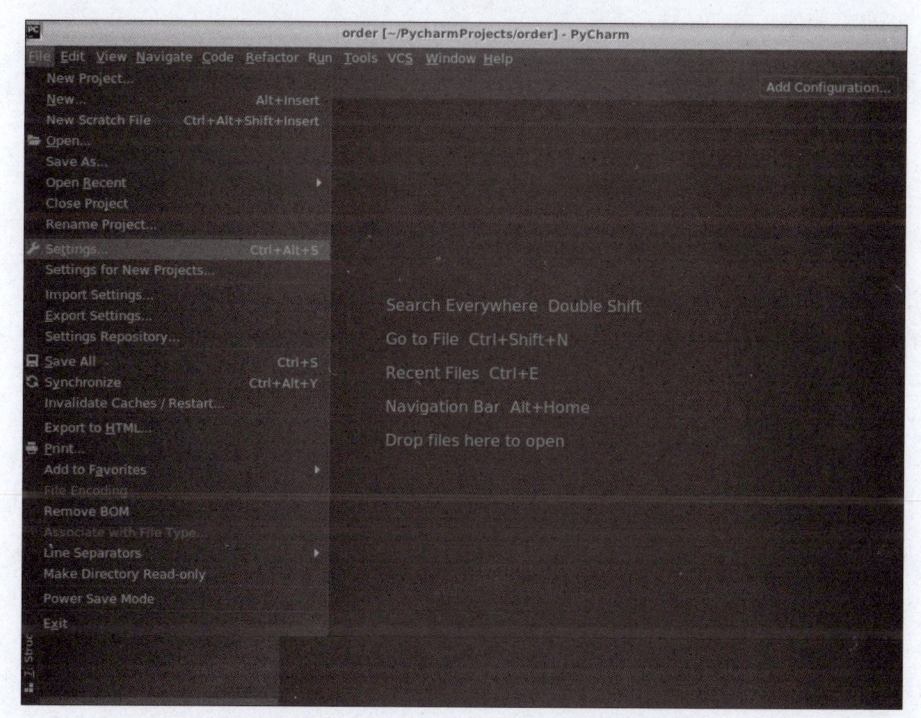

图 5.80 单击"File"→"Settings"选项

（2）选择/opt/conda3/bin/python3.6 解析器，如图 5.81 所示。

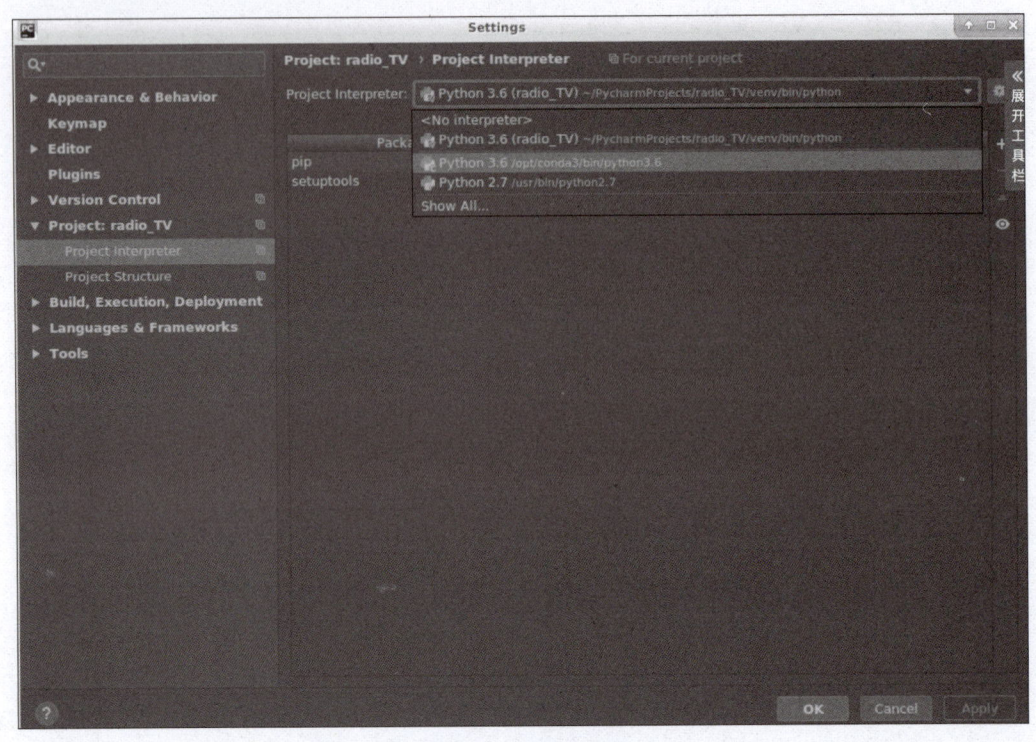

图 5.81　选择解释器

5. 安装依赖包 seaborn，在桌面空白处右击，选择"Open Terminal Here"打开一个 terminal 终端，如图 5.82 所示。

```
pip install pyecharts
```

图 5.82　安装依赖包

6. 准备数据，在终端中下载数据到实验机。

（1）先切换目录 cd /home/ubuntu，如图 5.83 所示。

图 5.83　切换目录

（2）下载数据，如图 5.84 所示。

wget http://10.90.3.2/LMS/SocialTraining/Python/07.DA_case/day02/order_goods.zip

图 5.84　数据源下载界面

（3）解压数据包 unzip order_goods.zip，如图 5.85 所示。

图 5.85　解压数据包

7. 在创建好的项目 order 中创建文件，右击 "order"，单击 "New"→"Python File"，如图 5.86 所示。

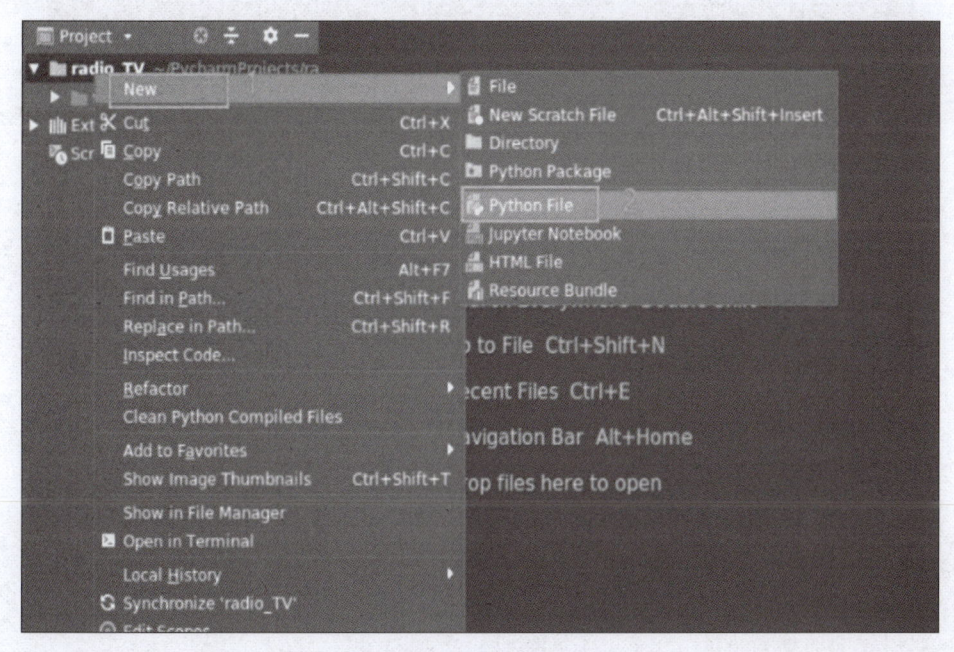

图 5.86　新建 Python File

输入文件名 visualization，如图 5.87 所示。

图 5.87 输入文件名

8. 编辑 visualization 代码文件。

(1) 导入依赖及读取数据，如图 5.88 所示。

```
import pandas as pd
import numpy as np
from PyEcharts.charts import Line
from PyEcharts import options as opts
import matplotlib.pyplot as plt
from PyEcharts.charts import Bar
from PyEcharts.charts import Pie
from PyEcharts.charts import Grid

plt.rcParams['font.sans-serif'] = ['Microsoft YaHei']  # 设置字体为 SimHei 显示中文
plt.rcParams['axes.unicode_minus'] = False  # 设置正常显示符号
data = pd.read_csv('/home/ubuntu/order.csv', encoding='gbk')
```

图 5.88 导入依赖及读取数据

(2) 销售额和新零售智能销售设备数量之间的关系：

```
# 销售额和新零售智能销售设备数量之间的关系
def f(x):
    return len(list(set((x.values))))
groupby1 = data.groupby(by='月份', as_index=False).agg(
    {'设备编号': f, '总金额(元)': np.sum})
groupby1.columns = ['月份', '设备数量', '销售额']
```

```
line = (Line()
    .add_xaxis([str(i) for i in groupby1['月份'].values.tolist()])
    .add_yaxis('销售额', np.round(groupby1['销售额'].values.tolist(), 2))
    .add_yaxis('设备数量', groupby1['设备数量'].values.tolist(), yaxis_index=1)
    .set_series_opts(label_opts=opts.LabelOpts(is_show=True,
                                    position='top',
                                    font_size=10))
    .set_global_opts(
        xaxis_opts=opts.AxisOpts(
        name='月份', name_location='center', name_gap=25),
        title_opts=opts.TitleOpts(
        title='销售额和新零售智能销售设备数量之间的关系'),
        yaxis_opts=opts.AxisOpts(
            name='销售额(元)', name_location='center', name_gap=60,
            axislabel_opts=opts.LabelOpts(
                formatter='{value}')))
    .extend_axis(
        yaxis=opts.AxisOpts(
            name='设备数量(台)', name_location='center', name_gap=40,
            axislabel_opts=opts.LabelOpts(
                formatter='{value}'), interval=50))
)
line.render('/home/ubuntu/销售额和新零售智能销售设备数量之间的关系.html')
```

输出结果如图 5.89 所示。

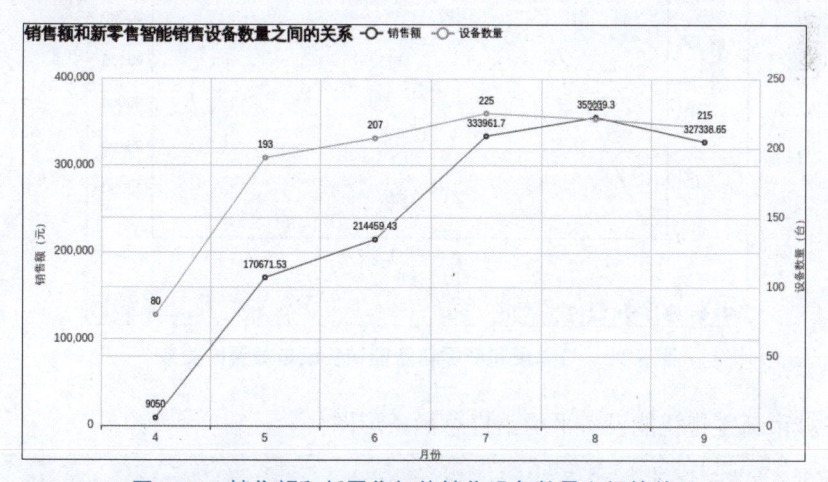

图 5.89 销售额和新零售智能销售设备数量之间的关系

(3) 订单量和新零售智能销售设备数量的关系:

```
# 订单量和新零售智能销售设备数量的关系
groupby2 = data.groupby(by='月份', as_index=False).agg(
    {'设备编号': f, '订单编号': f})
```

```
groupby2.columns = ['月份', '设备数量', '订单数量']
# 绘制图形
plt.figure(figsize=(10, 4))
fig, ax1 = plt.subplots()   # 使用 subplots 函数创建窗口
ax1.plot(groupby2['月份'], groupby2['设备数量'], '--')
ax1.set_yticks(range(0, 350, 50))   # 设置 y1 轴的刻度范围
ax1.legend(('设备数量',), loc='upper left', fontsize=10)
ax2 = ax1.twinx()   # 创建第二个坐标轴
ax2.plot(groupby2['月份'], groupby2['订单数量'])
ax2.set_yticks(range(0, 100000, 10000))   # 设置 y2 轴的刻度范围
ax2.legend(('订单数量',), loc='upper right', fontsize=10)
ax1.set_xlabel('月份')
ax1.set_ylabel('设备数量(台)')
ax2.set_ylabel('订单数量(单)')
plt.title('订单数量和新零售智能销售设备数量之间的关系')
plt.show()
```

输出结果如图 5.90 所示。

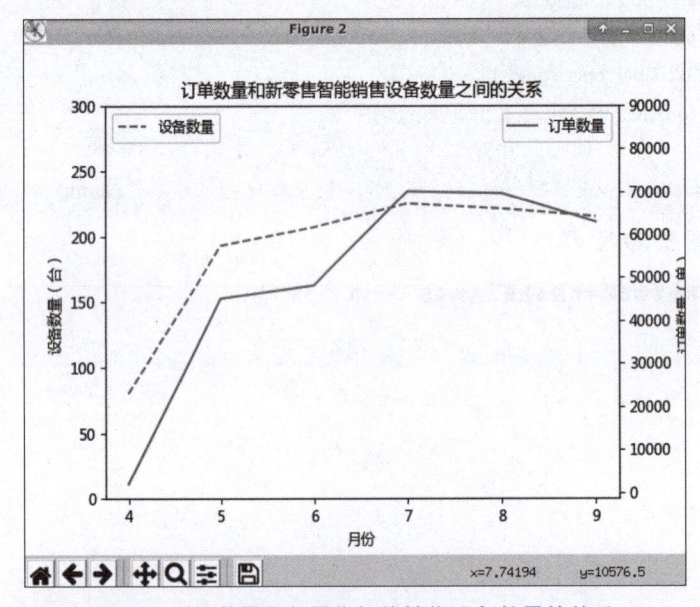

图 5.90 订单量和新零售智能销售设备数量的关系

（4）各城市新零售智能设备平均销售总额条形图：

```
# 各城市新零售智能设备平均销售总额条形图
gruop3 = data.groupby(by='市', as_index=False).agg({'总金额(元)':sum, '设备编号':f})
gruop3['销售总额'] = np.round(gruop3['总金额(元)'], 2)
gruop3 ['平均销售总额'] = np.round ( gruop3 ['销售总额'] / gruop3 ['设备编号'], 2 )
plt.clf ( )
plt.bar ( gruop3 ['市'].values.tolist ( ), gruop3 ['平均销售总额'].values.tolist ( ),
```

```
        color='#483D8B')
# 给条形图添加数据标注
for x, y in enumerate(gruop3['平均销售总额'].values):
    plt.text(x - 0.4, y + 100, '%s'% y, fontsize=8)
plt.title('各市新零售智能设备平均销售总额')
plt.show()
```

输出结果如图 5.91 所示。

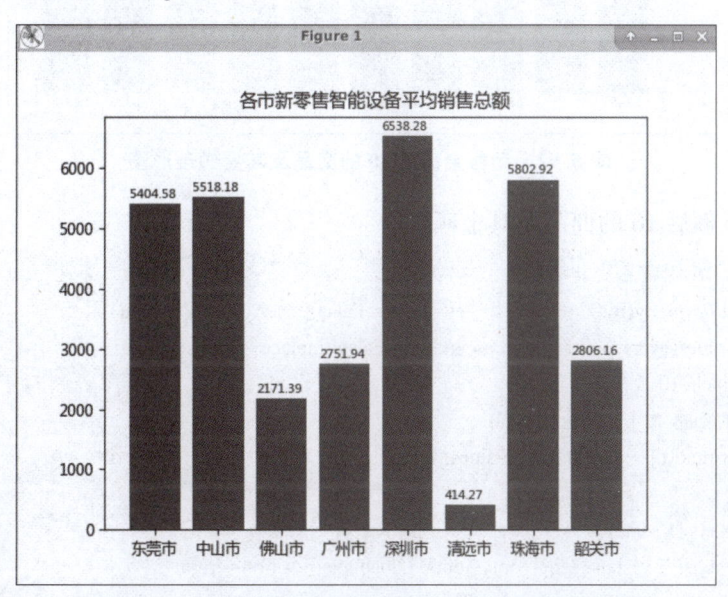

图 5.91 各城市新零售智能设备平均销售总额条形图

(5) 销售金额前 10 的商品及其金额：

```
# 销售金额前 10 的商品及其金额
group4 = data.groupby(by='商品名称', as_index=False)['总金额(元)'].sum()
group4.sort_values(by='总金额(元)', ascending=False, inplace=True)
d = group4.iloc[: 10]
x_data = d['商品名称'].values.tolist()
y_data = np.round(d['总金额(元)'].values, 2).tolist()
bar = (Bar()
       .add_xaxis(x_data)
       .add_yaxis('', y_data, color='#CD853F')
       .set_global_opts(title_opts=opts.TitleOpts(title='畅销前 10 的商品'),
                        xaxis_opts=opts.AxisOpts(
                            type_='category', name_rotate='45',
                            axislabel_opts={'interval': '0'})))
bar.render('/home/ubuntu/畅销前 10 的商品.html')
```

输出结果如图 5.92 所示。

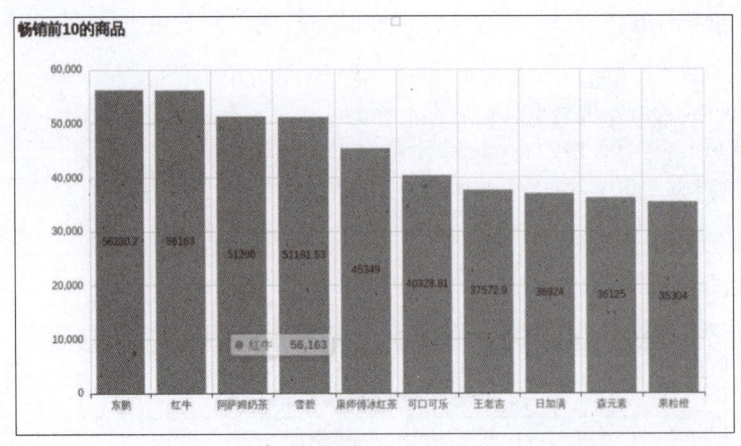

图 5.92　销售金额前 10 的商品及其金额条形图

（6）销售金额后 10 的商品及其金额：

```
# 销售金额后 10 的商品及其金额
group4 = data.groupby(by='商品名称', as_index=False)['总金额(元)'].sum()
group4.sort_values(by='总金额(元)', ascending=False, inplace=True)
d = group4.iloc[-10:]
x_data = d['商品名称'].values.tolist()
y_data = np.round(d['总金额(元)'].values, 2).tolist()
bar = (Bar()
       .add_xaxis(x_data)
       .add_yaxis('', y_data, label_opts=opts.LabelOpts(position='right'))
       .set_global_opts(title_opts=opts.TitleOpts(
                title='滞销后 10 的商品'),
                xaxis_opts=opts.AxisOpts(
                    axislabel_opts={'interval': '0'}))
       .reversal_axis()
       )
grid=Grid(init_opts=opts.InitOpts(width='600px',height='400px'))
grid.add(bar,grid_opts=opts.GridOpts(pos_left='18%'))
grid.render('/home/ubuntu/滞销后 10 的商品.html')
```

输出结果如图 5.93 所示。

（7）销售金额前 10 的商品及其占比：

```
# 绘制各个城市销售金额的饼图
# 销售金额前 10 的商品及其占比
group5 = data.groupby(by=['市', '商品名称'], as_index=False)['总金额(元)'].sum()
group5.sort_values(by='总金额(元)', ascending=False, inplace=True)
citys = list(set(group5['市'].values))
for j in range(len(citys)):
    city = group5[group5['市'] == citys[j]]
    city = city.iloc[:10]
    d = [[city.iloc[i][1], np.round(city.iloc[i][2], 2)] for i in range(len(city))]
```

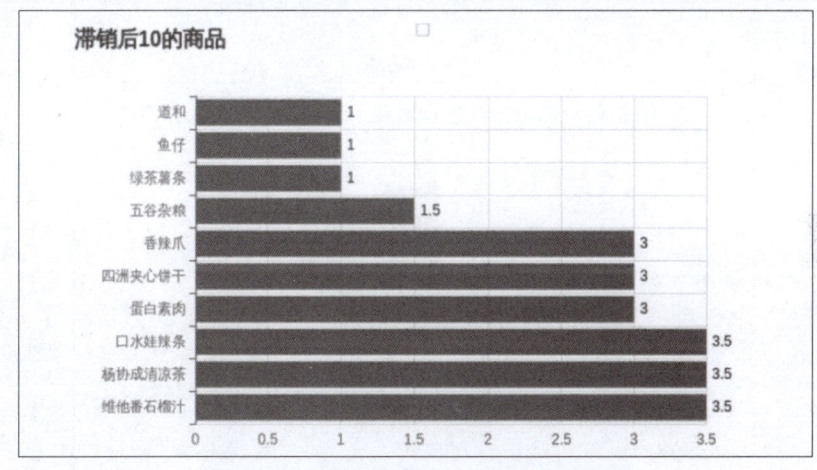

```
    pie = (Pie(init_opts=opts. InitOpts(width='800px', height='600px'))
           .add('', d, radius=[20, 180], rosetype='radius', center=[400, 300],
                color =['#FF3366','#FF00CC','#666FF','#FFCC00','#FFCCCC',
                       '#CCFF33','#33FF99','#999900','#99FFFF','#CCCCCC'])
           .set_series_opts(label_opts=opts. LabelOpts(formatter='{b}:{d}%'))
           .set_global_opts(title_opts=opts. TitleOpts(
                title=citys[j], pos_bottom='10%', pos_left='50%'),
                legend_opts=opts. LegendOpts(is_show=False))
           )
    pie. render('/home/ubuntu/'+citys[j]+'. html')
```

图 5.93　销售金额后 10 的商品及其金额

东莞市输出结果如图 5.94 所示。

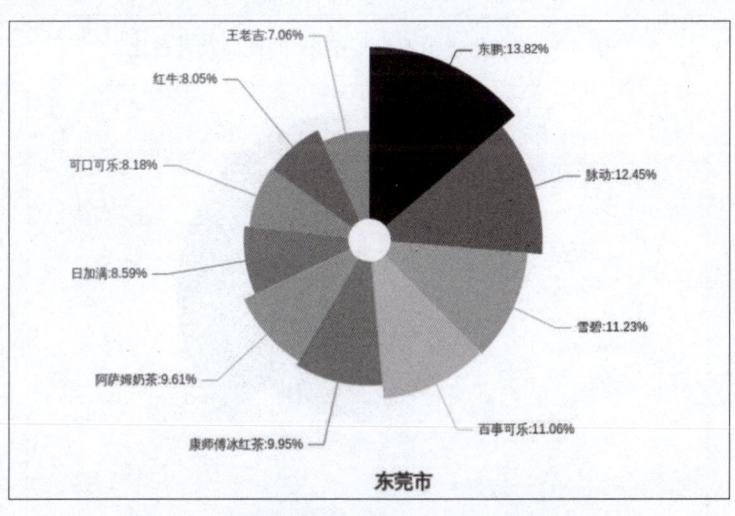

图 5.94　东莞市销售金额前 10 的商品及其占比

佛山市输出结果如图 5.95 所示。
广州市输出结果如图 5.96 所示。
清远市输出结果如图 5.97 所示。

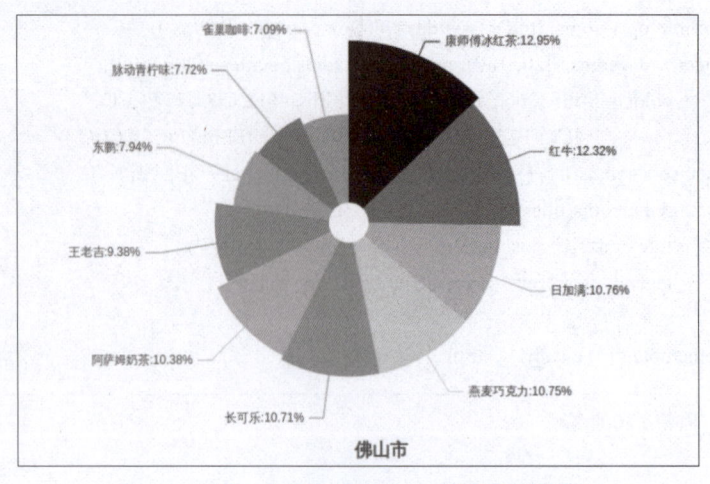

图 5.95　佛山市销售金额前 10 的商品及其占比

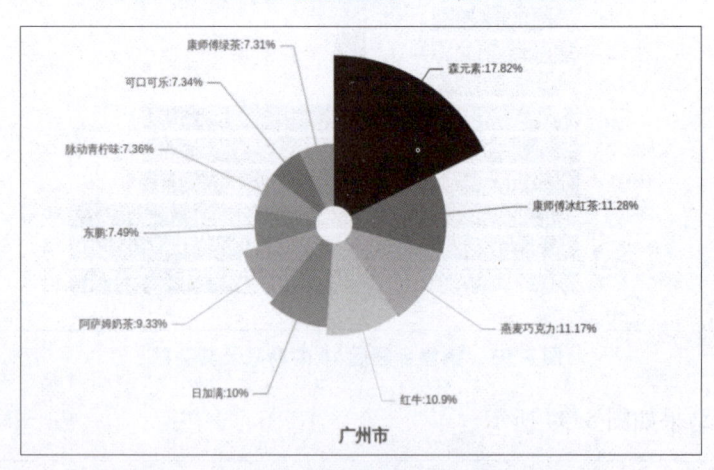

图 5.96　广州市销售金额前 10 的商品及其占比

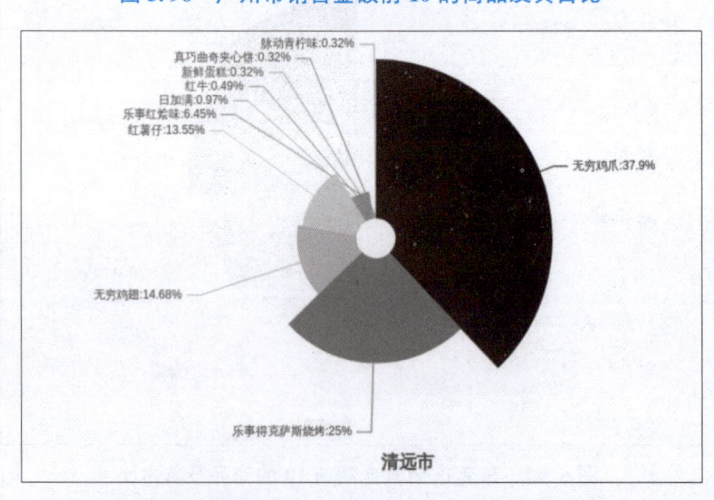

图 5.97　清远市销售金额前 10 的商品及其占比

韶关市输出结果如图 5.98 所示。
深圳市输出结果如图 5.99 所示。

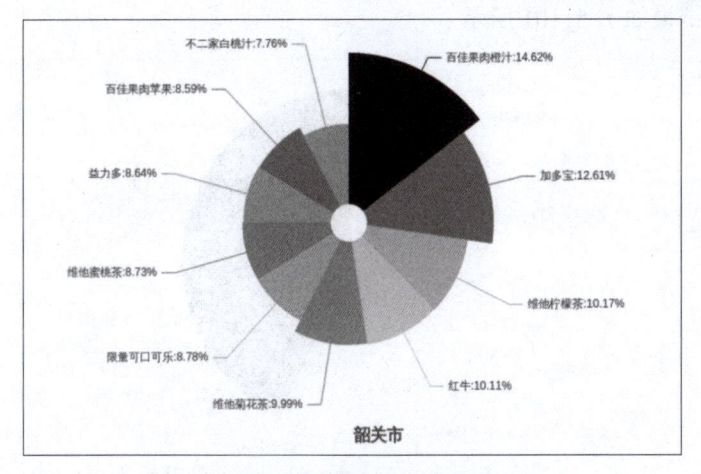

图 5.98　韶关市销售金额前 10 的商品及其占比

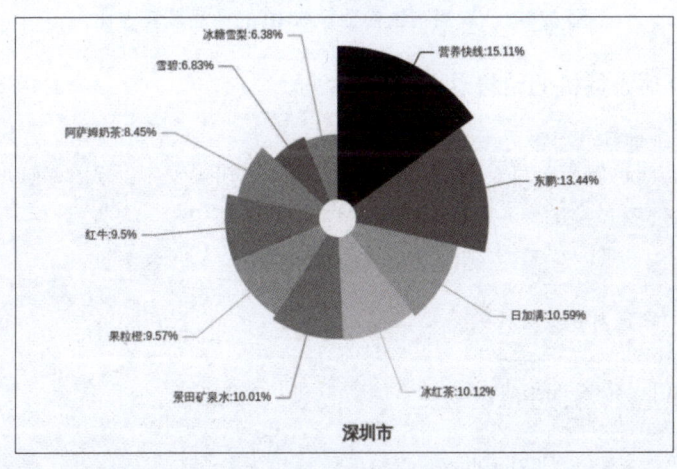

图 5.99　深圳市销售金额前 10 的商品及其占比

中山市输出结果如图 5.100 所示。

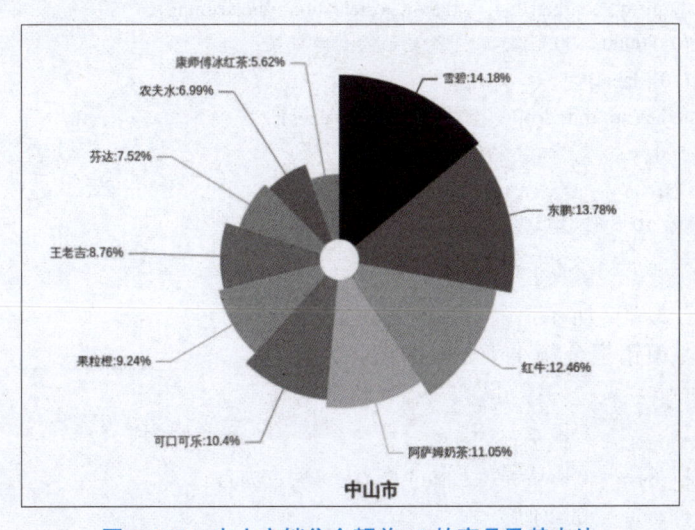

图 5.100　中山市销售金额前 10 的商品及其占比

珠海市输出结果如图 5.101 所示。

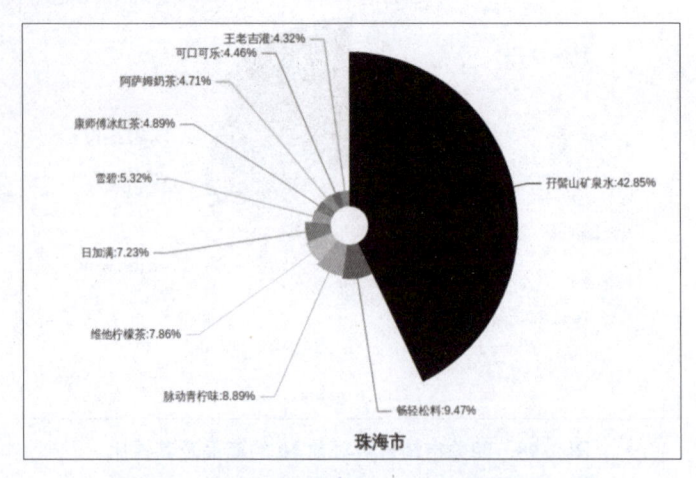

图 5.101 珠海市销售金额前 10 的商品及其占比

（8）绘制各自动售货机的销售总金额：

```
# 绘制各自动售货机的销售总金额
group6 = data.groupby(by=['市', '设备编号'], as_index=False)['总金额(元)'].sum()
group6.sort_values(by='总金额(元)', ascending=False, inplace=True)
b = group6[: 10]
label = []
# 销售额前 10 的设备编号以及所在市
for i in range(len(b)):
    a=b.iloc[i, 0] + str(b.iloc[i, 1])
    label.append(a)
x = np.round(b['总金额(元)'], 2).values.tolist()
y = range(10)
plt.clf()
plt.bar(x=0, bottom=y, height=0.4, width=x, orientation='horizontal')
plt.xticks(range(0, 80000, 10000))    # 设置 x 轴的刻度范围
plt.yticks(range(10), label)
for y, x in enumerate(np.round(b['总金额(元)'], 2).values):
    plt.text(x+500, y-0.2, "%s" % x)
plt.xlabel('总金额(元)')
plt.title('销售额前 10 的设备以及其所在市')
plt.show()
```

输出结果如图 5.102 所示。

（9）统计各城市销售金额小于 100 的设备数量。

```
# 统计各城市销售金额小于 100 的设备数量
l_b = group6[group6['总金额(元)'] < 100]
lb = l_b.groupby(by='市', as_index=False)['设备编号'].count()
x_data = lb['市'].values.tolist()
y_data = lb['设备编号'].values.tolist()
```

```
bar = (Bar(init_opts=opts. InitOpts(width='500px', height='400px'))
        .add_xaxis(x_data)
        .add_yaxis('', y_data)
        .set_global_opts(title_opts=opts. TitleOpts(
            title='各市销售额小于 100 的设备数量'))
        )
bar. render('/home/ubuntu/各市销售额小于 100 的设备数量. html')
```

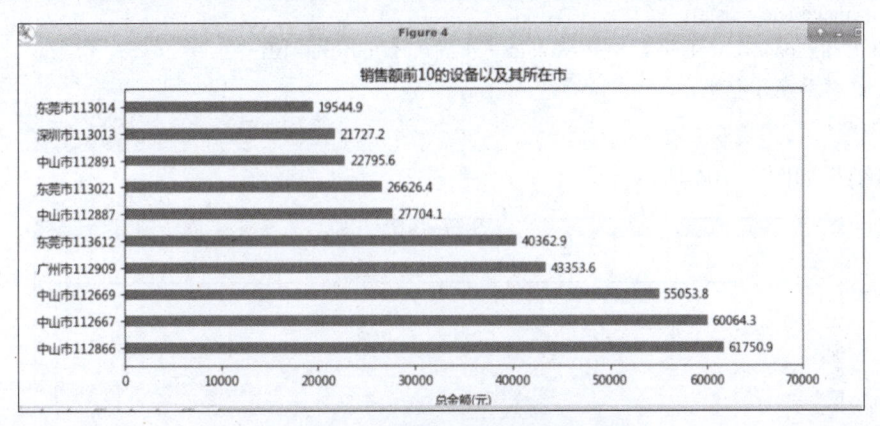

图 5.102　自动售货机的销售总金额

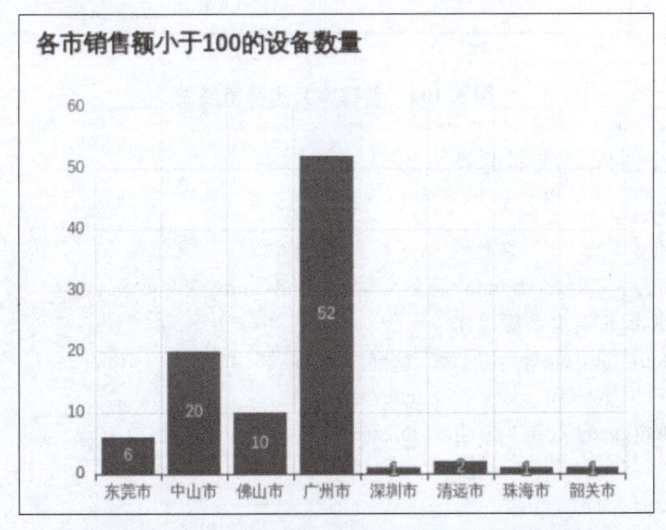

输出结果如图 5.103 所示。

图 5.103　各城市销售金额小于 100 的设备数量

（10）绘制售罄率月走势折线图。

```
# 计算售罄率
# 售罄率 = 销售量/进货量
goods_info = pd. read_csv('/home/ubuntu/goods_info. csv', encoding='gbk')
sale_out = goods_info. groupby('月份'). agg(
    {'销售数量': sum})['销售数量'] / goods_info. groupby('月份'). agg(
```

```
        {'进货数量': sum})['进货数量']
# print('各月份的售罄率为:\n',sale_out)
# 绘制售罄率月走势折线图
x_data = [str(i) + '月'for i in sale_out. index. tolist()]
y_data = np. round(sale_out, 4). values. tolist()
plt. clf()
plt. plot(x_data, y_data)
for i in range(len(y_data)):
    plt. text(x_data[i], y_data[i], '% s'% round(y_data[i],3), fontsize=10)
plt. title('售罄率月走势')
plt. show()
```

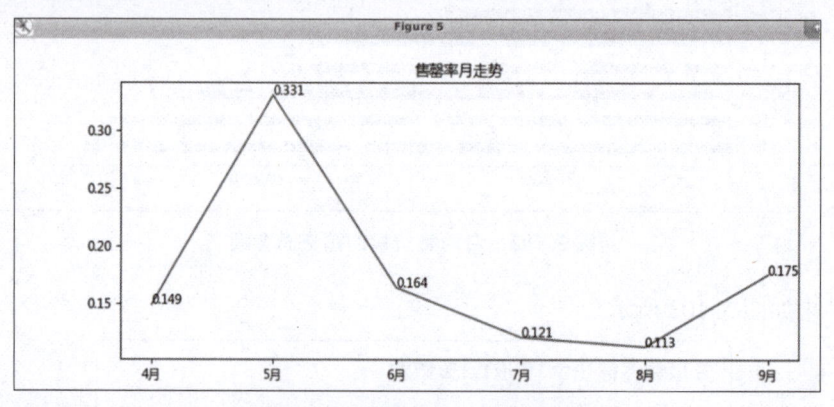

输出结果如图 5.104 所示。

图 5.104　售罄率月走势折线图

(11) 绘制各个月库存成本走势。

```
# 计算各个月库存成本
# 库存成本 = 销售单价 * 库存量
goods_info['库存成本'] = goods_info['销售金额'] / goods_info['销售数量'] * (
            goods_info['库存数量'])
goods_cost = goods_info. groupby('月份'). agg({'库存成本': sum})
x_data = [str(i) + '月'for i in goods_cost. index. tolist()]
y_data = np. round(goods_cost, 2). values. tolist()
line = (Line()
        . add_xaxis(x_data)
        . add_yaxis('', y_data)
        . set_series_opts(label_opts=opts. LabelOpts(is_show=True,
                                                    position='left'))
        . set_global_opts(title_opts=opts. TitleOpts(
            title='各个月库存成本走势'))
        )
line. render('/home/ubuntu/各个月库存成本走势. html')
```

输出结果如图 5.105 所示。

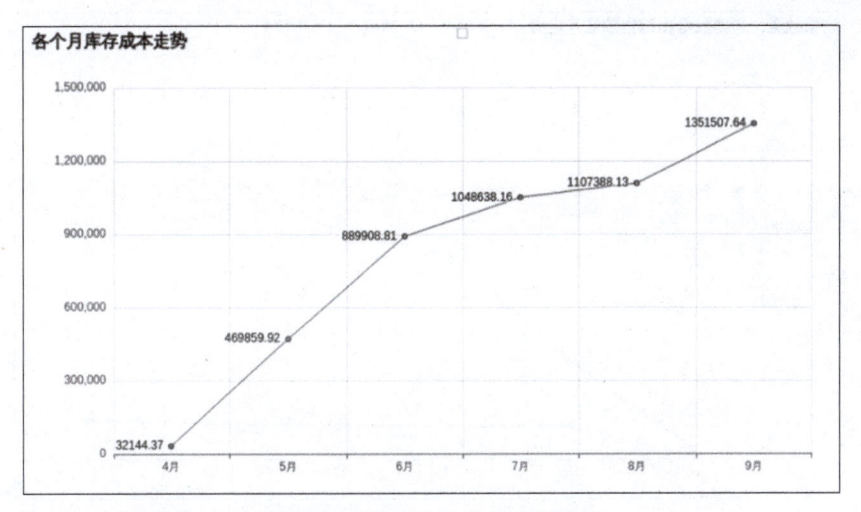

图 5.105　各个月库存成本走势图

(12) 各个月销售数量、库存数量、进货数量的折线图。

```
# 各个月销售数量、库存数量、进货数量的折线图
sale_in_out = goods_info.groupby(
    by='月份')['销售数量', '库存数量', '进货数量'].sum()
x_data = [str(i) + '月'for i in sale_in_out.index.tolist()]
line = (Line() . add_xaxis(x_data)
       . add_yaxis('销售数量', sale_in_out['销售数量'].values.tolist(), color='red',
                   label_opts=opts.LabelOpts(is_show=False))
       . add_yaxis('库存数量', sale_in_out['库存数量'].values.tolist(), color='blue',
                   label_opts=opts.LabelOpts(is_show=False))
       . add_yaxis('进货数量', sale_in_out['进货数量'].values.tolist(), color='green',
                   label_opts=opts.LabelOpts(is_show=False))
       . set_global_opts(title_opts=opts.TitleOpts(
                   title='进货数量、库存数量和销售数量月走势'))
       )
line.render('/home/ubuntu/进货数量、库存数量和销售数量月走势 .html')
```

输出结果如图 5.106 所示。

(13) 用户支付方式饼图。

```
# 用户支付方式饼图
group7 = data.groupby(by='支付状态')['支付状态'].count()
method = group7.index.tolist()
num = group7.values.tolist()
pie_data = [(i, j) for i, j in zip(method, num)]
pie = (Pie()
      . add('', pie_data, label_opts=opts.LabelOpts(formatter='{b}:{c}({d}%)'))
      . set_global_opts(title_opts=opts.TitleOpts(title='用户支付方式')))
pie.render('/home/ubuntu/用户支付方式 .html')
```

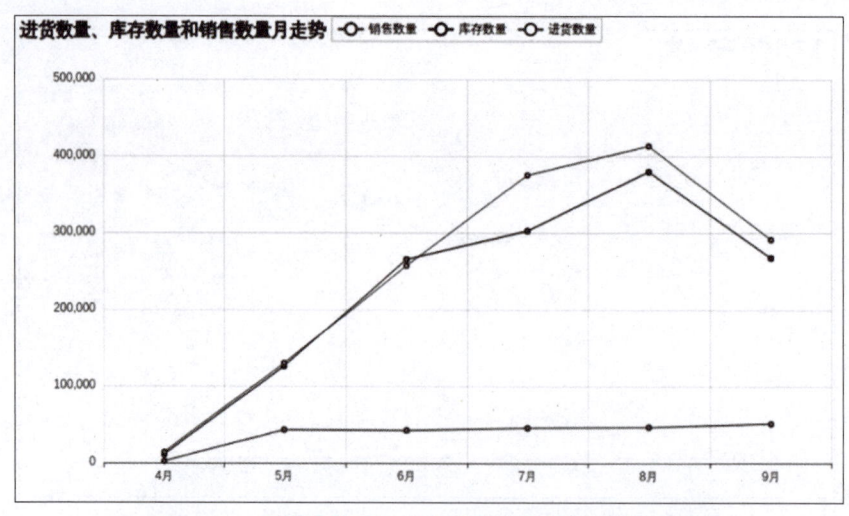

图 5.106　月销售数量、库存数量、进货数量的折线图

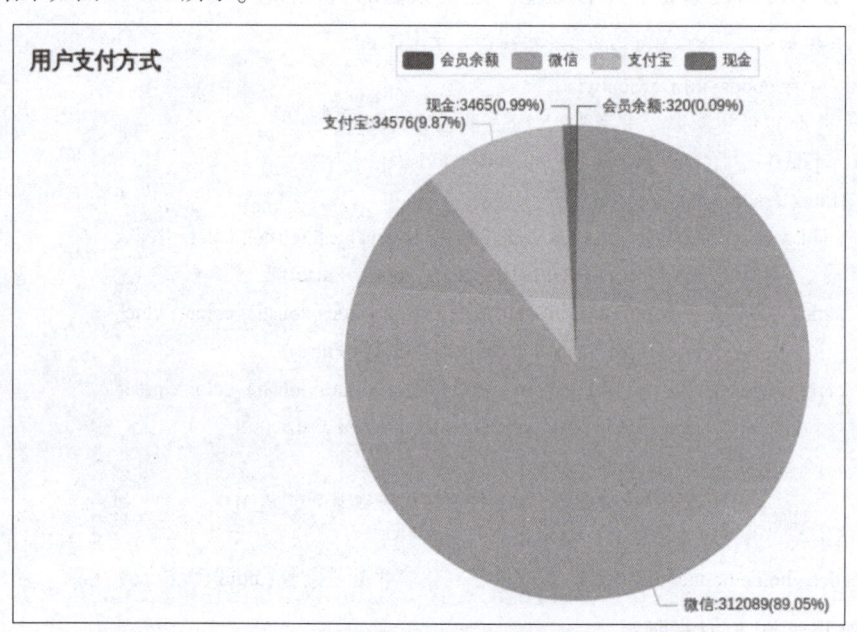

输出结果如图 5.107 所示。

图 5.107　用户支付方式饼图

（14）各区域用户数目饼图。

```
# 各区域用户数目饼图
group8 = data.groupby(by='市')['购买用户'].count()
cities = group8.index.tolist()
num = group8.values.tolist()
pie_data_2 = [(i, j) for i, j in zip(cities, num)]
pie=(Pie()
    .add('', pie_data_2,label_opts=opts.LabelOpts(
        formatter='{b}:{c}({d}% )'), radius=[20, 100])
```

```
    .set_global_opts(title_opts=opts.TitleOpts(title='用户所在城市'))
    )
pie.render('/home/ubuntu/各区域用户数目饼图.html')
```

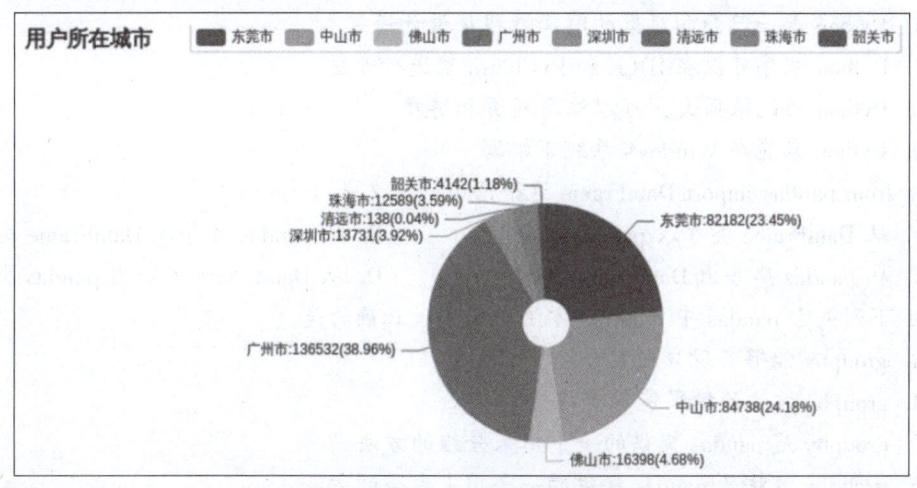

输出结果如图 5.108 所示。

图 5.108　各区域用户数目饼图

【实验总结】

通过对新零售智能销售设备的可视化分析，可以指导未来的销售做如下改进：

1. 新零售智能销售设备的数量和销售额、订单数量存在一定的相关系，并且新零售智能销售设备在各个市的销售是十分不平衡的，相同市的新零售智能销售设备也存在销售金额的差异，部分新零售智能销售设备的销售额较少，即完全没有带来效益，因此，可以适当调整各市的设备数量，合理利用设备，减少设备的浪费。在佛山市、东莞市、广州市、深圳市、珠海市，芙蓉王销售较好，而中山市饮料类商品销售较好，清远市零食类商品的销售较好，韶关市进口饮料的销售较好，经营者可以结合这个特点为不同的地区投放不同的商品，从而增加销售额。

2. 商品的库存结构总体上不太合理，售罄率较低，库存成本的增加，进货数量、库存数量、销售数量的不平衡，造成了商品的积压，经营者可以对于销售情况不佳的商品（如道和、绿茶、薯条和鱼仔等）适当降低商品的价格或举办一些促销的活动，进一步提高商品的销售数量，提高售罄率。

3. 用户偏向于使用微信支付和支付宝，针对这一特点，经营者可以联合移动支付（如微信、支付宝等）发放部分优惠券，促使用户增加单次购买商品的数量，以促进消费，增加消费额。

> 不闻不若闻之，闻之不若见之，见之不若知之，知之不若行之。学至于行之而止矣，行至，明也。
>
> ——荀子

小检测

1. PyCharm 的运行，需要 JDK 的支持。（   ）
   A. 正确 B. 错误
2. 下列关于 Python 的说法，不正确的是（   ）。
   A. Python 是一门面向对象的解释性程序设计语言
   B. Python 程序可以在 IDLE 和 PyCharm 里进行开发
   C. Python 功能很强大，可以编写网页和游戏
   D. Python 只能在 Windows 系统下编写
3. from pandas import DataFrame 这个语句的含义是（   ）。
   A. 从 DataFrame 类导入 pandas 类 B. 从 pandas 库导入 DataFrame 类
   C. 从 pandas 库导出 DataFrame 库 D. 从 DataFrame 库导出 pandas 类
4. 下列关于 pandas 中 groupby 方法的说法，正确的是（   ）。
   A. groupby 能够实现分组聚合
   B. groupby 方法的结果能够直接查看
   C. groupby 是 pandas 提供的一个用来分组的方法
   D. groupby 方法是 pandas 提供的一个用来聚合的方法
5. 思考题：

（1）通过广电可视化数据，找到客户的不同支付方式总数据对比，并把支付方式总数可视化展现。

（2）通过新零售智能销售数据，整理出不同时段用户的数据总量，并把用户在不同时段的消费能力通过可视化方式展现。